商業管理概論暨認證

BMCB商業管理基礎知能認證指定教材

推薦文

好「照」～職場新鮮人必備商業管理基礎知能證照

全國商業總會是國內具有其公信力的最高法定商業團體，商總向來對於產業發展不遺餘力，因應職場環境變遷，商總自 2010 年推出「商業管理基礎知能」證照以來，全國已有 30 餘所大專院校系所參與此項認證，為企業培育了許多基礎商管人才。

「商業管理基礎知能」證照，除培養青年學子具備商業與管理共同核心能力，使學生認識商業基本常識外，並為相關專業領域知能奠定基礎。指定教材涵蓋商業與零售業、管理與行銷、經濟與財務、職場倫理、禮儀、文書處理等領域基礎知識，透過深入淺出、淺顯易懂方式，介紹台灣面臨的經濟環境脈絡，有助青年學子了解台灣實際產業現況，培育新鮮人在初入職場前就能具備職場工作正確認知，彌平學用落差，也縮減企業聘用新人之時間與教育成本，提升企業競爭力。

誠摯推薦青年學子職涯規劃必考證照—「商業管理基礎知能」讓你求職一路好照。

中華民國人壽保險商業同業公會 理事長

許舒博

推薦文

在 1111 人力銀行職能中心的職場調查中，85%求職者認為擁有證照可提升求職的自信心，商總在產業界龍頭的角色，規劃出業界所汲取的商業人才職能，實為解決學用落差的一大福音，未來想從事商業領域工作的人，也可從中一窺究竟，瞭解並從中培育出商業職能。

1111 人力銀行 職能中心執行長

金仁

「新經濟，就是服務經濟！」~彼得杜拉克

追求卓越服務所帶來的價值，是未來產業脈動的主流。

感謝商總推廣 BMCB 的用心與努力，讓人才更具競爭力！

好市多收銀部經理

陳雄中

BMC商業管理職能認證體系證照簡介

商業總會向以協助企業找到「企業想要的人」為重要職責。然而年輕學子離開校門後，缺少了能為他們的專業實力做見證準備的媒介，在大家普遍重視學歷、學位之間，商業總會的專業證照，在社會上具有相當高的公信力，為業界所能認同採信的證照。

- 公信力！商業總會為政府法定機構，會員涵括整個商業服務業
- 競爭力！教材強調各業界實際案例，為各企業適用之管理精髓
- 鑑別力！考照內容理論與實務並重，已獲得工商企業高度認同

■ 商業管理基礎知能證照 (Business Management Certification Basic, BMCB)

在 BMC 認證整理架構底層，特以「商業管理基礎知能 BMCB」證照為基石，以培養學生具備商業與管理群共同核心能力，使學生認識商業的基本常識，並為相關專業領域知能奠定基礎。基石穩固後，除瞭解社會上各種商業活動的運作情形，培養敬業樂群的精神，再結合各項職能證照，將更有利於職場生涯之發展。

- 校務基本資料庫代碼：6877
- 考試費用：新臺幣 800 元
- 考試時間：60 分鐘
- 通過分數：70 分
- 對應職缺：行政人員、總務人員、秘書、資料輸入人員、行政助理、圖書資料管理人員、文件管理師、總機人員、櫃檯接待人員、櫃台助理、客服人員

■ 顧客關係管理助理管理師證照 (Customer Relationship Management Asistant, CRMA)

「顧客關係管理助理管理師」乃為企業在拓展過程中所需專業人才，其扮演企業與顧客間關係建立與聯繫開發等重要角色。現今企業若想在市場占有一席之地，不僅須重視生產導向和品質導向，強調以顧客導向為經營的理念已被視為一項不可或缺的經營管理利器。顧客關係管理之重點在於企業與顧客間之「關係」，由於商務交易之主體仍在於「人」，以人為本的顧客關係建立與維護，才能穩固企業之根本。

- 校務基本資料庫代碼：6875
- 考試費用：新臺幣 1600 元 (若同時報考 BMCB，優惠價為新臺幣 2000 元)
- 考試時間：100 分鐘
- 通過分數：70 分
- 對應職缺：經營管理、廣告企劃、行銷企劃、品牌宣傳及媒體公關、行銷企劃人員、產品企劃、專案管理

【證照核發辦法】需先通過「BMCB 商業管理基礎知能證照」，測驗達 70 分以上始發予證照

■ 顧客關係管理系統應用師證照 (Customer Relationship Management System, CRMS)

「顧客關係管理系統應用師 (簡稱 CRMS)」乃為企業在導入 CRM 系統所需要的人才，其扮演企業內部運用資訊軟體來輔助管理與顧客互動關係之重要橋梁，商總目前顧客關係管理系統測驗模組系採用金融服務業與科技業廣泛應用之「通用數碼 GD-CRM 版」及「程曦 e-Contact+ 版」

- 校務基本資料庫代碼：7230
- 考試費用：新臺幣 1600 元 (若同時報考 BMCB，優惠價為新臺幣 2000 元)
- 考試時間：100 分鐘
- 通過分數：70 分
- 對應職缺：經營管理、廣告企劃、行銷企劃、品牌宣傳及媒體公關、行銷企劃人員、產品企劃、專案管理、行銷研究人員、產品開發、電話行銷

【證照核發辦法】需先通過「BMCB 商業管理基礎知能證照」，測驗達 70 分以上始發予證照

目錄

第一章　台灣經濟現況概論

第二章　商業與零售業

第三章　管理、生產與行銷

第四章　經濟與財務

第五章 職場倫理

第六章 禮儀

第七章 商業文書

附錄 A 參考書目

CHAPTER 1

台灣經濟現況概論

1-1 台灣面臨的經濟環境

一、國際經濟環境

2008 年美國次級房屋信貸危機[1]導致全球金融危機，使 2009 年全球經濟陷入自二次大戰以來最嚴重的經濟衰退，由於房屋信貸危機爆發後，各國投資者缺乏信心進而引發金融危機。在全球經濟衰退後，美國實施三次貨幣量化寬鬆政策[2]試圖讓經濟復甦。貨幣寬鬆政策讓主要已開發國家用來解決雷曼兄弟控股公司[3](Lehman Brothers Holdings Inc.)倒閉所造成的金融危機，同時也增強的市場的信心讓各經濟體能脫離經濟衰退的谷底。

在各個受到牽連國家的中央銀行多次干預，向金融市場投資資金也無法阻止金融危機爆發，也因此讓歐洲國家動用公款貸款給金融風暴受影響的銀行，演變成後續歐洲國家債務危機。歐洲由於金融危機引發歐洲國家國內銀行面臨倒閉風險，幾個國家利用國家資金出手救助銀行導致國家債務急遽增加，這些國家包含希臘、愛爾蘭、義大利、西班牙和葡萄牙合稱「歐豬五國(PIIGS)」。為了穩定歐洲經濟，歐盟多國財長通過總值 7,500 億歐元計畫，成立「歐洲金融穩定基金(European Financial Stability Facility, EFSF)」。

美國截至 2015 年下半年經濟成長率有不錯的表現，失業率也開始下降，與金融風暴最嚴重相比只有一半。受到中國內需市場疲弱、全球石油下跌的影響，全球經濟疲

---

1 次級房屋借貸危機(Subprime Mortgage Crisis)，由美國國內抵押貸款違約和法拍屋急遽增加所引發的金融危機。

2 量化寬鬆(Quantitative Easing, QE)，為非常規的貨幣政策，由一國管理貨幣機構(中央銀行)通過公開市場操作，提高市場中的貨幣量。

3 雷曼兄弟控股公司(Lehman Brothers Holdings Inc.)，創建於 1850 年，跨國金融投資機構，曾為美國四大投資銀行之一，於 2008 年宣布申請破產保護。

軟股市動盪。世界銀行[4](World Bank, WB)及國際貨幣基金[5](International Monetary Fund, IMF)預估美國 2015 年經濟成長分別為 2.7%及 2.6%。自 2012 年全球貿易成長表現疲軟，其原因為全球需求減弱、貿易自由化進展緩慢、中國大陸重內需輕國際貿易、國際油價大跌。國際經濟發展於 2015 年仍持續疲軟，全球的經濟政策方針皆盼可刺激經濟恢復成長。

區域貿易協定的興起

世界貿易組織[6](World Trade Organization, WTO)，前身為關稅暨貿易總協定(General Agreement on Tariffs and Trade, GATT)，為使國際貿易能更加順暢以及讓各國政策能有更開放的貿易政策，在 1947 年簽屬關稅暨貿易總協定，而後在 1995 年演變為世界貿易組織。世界貿易組織成員國旨在降低各國貿易障礙，營造更公平的貿易環境，然而經過多次談判，許多成員國對於農業、非農產品市場准入及服務業等關鍵議題無法達成共識，談判進展一度中斷後雖恢復談判，但是進展仍相當緩慢。因此各會員國家開始雙邊性質的區域貿易協定(Regional Trade Agreement, RTA)，以美國為首的已開發國家積極展開區域經濟整合，如跨太平洋戰略經濟夥伴關係協議(Trans-Pacific Partnership, TPP)、歐盟-美國的跨大西洋貿易與投資夥伴協議(Transatlantic Trade and Investment Partnership, TTIP)，以及以東南亞國協[7](Association of Southeast Asian Nations, ASEAN)及中國大陸為首的區域全面經濟夥伴協議(Regional Comprehensive Economic Partnership, RCEP)。

臺灣為出口導向國家，貿易依存度相當高，因此區域貿易協定對台灣相當重要，加入 WTO 後目前僅與四個國家簽屬自由貿易協定(Free Trade Agreement, FTA)，目前臺灣急欲加入兩區域貿易協定，TPP 與 RCEP。TPP 涵蓋全球經濟約 40%，臺灣與多數的成員國經濟投資關係密切，如臺灣未能加入 TPP，臺灣出口產品在海外市場將要面臨競爭對手國較高的關稅及不公平措施；而中國大陸與東南亞國協所主導的 RCEP 成員國與台灣貿易額占台灣總貿易額的一半以上，對於臺灣經濟的影響更為巨大。臺灣因政治因素的關係，與世界各國 FTA 的簽署進展緩慢，如能加入 TPP 與 RCEP 等區域貿易協定等同於與這些主要貿易國家簽署 FTA，可一次獲得多國相互關稅減免、服務業與投資市場開放，以及投資保障利益等。因此未來臺灣面臨世界的經濟情勢，加入區域貿易協定為重要的課題與挑戰。

---

4 世界銀行(World Bank)，為發展中國家提供貸款國際金融機構，總部位於美國首府華盛頓特區。

5 國際貨幣基金(International Monetary Fund, IMF)，監控各國的匯率與貿易狀況，提供技術與資金的協助以確保全球金融制度運作的穩定，總部位於美國首府華盛頓特區。

6 世界貿易組織(World Trade Organization, WTO)，是負責監督成員經濟體之間各種貿易協議得到執行的國際組織，前身為 1948 年起實施的關稅及貿易總協定的秘書處。臺灣於 2002 年 1 月 1 日以「臺、澎、金、馬個別關稅領域」加入世界貿易組織。

7 東南亞國家協會(Association of Southeast Asian Nations, ASEAN)，為東南亞區域國家的政府性國際組織，其十個成員國包含印尼、馬來西亞、菲律賓、泰國、汶萊、柬埔寨、寮國、緬甸、新加坡、越南等。

表 1-1　2014 年臺灣對 TPP 及 RCEP 成員國貿易額占比

	臺灣對 TPP 成員國	臺灣對 RCEP 成員國
總貿易額占比	34.82%	56.31%
金額	2,046.3 億美元	3,311 億美元
出口總額占比	32.83%	57.9%
	臺灣對 TPP 成員國	臺灣對 RCEP 成員國

資料來源：經濟部國貿局

氣候變遷與碳排放

京都議定書(Kyoto Protocol)是聯合國氣候變化綱要公約[8](United Nations Framework Convention on Climate Change, UNFCCC)的補充條款，於 1997 年 12 月在日本京都制定，其目標是「將大氣中的溫室氣體含量穩定在一個適當的水平，以保證生態系統的平滑適應、食物的安全生產和經濟的永續發展」。京都議定書執行的成效始終引發質疑，認為其目標到 2050 年以前僅能將氣溫的升幅減少攝氏 0.02 至 0.28 度。

2015 年聯合國氣候峰會於巴黎近郊召開，即聯合國氣候變化綱要公約第 21 次締約方會議、及「京都議定書」第 11 次締約方會議，簡稱「COP21」、「CMP11」。會議召開的目的達成有約束力的協議，各國能夠積極地面對並解決氣候變遷問題，遏止全球暖化及海平面上升。近年來，極端氣候出現頻繁，全球氣溫上升除將使海平面上升，也為各地因為氣候帶來許多重大的損害。「巴黎協定」要求簽署國遏阻碳排放，以 2100 年前不比工業時代前升溫攝氏 2 度為目標，理想是維持溫度升幅在攝氏 1.5 度以下。

因此未來世界各國都須重視碳排放，減少燃燒石化能源以及增加再生能源的利用，碳排放的成本未來將會考慮進經濟生產裡，並計算工業產品的「碳足跡」或在產品裡課以「碳稅」。目前歐盟與中國大陸已有「碳交易市場」交易碳排放量，讓碳排放量大的經濟體向排放量低的經濟體購買排放權利。未來全球各國的經濟成長勢必納入碳排放的因素，影響著世界各國的經濟成長。

二、中國大陸經濟環境

中國大陸經濟現況(1950~2015)概述

計畫經濟被認為是社會主義及共產主義的經濟標誌之一，自 1950 年代第一個五年計畫，稱為「一五計畫」(1953-1957)，計畫經濟為一開始的中國大陸早期經濟恢復與

8　聯合國氣候綱要公約，於 1992 年 5 月在聯合國總部通過，1992 年 6 月在巴西召開的聯合國環境與發展會議開放簽署，於 1994 年生效。主要是「約定將大氣中的溫室氣體的濃度穩聽在防止氣候系統受到危險的人為干擾的水平上」。

發展有顯著的貢獻。但是由於計畫經濟的最大缺點為資源配置沒有效率，當經濟發展開始停滯，中國大陸經濟發展需要另一個方向的思考。

表 1-2 中國大陸五年計畫實施年度

計畫名稱	實施年度	計畫名稱	實施年度
一五計畫	1953~1957	七五計畫	1986~1990
二五計畫	1958~1962	八五計畫	1991~1995
三五計畫	1966~1970	九五計畫	1996~2000
四五計畫	1971~1975	十五計畫	2001~2005
五五計畫	1976~1980	十一五規劃	2006~2010
六五計畫	1981~1985	十二五規劃	2011~2015

自 1978 年中國大陸開始改革開放，將原本的計畫經濟制度改為市場經濟體制。而 1992 年鄧小平至南方城市巡視並且發表了一系列的談話，在其視察中宣布繼續深化改革開放。「南方談話」被認為是奠定中國大陸經濟改革開放的確定方針，1992 年以後的經濟發展多以兩位數的經濟成長率持續成長，使得中國大陸經濟能快速發展進而影響全球經濟。

1997 年爆發亞洲金融危機[9]，雖然中國大陸並未有太大的影響，但是由於周遭國家嚴重受創，導致外人投資減少，中國大陸為因應此問題，也開放政策鼓勵外商投資以及進行技術研發與創新。自 2001 年加入世界貿易組織(WTO)[10]，讓中國大陸的市場更多元且全面的開放，使得中國大陸的市場能夠與世界市場接軌。中國大陸為因應加入 WTO，許多政策讓中國大陸更融入世界市場，也創造更適合外國企業的投資環境，也讓中國大陸的經濟發展更為迅速躍至世界第二大經濟體。

現階段的中國大陸經濟發展已經沒有過去的資金與外匯限制，整體投資環境的改善以及龐大內需市場已經發展到一個階段。在加入 WTO 後，由於經濟情勢的改變，原來外商投資的優惠逐步取消，也為配合中國大陸國內經濟結構的調整，也從過去的招商吸引資金到現在的選擇資金，也取消外商的特別優惠待遇，也從原本的重「量」到現今的重「質」的演變。

2010 年後中國大陸的經濟明顯減緩，2015 年中國大陸經濟開始下滑，經濟成長率僅 6.9%創下中國大陸 25 年來最慢成長增速。中國大陸經濟成長趨緩，連帶著世界主要經濟體也受到影響，與中國大陸市場連動甚深的臺灣股匯市影響更鉅。

---

9 亞洲金融危機，發生於 1997 年 7 月至 11 月，由泰國開始進一步蔓延鄰近國家的貨幣、股票市場。

10 世界貿易組織(World Trade Organization, WTO)：為負責監督成員經濟體之間，各種貿易協議得到執行的國際組織，總部位於瑞士日內瓦，截至 2015 年 5 月 26 日，共有 161 個成員。

十三五計畫

2015 年十月中共十八屆五中全會通過了《**中共中央關於制定國民經濟和社會發展第十三個五年規劃的建議**》(以下簡稱《十三五建議》)，《十三五建議》秉持五大發展理念「創新、協調、綠色、開放、共享」，主要由創新帶動發展「大眾創業、萬眾創新的雙創作為催生社會經濟發展之引擎」，由此展開對於十三五的擘劃。未來的中國大陸的經濟重點聚焦在以國內消費、服務與創新為主等方面，包括養生、醫療、科技、生態環保、綠能、金融、物聯網、智能製造、智慧城市等產業。

「一帶一路」與「亞洲基礎設施投資銀行」

隨著中國大陸經濟成長速度趨緩，面臨經濟產能過剩的挑戰；勞動成本上升也提高企業成本，中國大陸須將其人力及製造業之產能移至海外，做有效的經濟配置，因此提出「一帶一路」的構想。「一帶一路」包含「絲綢之路經濟帶」和「21 世紀海上絲綢之路」兩項發展計畫，目的在讓中國大陸與中亞、歐洲等區域的貿易運輸能夠更加緊密[11]。「一帶一路」讓中國大陸除了可將國內產能進一步的利用，也可促成區域的經濟合作與整合，也促使人民幣能因區域內的經濟合作整合在此區域內廣泛的流通，增加中國大陸在世界金融市場的影響力。

中國大陸在 2013 年提出「亞洲基礎設施投資銀行(Asian Infrastructure Investment Bank, AIIB)」(簡稱亞投行)的構想，主要是展現「一帶一路」的具體措施。目的在加強中國大陸及其他亞洲國家和地區合作，總部設在北京，亞投行資本額為 1,000 億美元，目前有 57 個創始成員國。2015 年 12 月 25 日，中國大陸宣布「亞洲基礎設施投資銀行協定」正式生效，亞投行宣告成立。未來中國大陸將透過亞投行的執行，透過與世界的合作，除了可透過「一帶一路」發展自身經濟，也能增加世界經濟的影響力並享有主導的地位。

三、臺灣經濟環境

戰後臺灣經濟崩潰，政府主要是以恢復農業生產力為主要目標並且實施土地改革，推廣農業教育及改善生產技術，皆獲得不錯的成效。工商業則以「以農業培養工業、以工業發展農業」策略，恢復工商業活力。1960 年代以出口導向，設立「加工出口區」，使得工商業得以持續發展。臺灣自 1980 年代經濟起飛，儘管受到石油危機，退出聯合國等因素影響，在當時總統蔣經國先生推動「十大建設」下，臺灣石化業與重工業打下了良好的基礎。1980 年代後，資金逐漸穩定並且放寬了進出口與投資限制，於 1987 年實施新外匯條例，使得市場與資金開始活絡，並開始發展高科技工業。1978 年至 1988 年，十年間中華民國年平均經濟成長率達到 8%，90 年代平均經濟成長率在 4%到 6%之間。以外貿為導向的台灣，在缺乏天然資源及內需市長規模不足的狀況下，

---

11 『中國口中「一帶一路」是什麼？投資專家告訴你』，徐珍翔，東森新聞雲，2015 年 4 月 9 日。

受到全球經濟成長的影響甚深。在 2015 年因全球經濟成長疲軟導致需求降低，台灣在 2015 年的經濟成長率僅 0.85%。

自「新竹科學工業園區」設立，推動 PC(Personal Computer)組裝和周邊組件標準化，衍生出完整電子產業生態鏈，在產業高度群聚效應推動下，在全球的電子產業鏈中具有關鍵地位，並成功完成 OEM/ODM 的研發與製造實力。例如臺灣半導體產業從台積電晶圓代工，發展出上下游產業鏈，在 2013 年已達成兩兆元產值規模；臺灣顯示器產業 LCD(Liquid Crystal Display)面板業者產能持續投入，上下游關鍵產業持續發展，也擁有上中下游完備的產業，在 2013 年也位居第二；LED 產業發展模式，也在 2013 年全球名列第三。[12]

目前臺灣面臨全球化的挑戰，工作年齡人口縮減、開發中國家搶占市場、工業國也搶占中階客製化市場等挑戰。國內科技業毛利降低，國內經濟成長率雖然都有 2%~3%成長，但是實質薪資卻倒退，無法留住人才。再加上中國大陸市場的磁吸效應，無論是資金、人才以及工廠都大量的往中國大陸移動，國內的產業面臨產業升級轉型的嚴峻考驗。

臺灣在尋求產業升級的同時，應抓住全球「物聯網」(Internet of Things)及「工業 4.0」之契機。臺灣產業營運模式從傳統的製造生產與技術導向模式，邁向多元化生活應用、系統整合與資料分析發展模式，電子產業應掌握使用者需求導向的創新服務，結合現有上下游整合的產業群聚優勢，加強在應用系統和關鍵技術的跨領域生態體系整合，發展服務型應用生態體系，讓臺灣的產業能夠更進一步的產業升級與轉型。臺灣產業搭配生產力 4.0，提升工業、服務業以及農業，臺灣產業發展進化的過程，從生產製造程式化的 1.0 到生產製造整線電腦化的 2.0；臺灣目前處於生產力 3.0 的階段，結合企業資源規劃系統(ERP)及製造系統數位化，為讓臺灣產業更進一步的提升，則須將所有資通訊科技以及智慧化生產系統在內，讓生產力數位化與機器聯網化(machine to machine)可以整合在生產製造之中。

有鑑於此，政府推動「經濟部 2020 年產業發展策略」，以「創新經濟、樂活臺灣」、「傳統產業全面升級」、「新興產業加速推動」及「製造業服務化、服務業國際化科技化」等三大主軸，推動產業發展政策，促進我國產業結構調整與優化。另外，生產力 4.0 的推動，將智慧製造科技發展導入工業、服務業以及農業之中，希望可以藉由生產力 4.0 在產業發展、人才培訓得到更進一步的提升，讓臺灣的經濟能夠再登上高峰。

臺灣與中國大陸貿易

大陸改革開放之後低廉的土地成本以及勞力並且給予臺灣廠商種種優惠，讓臺灣廠商紛紛前往投資，2014 年根據經濟部核准資料統計，核准金額達到了 102.8 億美元，2015 年核准金額也來到 109.7 億美元，顯示中國大陸仍是臺灣重要的投資市場。

[12] 台灣電子產業回顧與展望，工研院，2014。

2010 年臺灣與中國大陸為加強貿易關係，簽訂「海峽兩岸經濟合作架構協議」(ECFA)，由於兩岸政治特殊關係，雙方不涉及主權或政治的問題，僅規範兩岸的經濟合作議題，而雙方須在一定時間內使商品貿易為零關稅。在第二項分類中，尚有「服務貿易協議」與「貨品貿易協議」規範兩岸服務貿易及貨品貿易。其中「服務貿易協議」已在 2013 年 6 月簽署完成，但由於在立法院審查時，引發「太陽花學運」質疑談判簽署過程不透明未受國會監督，導致「服務貿易協議」迄 2016 年上半年尚未生效。「貨品貿易協議」則於 2011 年開始協商，截至 2015 年已進行 12 次談判，至今尚未簽署。

1-2 台灣產業現況

台灣的產業結構由早期的農業、後來全力發展工業，逐步轉型為以服務業為主。GDP 占比 1986 年工業與服務業相當，其後服務業成長快速 2014 年達 64.03%；工業則是在 2014 年占整體 GDP 的 34.55%。

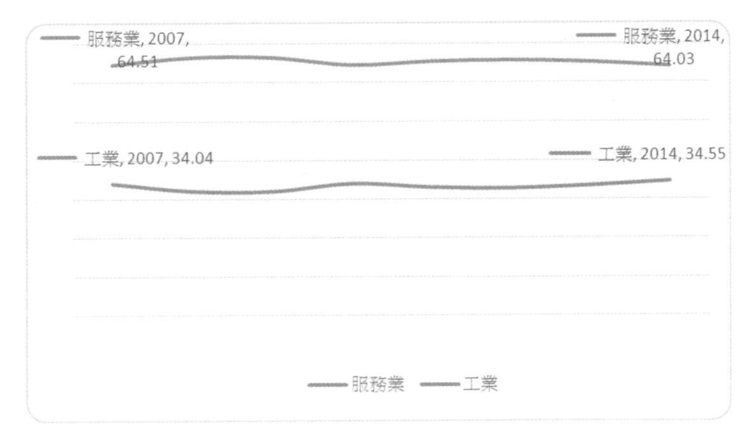

圖 1-1　工業與服務業占 GDP 總額比例
資料來源：國民所得統計及國內經濟情勢展望，主計總處。

一、工業

臺灣的工業發展是臺灣經濟奇蹟的基石，從民生工業發展，接著發展資本密集及技術密集產業，到現今高科技產業鏈為世界不可貨缺的一環，對臺灣的經濟有顯著的貢獻。臺灣的工業部門包含製造業、水電燃氣業、營造業以及礦業，其在總體經濟的比重，2014 年占整體 GDP 的 34.55%，其就業人口為 190 萬 7,826 人。工業生產指數為 106.80，較 2013 年相比增加 6.37%，為 2011 年以來最高增幅，製造業增加了 6.63%，電力及燃氣供應業增加 1.25%，用水供應業增加 0.51%。

製造業

臺灣產業主要以外銷為導向，2014 年臺灣製造業營業額達到 27 兆 3 千多億元。在出口上仍以電子、電機為主。製造業除了在臺灣的經濟扮演火車頭的角色，帶動臺灣經濟發展，在國際供應鏈上臺灣廠商也占有相當的分量，上游關鍵零組件高度專業分工的提供者，因此國際經濟波動幅度一定影響臺灣的貿易表現。在臺灣高度集中資訊與通訊科技(Information and Communication Technology, ICT)產品出口，歐美需求起伏對於出口表現衝擊較為顯著。製造業 GDP 占整體 GDP 比例在 2014 年為 29.75%，因此以出口為導向的臺灣製造業表現好壞與否，直接影響臺灣經濟的表現。

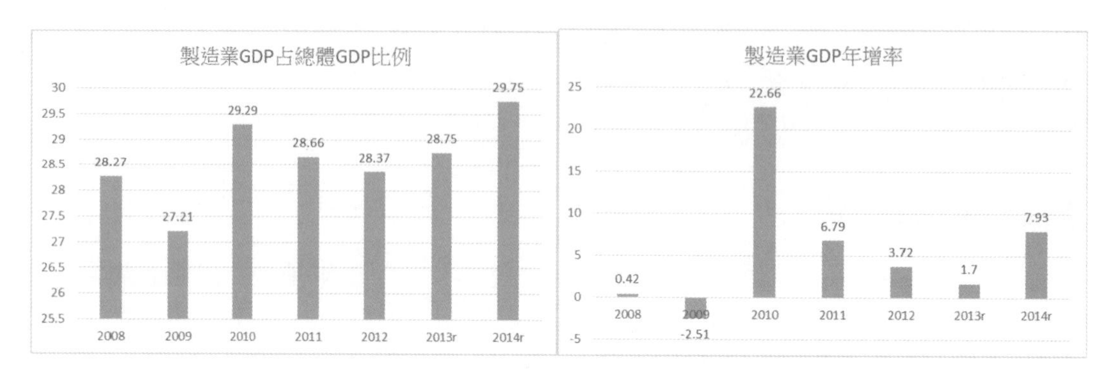

圖 1-2 製造業 GDP 占總體 GDP 比例及 GDP 年增率(%)
資料來源：國民所得統計及國內經濟情勢展望，主計總處。

依照財政部統計，2015 年電子產品仍為臺灣貨品出口最高者，占比達 39.68%，其餘貨品除基本金屬及其產品為 10.43%，其餘皆不到 10%。由於 2015 年受到全球景氣疲軟的影響，臺灣出口表現欠佳，除車輛、航空器、船舶及有關運輸設備年增率維持在正值，但是也是微幅的增加，年增率為 0.79%。其餘的貨品都在負值，其他以礦產品跌幅最高為-41.7%，其跌幅第二為化學品為-17.47，出口連續數月的負成長也直接影響臺灣在 2015 年的經濟成長率。進口也幾乎呈現負成長，除車輛、航空器、船舶及有關運輸設備成長率為 7.24%，其餘也都呈現負成長，顯示國內因出口減少導致國內經濟表現不佳，也連帶影響進口的表現。

表 1-3 2015 年進出口貿易值 單位：百萬美元

	主要貨品	金額	占比	年增率
出口	電子產品	95,683.00	39.68	-4.28
	基本金屬及其製品	25,160.20	10.43	-13.08
	塑膠、橡膠及其製品	21,006.70	8.71	-12.85
	機械	19,431.10	8.05	-6.94
	化學品	17,878.60	7.41	-17.47
	光學、照相、計量、醫療等器材	16,310.90	6.76	-14.78
	礦產品	11,923.90	4.94	-41.7
	車輛、航空器、船舶及有關運輸設備	11,745.40	4.87	0.79
	資訊與通信產品	11,175.60	4.63	-14.22
	紡織品	10,806.00	4.48	-6.57
	總計	241,121.40	-	-11.15

	主要貨品	金額	占比	年增率
進口	礦產品	40,585.40	21.57	-41.43
	電子產品	40,097.20	21.31	-7.65
	化學品	25,546.50	13.57	-14.84
	機械	21,881.80	11.63	-0.8
	基本金屬及其製品	17,994.50	9.56	-21.15
	精密儀器、鐘錶、樂器	10,957.20	5.82	-8.79
	車輛、航空器、船舶及有關運輸設備	10,217.90	5.43	7.24
	資訊與通信產品	8,129.10	4.32	-2.46
	塑膠及其製品	6,721.20	3.57	-11.91
	電機產品	6,001.70	3.19	-7.59
	總計	188,132.50	-	-18.77

資料來源：財政部

臺灣出口的前幾大市場，中國大陸和香港為第一，其次是美國和日本。進口也是中國大陸與香港為第一，其次則為日本與韓國。中國大陸與香港為進出口最大宗和兩岸貿易關係密切及臺灣廠商到中國大陸投資有關。

表 1-4　臺灣進出口主要貿易國家　　單位：百萬美元

出口		進口	
中國大陸	71,221,284	中國大陸	44,192,747
香港	38,072,187	香港	1,435,890
美國	34,256,418	日本	38,712,560
日本	19,284,636	韓國	13,030,201
新加坡	17,259,357	美國	26,411,515

資料來源：財政部

二、服務業

臺灣目前(2015)服務業占 GDP 總值約 64%，就業人口數約略 270 萬人。臺灣服務業依行業別分為「批發及零售業」、「運輸及倉儲業」、「資訊及通訊傳播服務業」、「金融及保險業」、「不動產及住宅服務業」、「公共行政及國防；強制性社會安全」、「住宿及餐飲業」、「專業、科學及技術服務業」、「支援服務業」、「教育服務業」、「醫療保健及社會工作服務業」、「藝術、娛樂及休閒服務業」、「其他服務業」等，其中占 GDP 比率最高前三為「批發及零售業」、「金融及保險業」以及「資訊及通訊傳播服務業」。

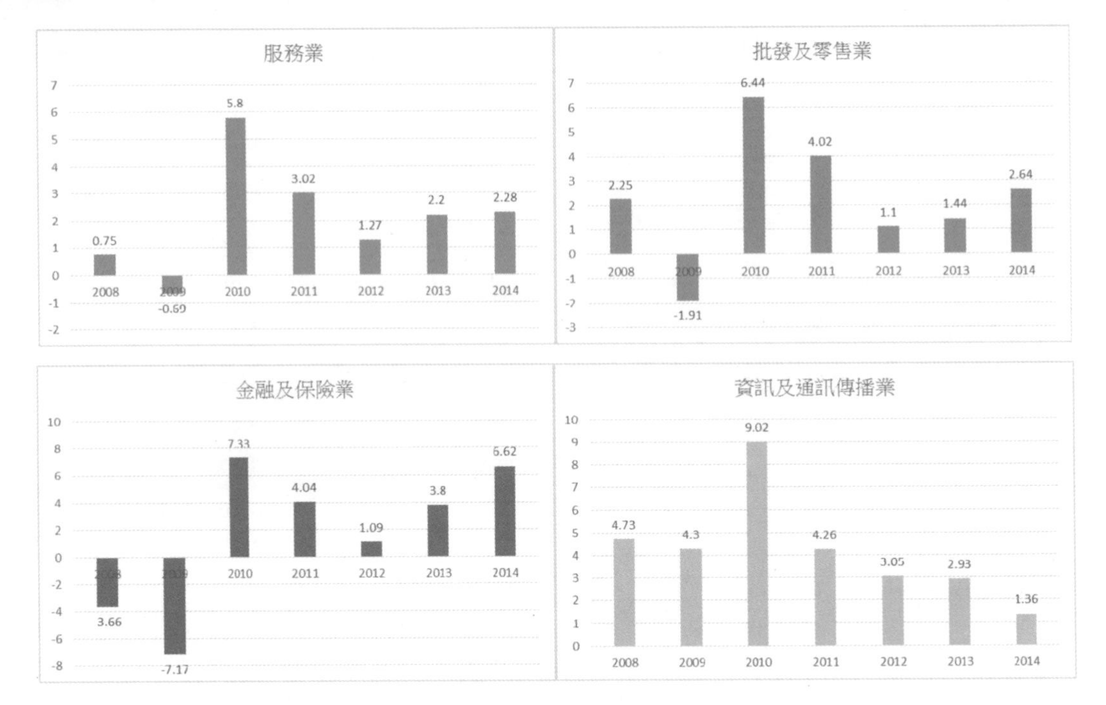

圖 1-3 服務業、批發零售、金融保險、資通訊傳播業 GDP 成長率

資料來源：國民所得統計及國內經濟情勢展望，主計總處。

批發及零售業

長期以來，批發及零售業皆屬商業及服務業產值占比最高之產業，為關鍵性之服務產業。截至 2014 年底，批發及零售業整體營業家數達到 65 萬 0,040 家，較 2013 年增加 5,339 家。受雇員工人數則有 161 萬 2,248 人。批發零售業總營業額則是超過新台幣 14 兆元，較 2013 年增加新台幣 6 千 4 百多億元，增幅達到 4.7%。其 GDP 成長在 2014 年為 2.64%，占整體 GDP 達 16.48%。

金融及保險業

截至 2014 年底，國內金融及保險業之營業額共計新台幣 2 兆 3 千 8 百多億元，較 2013 年增加 2 千多億元。其受雇員工人數則達 37 萬 3,710 人，營業家數為 2 萬 8,504 家。2014 年其 GDP 成長為 6.62%，占整體 GDP 的 6.61%。

資通及通訊傳播服務業

從整體「資訊及通訊傳播服務業」之發展狀況觀察，依據財政部之統計資料，2014 年「資訊及通訊傳播服務業」之營業家數為 1 萬 7,615 家，較 2013 年增加 676 家，增長率為 4.0%，其中以「資料處理及資訊供應服務業」增加 242 家最多，其次為「電腦系統設計服務業」，增加 231 家。受雇員工人數則是在 2014 年底為 19 萬 1,827 人，較 2013 年底增加 2,657 人，增幅為 1.4%。「資訊及通訊傳播服務業」整體的營業額達到新台幣 1 兆 170 億元，較 2013 年略為成長新台幣 77 億元。其 GDP 成長在 2014 年為 1.36%，占整體 GDP 為 2.92%。

觀光、醫療照護及文化創意等興新產業，以及數位內容、設計、資訊服務，物流與連鎖加盟皆是未來服務業發展的重點。服務業目前為臺灣經濟的主力，未來在發展服務業的發展上更應重視服務業的投入研發。但是在服務業貿易輸出中，台灣服務輸出 2014 年為 571 億美元，年增 11.8%，排名第 23 名，與亞洲四小龍其他國家相比臺灣目前仍有很大的進步空間，臺灣應該更致力服務業的發展。未來若國際服務貿易協定[13](Trade in Services Agreement, TiSA)談判完成，能夠對臺灣的服務貿易輸出在國際上的競爭將會更有助益。

1-3 就業趨勢與職涯發展

一、就業環境

1995 年以前臺灣失業率大致維持在 1.5 至 2.0 之間，1990 年代中期因受產業結構持續轉型影響，至 2000 年為 3.0%。2001 年全球資訊產業泡沫化的影響導致該年經濟衰退，失業率亦攀至 5.17%。政府利用政府政策促進就業，2007 年將失業率降至 3.91%。2008 年發生金融海嘯，2009 年全球景氣持續低迷國內失業率也高達 5.85%，至 2015 年年底失業率來到 3.87%。

臺灣在整體的失業率都還維持著不錯的水準，但是年齡在 30 歲以下的失業率皆比平均失業率高出甚多，尤其在 20 至 24 歲此年齡級距更是高達雙位數的失業率，至 2014 年來到 13.25%。臺灣青年學歷越高，失業率越高，顯示高等教育就學率雖高，但是卻是讓年輕人延後進入就業市場，學歷並非讓青年就業的關鍵。依據主計總處調查，其中 20 至 24 歲失業者曾遇有工作經驗，最後卻未就職，約有一半的理由是待遇太低、再來則是工作地點不理想、工作環境不良及學非所用。依照勞動部青年就業調查，職涯目標不清楚為青年就業困難的最大原因，因此如何清楚地讓青年了解自己的職涯目標是關鍵的課題。

臺灣青年失業率在 2000 年後突破 8%，之後青年失業率一路升高。至金融海嘯後 2009 年達到最高，20 至 24 歲青年失業率來到 14.67%。臺灣青年失業率如此嚴重，高等教育政策失當，消滅技職體系廣設大學為可能的原因。自 1995 年廣設大學後，大學生人數遽增使得大學文憑以驚人的速度貶值。使得臺灣勞動力結構讓高文憑的勞動力大幅度增加，而高中職學歷文憑者減少，與實際的產業需求不符。另外，職場和預期落差太大亦為可能的原因之一，社會新鮮人在臺灣學歷貶值的狀況下，工作條件及薪資與本身的期待會有落差。

青年就業率關係著就業市場勞工的健全，青年未來會成為勞動市場的主力，如何讓青年能夠學以致用，讓產學落差能夠有效的減小，都是政府應該關注的課題。而求

[13] 國際服務貿易協定(Trade in Services Agreement, TiSA)，由世貿組織會員國組成的次級團體，致力於推動服務貿易自由化的貿易協定。

職者也應該充實本身的實力，掌握勞動市場的脈動，讓自己本身的附加價值可以提升，進而可以順利的進入就業市場，獲得相得益彰的工作機會。

表 1-5 40 歲以下 2009 年-2014 年失業率 單位：%

	2009 年	2010 年	2011 年	2012 年	2013 年	2014 年
15-19 歲	13.55	10.93	11.22	9.8	9.65	8.78
20-24 歲	14.67	13.51	12.71	13.17	13.75	13.25
25-29 歲	8.77	8.15	7.11	7.08	7.11	6.84
30-34 歲	5.82	5.19	4.32	4.34	4.2	4.04
35-39 歲	4.64	4.1	3.32	3.37	3.37	3.26

資料來源：主計總處。

表 1-6 臺灣 15 至 24 歲失業青年在尋職過程中的未就業因素(單位：%)

就業因素	2009 年	2010 年	2011 年	2012 年	2013 年	2014 年
沒有就業機會	52.10	40.67	46.90	51.71	52.05	48.07
有就業機會但未就業及因素	47.90	59.33	53.10	48.19	47.95	51.93
待遇太低	16.52	22.18	30.11	23.81	20.95	25.19
地點不理想	10.33	11.42	10.74	9.22	7.34	7.84
工作環境不良	4.47	7.39	2.96	3.86	4.53	5.37
工時不合適	5.20	3.56	1.89	3.43	3.67	2.01
學非所用	1.87	7.12	3.37	4.66	1.72	2.32
興趣不合	6.49	5.03	3.21	3.86	4.75	3.28
遠景不佳	2.25	2.63	0.82	0.85	0.86	1.68
其他	0.78	0.17	0.42	0.43	0.22	1.72

資料來源：主計總處，2008 年至 2014 年，人力運用調查報告。

主計總處於 2015 年 11 月所統計各行業平均經常性薪資，其中全部經常性薪資為 38,834。工業部門經常性薪資則是為 36,554 元，服務業部門則是 40,604 元。工業部門前三高平均經常性薪資為電力及燃氣供應業、礦業及土石採取業以及營造業，平均薪資分別為 65,589 元、43,825 元以及 39,120 元。服務部門前三高平均經常性薪資為金融及保險業、資訊及通訊傳播業以及醫療保健服務業，平均薪資分別為 58,302 元、53,254 元以及 52,820 元。

表 1-7　各個行業經常性薪資　單位：元

行業別	薪資	行業別	薪資
工業及服務業	38,834	住宿及餐飲業	28,930
工業部門	36,554	資訊及通訊傳播業	53,254
服務業部門	40,604	金融及保險業	58,302
礦業及土石採取業	43,825	不動產業	34,872
製造業	35,799	專業、科學及技術服務業	49,706
電力及燃氣供應業	65,589	支援服務業	32,096
用水供應及污染整治業	35,446	教育服務業	23,085
營造業	39,120	醫療保健服務業	52,820
批發及零售業	37,633	藝術、娛樂及休閒服務業	33,750
運輸及倉儲業	40,767	其他服務業	29,627

資料來源：主計總處。

二、就業趨勢

2015-2017 重點產業專業人才需求調查報告中顯示，未來華文電子商務產業 2015-2017 年人才需求數最多，平均每年約有 15,022 人的新增需求量，其次為保險業(12,066 人)，接著依序為智慧手持裝置(4,633 人)、觀光旅館業(2,839 人)、機械產業(2,300 人)；而會展(核心產業)、自行車、種苗、設計服務、智慧綠建築、電視內容、觀光遊樂、投信投顧、車輛、電子用化學材料、觀賞魚、期貨、種豬等產業平均需求人數相對較少，均小於 500 人。

表 1-8　2015-2017 年各重點產業人才需求規模

人才需求規模	產業別
1,500 人以上	華文電子商務、保險業、智慧手持裝置、觀光旅館業、機械、數位內容、旅行業
500-1,500 人	LED、資訊服務、石化、旅館業、國際醫療、雲端運算、證券業、電影內容、能源技術服務、銀行業
500 人以下	會展(核心產業)、自行車、種苗、設計服務、智慧綠建築、電視內容、觀光遊樂、投信投顧、車輛、電子用化學材料、觀賞魚、期貨、種豬

資料來源：2015-2017 重點產業專業人才需求調查，國家發展委員會。

以平均成長率來看，成長幅度前 5 名分別為國際醫療產業(49.1%)、觀光旅館業(44.2%)、會展(28.7%)、能源技術服務(23.2%)及智慧手持裝置(16.2%)。其他如智慧綠建築、銀行業、車輛、機械等人才需求成長率則介於 0%至 10%之間；而證券業、電子用化學材料、觀賞魚(繁養殖)則小於 0%。

表 1-9 2015-2017 年各重點產業人才需求成長率

人才需求規模	產業別
大於 10%	國際醫療、觀光旅館業、會展(核心產業)、能源技術服務、智慧手持裝置、雲端運算、石化、自行車、華文電子商務、數位內容
0%-10%	智慧綠建築、銀行業、車輛、機械、電影內容、旅行業、保險業、電視內容、旅館業、LED、設計服務、資訊服務、種豬
小於 0%	證券業、電子用化學材料、觀賞魚(繁養殖)、觀光遊樂業、期貨業、投信投顧業、種苗

資料來源：2015-2017 重點產業專業人才需求調查，國家發展委員會。

各產業所需人才之職類缺乏分布狀況，以專業人員 65%最高，技術員及助理專業人員占 14%次之、民意代表、主管經理人員占 12%排名第三。

如果再予以細分，其中專業人員以科學及工程領域需求比率最高；技術員及助理專業人員以及民意代表、主管及經理人員以商業及行政領域需求比率最高。

表 1-10 各職類細項需求狀況

專業人員		技術員及助理專業人員		民意代表、主管及經理人員	
所需職類細項	比率	所需職類細項	比率	所需職類細項	比率
科學及工程專業人員	50%	商業及行政助理專業人員	66%	行政及商業經理人員	54%
資訊及通訊專業人員	20%	法律、社會、文化及有關助理專業人員	21%	生產及專業服務經理人員	29%
商業及行政專業人員	19%	其他	13%	餐旅、零售及其他場所服務經理人員	13%
其他	11%			其他	4%

資料來源：2015-2017 重點產業專業人才需求調查，國家發展委員會。

如以教育程度需求部分，最大的需求為以大專為基本學歷要求占 81%，碩士排名第二占 12%，高中學歷則為 3%，而有 4%表示無特別限制。

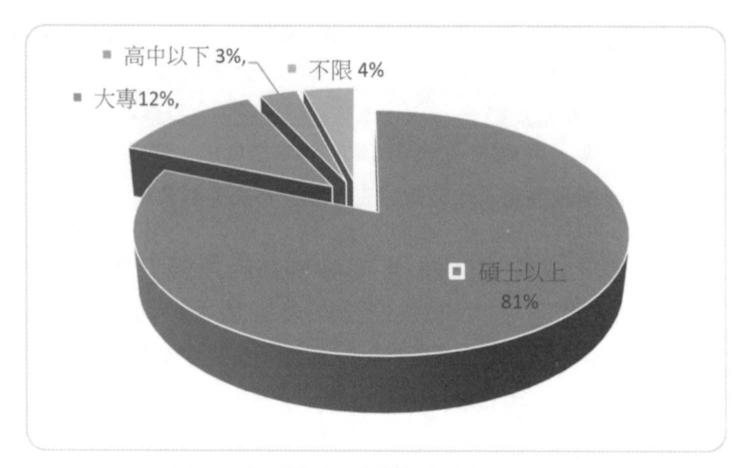

圖 1-4 各職類教育程度需求分布圖

資料來源：2015-2017 重點產業專業人才需求調查，國家發展委員會。

如以職類學門領域需求為分類，以工程學門占 32%最多，商業及管理學門占 23%、民生學門占 10%，藝術學門則是占 7%，電算機學門占 7%。

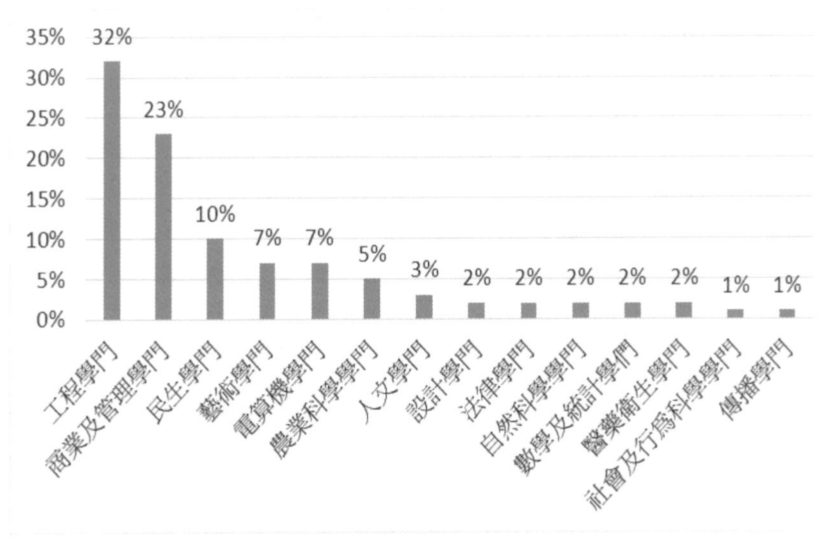

圖 1-5　各職類學門領域需求分布圖

資料來源：2015-2017 重點產業專業人才需求調查，國家發展委員會。

其中工程學門以電資工程學類比率最高為 51%，其次為機械工程學類；商業及管理學門則是以一般商學類排名第一，其占比為 28%，其次為占 20%的企業管理學類。民生學門則是以觀光休閒學類與運動休閒及休閒管理學類最多，占比皆為 38%，餐旅服務學類則是以 22%排名第三。

表 1-11　學門-學類需求狀況

工程學門		商業及管理學門		民生學門	
所需學類	比率	所需學類	比率	所需學類	比率
電資工程學類	51%	一般商業學類	28%	觀光休閒學類	38%
機械工程學類	18%	企業管理學類	20%	運動休閒及休閒管理學類	38%
工業工程學類	11%	財務金融學類	11%	餐旅服務學類	22%
其他	20%	風險管理學類	11%	其他	3%
		其他	30%		

資料來源：2015-2017 重點產業專業人才需求調查，國家發展委員會。

表 1-12　2015 至 2017 年重點產業所需人才之職類分布

<table>
<tr><th colspan="2">產業別</th><th>職類</th></tr>
<tr><td rowspan="2">智慧綠建築</td><td>建築設計</td><td>建築設計、電機工程設計、系統整合規劃、資訊軟硬體整合、能源與冷凍空調</td></tr>
<tr><td>系統整合</td><td>系統整合規劃、系統整合專案整理</td></tr>
<tr><td colspan="2">華文電子商務</td><td>行銷企劃專員、支付服務工程師、APP 程式開發工程師、網頁程式工程師</td></tr>
<tr><td colspan="2">智慧聯網商務</td><td>程式設計師(行動裝置)、軟體工程師、介面設計師、軟硬體整合工程師</td></tr>
<tr><td colspan="2">機械(工具機)</td><td>機械工程師、製造工程師、電控工程師、品管工程師、機電整合應用工程師、資通訊工程師、國際行銷人才</td></tr>
<tr><td colspan="2">車輛</td><td>研究工程師、設計工程師、開發工程師、維修工程師、國際行銷人才</td></tr>
<tr><td colspan="2">自行車</td><td>專業焊接人才、研發設計工程師、生管工程師、品管工程師</td></tr>
<tr><td colspan="2">智慧手持裝置</td><td>機構設計工程師、電路設計工程師、前端 HTML5 網頁設計工程師、軟體測試工程師、韌體與驅動程式設計工程師、系統測試/品管工程師、射頻/天線設計工程師、後端網頁程式開發工程師、BIOS 設計開發工程師、工業設計工程師</td></tr>
<tr><td colspan="2">數位內容</td><td>製作人/導演、專案經理、企劃人員、編劇/編導/執行編輯、程式設計師/研發工程師、美術設計師/動畫師、UI/UX 設計師、後製/特效人才、行銷人才</td></tr>
<tr><td colspan="2">雲端運算</td><td>雲端技術研發主管、雲端系統架構工程師、雲端軟體架構工程師、元端資安網管工程師、雲端服務專案經理、雲端服務顧問、雲端服務專業支援工程師、雲端服務應用規劃工程師</td></tr>
<tr><td colspan="2">LED</td><td>材料工程師、製程工程師、設備工程師、品管/生管工程師、產品整合工程師、產品/專案工程師、機構工程師、電子研發工程師、工業工程師、光學研發工程師、國際行銷人才、生醫光電工程師、生產製造工程師</td></tr>
<tr><td colspan="2">電子用化學材料</td><td>材料研發應用工程師、電子材料工程師、行銷工程師</td></tr>
<tr><td colspan="2">石化</td><td>製程人才、研發人才、業務人才、管理人才</td></tr>
<tr><td colspan="2">設計服務</td><td>管理人才、藝術人才、設計人才、技術人才、行銷人才</td></tr>
<tr><td colspan="2">資訊服務</td><td>專案經理、資料分析師、程式設計師、行銷業務人才</td></tr>
<tr><td colspan="2">會展</td><td>行銷及有關經理人員、會議及活動規劃人員</td></tr>
<tr><td colspan="2">能源技術服務</td><td>能源診斷工程師、節能績效量測與驗證工程師</td></tr>
<tr><td rowspan="4">觀光</td><td>旅行業</td><td>業務人員、OP 人員、線控人員、團控人員、領隊、中高階主管</td></tr>
<tr><td>觀光旅館業</td><td>前台服務人員、行政主廚、中高階管理人員、業務人員</td></tr>
<tr><td>旅館業</td><td>中高階管理人員</td></tr>
<tr><td>觀光遊樂業</td><td>中高階管理人員、活動企劃人員、行銷業務人員、機械設施維修人員</td></tr>
<tr><td colspan="2">種苗</td><td>研發與技術、管理類、行銷類、駐外人員行政人員、行政類</td></tr>
<tr><td colspan="2">種豬</td><td>技術管理、經營管理</td></tr>
</table>

產業別	職類
國際醫療	專科醫師、醫療行政管理人員、國際行銷專業人員、護理專業人員、檢驗/放射專業人員、專案管理師、國際醫療相關法律事務人員
電視內容	電視戲劇海外行銷人才、電視戲劇編劇人才、電視節目及戲劇製作企畫人才、電視節目及戲劇導演人才
電影內容	電影美術指導及設計人員、電影製造師及梳化妝師、編劇、後至技術人員、電影製作企劃人員、電影行銷人員
保險	精算相關人員、內部稽核人員、風險管理人員、核保人員、理賠人員、投資人員、法務人員
證券	受託買賣人員、自行買賣人員、承銷業務輔導人員、新金融商品人員、財富管理人員、風險管理人員、稽核人員、法務人員、海外事務發展人員
期貨	業務人員、法令遵循、內部稽核、風險管理、受託買賣執行、結算交割、自行買賣、研究分析、資訊人員、投資管理
投信投顧	風險管理人員、投資管理人員、財務人員、業務人員、法務人員、研發人員、財務工程人員
銀行	經營管理人員、風險管理人員、徵授信人員、理財規劃人員(含企業理財人員)、金融商品研發人員、投資分析人員、OBU 業務人員/外匯作業人員、直接投資人員

資料來源：2015-2017 重點產業專業人才需求調查，國家發展委員會。

全球目前的產業發展不論是德國「工業 4.0」、美國的再工業化政策、日本的人機共存未來工廠、韓國的下世代智慧型工廠，或者是中國製造 2025 計畫，都是與智慧製造科技發展息息相關。臺灣目前進行「生產力 4.0」的科技發展策略規劃，為解決臺灣所面臨工作年齡人口縮減、開發中國家搶占市場、工業國也搶占中階客製化市場等挑戰，希望藉由推行智慧製造科技發展來進一步提升國內產業的升級與競爭力，另一方面也可以解決就業人口遞減的事實。

「生產力 4.0」包含農業、工業以及商業，其中「理解全局、能領導和負責一個複雜技術系統的開發」與過去的人才培育的觀念有著根本上的不同。「生產力 4.0」是需要一個可以融合各專業並且培育科際整合人才的環境，希望學生可以安排自己的學習計畫與課程，跨科際領域的學習而非再單一領域的鑽研。產業界對於人才的培育也開始主動向教育界提出開發議題需求，而非被動的等待教育界提供的人才供給，如此可以更符合業界的需求，並且達到科技研發、人才培育、產業加值的效果。

在「生產力 4.0」之中的製造業生產力 4.0 人才培育需求，領域包含電子資訊、金屬運具、機械設備、食品以及紡織。商業服務業生產業 4.0 人才培育需求，產業則是包含智慧零售、智慧物流、整合型服務。由於智慧製造和物聯網是「生產力 4.0」的重點，因此人才需求將偏重在資通訊工程師等人才。

三、職涯發展

畢業生成為社會新鮮人的第一件事就是求職工作。近年來，社會新鮮人由於產業外移，工作機會較少，因此常有尋找工作受挫的新聞在媒體上出現，再加上研究所畢業生數量不斷增加，也常發生碩士或博士生遇到就業困難，或者是有高成低就的問題，臺灣學歷通膨的現象越趨嚴重。因此在求職的過程，須要有基礎的法規認識及健全的心態，讓自己能夠面對艱難的求職環境。根據勞動部 2015 年企業最愛新鮮人大調查，經過調查所得出的結論，受訪企業心目中最佳員工的能力，前三名分別是「自我管理能力」，占 54.89%，「溝通協調能力」，占 52.85%，最後則是「專業技術能力」，占 48.93%。因此在求職時，除了專業能力以外，自我管理以及溝通協調的能力更是不可或缺，在求職時如能加強專業以外的能力，求職更是事半功倍。

求職與面試

求職是個漫長的旅程，在過程中勢必經過重重的考驗，因此如何做好充分的準備才能面對求職過程中的挑戰，心理調適及面試準備應是求職者最需要解決的課題。其中，求職與面試的心態是求職者最先確立且準備好的部分。

確立目標

社會新鮮人初入社會，對於社會有很多願景，但是每個人都有不同的需求，對於工作也有不一樣的要求。對於工作的想法也都不一樣，是否能從工作中獲得自我期許所需的經驗與知識，是否對未來有所幫助，如能先確定目標與方向，以及確認自己想投入的工作，對於就業的穩定性會有一定的幫助。

具有彈性

第一次求職應該具有較高的彈性，應該依照自己所面對的求職情況而有所調整。對於工作的類型與職位，不要拘泥於一定的條件，更應思考工作所學對於自己未來長遠的發展是否能有幫助，而非著眼於現有的薪資與職位。在工作中所學到的經驗與專業素養、人脈關係及工作態度，都是比現有的薪水與職位更重要的個人資產。

勿自我設限

社會新鮮人容易根據自己的畢業科系、專長將自己設想在既定的目標職場範圍裡，投擲履歷的工作多半設定與個人相關的系所與專長有關，但是面對要求多工的職場環境，可能需要多種專長技能的人才，因此能在職位上學習並且將自己所學能夠靈活運用，也能相得益彰，不要畫地自限。

保持積極的態度與自信

求職的過程是相當艱辛，可能會是漫長的旅程，保持積極的態度是必要的。首先，先完全瞭解自己所有條件，並知道與其他求職者競爭有何優勢，在充足的掌握自身條件建立自信。在求職的過程中，以充足的自信積極的瞭解與應對相信可以縮短求職的過程，也能讓求才的公司能夠看見求職者積極向上的一面，對於錄取更有幫助。並且在本身已有的能力及學識外，也可以多方探索自己擁有哪些其他的潛在能力，如此可以拓展自己的工作選擇性。

面試準備

在求職的過程之中，不但是面試者在認識求職者，也是讓求職者認識求才單位的機會，因此求職者在面試的準備須要做足功課。完整的履歷，履歷應該要有面試公司或單位需要的資訊，而非自己想要給面試公司或單位的資訊。除了完整的自傳，「應徵項目」應註明清楚，誠實強調求職目標、專長，並且說明為何符合求職需求，並且清楚的說明職涯規劃，可以說服面試者給予面試的機會。面試的表達，應充分準備自己在面試中口語的表達以及禮貌的態度，應該在面試中清楚的回答面試者所提出的問題，並且將自己優點表現出來。穿著適切得體以及有禮的談吐，不但讓面試者有受到尊重的感覺，亦感受到求職者對這份面試的尊重。

自我充實

面對產業環境迅速的競爭與改變，應提升個人基礎能力外，並應持續跨領域學習，例如強化基本的文書處理能力以及電腦軟體應用能力，也可以發掘自我的性向，找到合適自己在自己領域之外的專長與能力，例如工程師可以培養財務報表能力、會計師學習 APP 程式撰寫等。

興趣培養，除了在學校學習的專長外，培養自我的興趣也是極為重要。工作不只是工作，也是生活的一部分，因此興趣的培養有助於自我生活的平衡也能幫助融入於人群之中，建立起良好的人際關係。

利用相關資源

政府與民間組織都有許多的就業相關資源可以運用，求職者應善用所有的管道。求職首先應該知道是自身的權益，在面對求才公司的面試者的同時，也要維護自己在求職所遇到的基本權利以免受到損害。維護勞工的權益的法令首推「勞動基準法」，勞動基準法裡規定勞工的相關權益以及勞雇關係，如能先熟知勞動基準法的相關規定，對於求職時自身權益的維護相當有幫助。

除了知道自身的權益外，也應該先瞭解勞工權益的主管機關，當權益受到侵害時可向主管機關求助，中央政府的主管機關為勞動部，地方政府則為直轄市、縣(市)政府勞工局。

瞭解目前薪資訂立的狀況，求職者最關心的工資，目前政府有訂定基本工資，以維護勞工最低的工資。基本工資是維持低所得弱勢勞工最低生活水準的保障，目前是由勞動部「基本工資審議委員會」，根據國家經濟發展狀況、消費者物價指數、勞動生產力…等因素訂定基本工資，民國 103 年 9 月 15 日發布，自 104 年 7 月 1 日起實施，基本工資為每月 20,008 元，每小時 120 元。

名詞解釋

經濟成長率：為判斷總體經濟情勢的經濟指標之一，可反映出一國經濟總產出規模的變化。通常是以國內生產毛額(Gross Domestic Product, GDP) 或以人均 GDP 作為計算衡量指標。

經濟衰退：代表一國的經濟成長出現停滯或負成長。每個國家對於經濟衰退的定義不同，一般而言是以國內生產總值兩個季度連續負成長為衰退的定義，如美國、英國。

失業率：(失業人口/勞動人口) ×100%。失業率為觀察經濟景氣的指標，美國通常視失業率為觀察其經濟榮景的重要指標之一。

貿易自由化：在國際貿易中，各國調降關稅或非關稅貿易障礙排除的情形下，對外國商品和服務進口所採取的限制逐步減少，商品、資本與人力的自由移動。

貿易障礙：或稱貿易壁壘，用來阻止國際貿易的政府政策或規則。如：貨物稅、進口關稅、貿易配額限制、反傾銷稅等。

貿易依存度：指一個國家或經濟體對於貿易的依賴程度，貿易所占整體的經濟活動的比例。

自由貿易協定：指兩個國家獲多國、與區域貿易實體間所簽訂具有法律約束力之條約，目的在消除貿易壁壘以及促進經濟交流，允許貨品與服務在國家間自由移動。

氣候變遷：指氣候長時間內的整體改變。近年來，自工業革命以來二氧化碳排放導致溫室效應，使得全球氣溫升高，海平面也面臨上升的風險。同時也導致氣候變化極端對人類的經濟及生存造成威脅，因此各國開始注重氣候變遷議題。

碳排放：為溫室氣體排放的簡稱，溫室氣體中最主要的氣體為二氧化碳，因此用(Carbon)作為代表。

碳足跡：為一項活動或產品的整個生命週期過程所直接與間接產生的溫室氣體排放量。

碳稅：指針對二氧化碳排放所徵收的稅，利用經濟手段來減少二氧化碳排放。

貿易順差、逆差：在一個時間單位內，貿易雙方互相買賣貨物或服務，互相進口及出口，如一個國家的出口額大於另一個國家，或一個國家進口額小於另一個國家，則稱為貿易順差。反之，則稱為貿易逆差。

OEM/ODM：OEM(Original Equipment Manufacturer)，指純粹代工，設計以及相關配方由委託廠提供。

ODM(Original Design Manufacturer)，原廠委託設計，受委託方提供設計及配方，並且提供代工服務。

毛利：毛利等於營業收入減營業成本。營業成本為製造產品所產生的成本，包括原物料、進貨運費、勞工薪資、設備折舊等。

實質薪資：指受僱員工名目薪資經消費者物價指數平減後，實際獲得之工資，亦即按基期價格計算之薪資。實質薪資=(計算期之名目薪資/計算期消費者物價指數)x100。

企業資源規劃系統：一種用以讓公司整合內部價值最佳化的結構化系統，可透過整合性的資訊傳輸連接各部門。ERP 將企業內部包括**財務**、**會計**、**人力資源**、**製造**、**配送**、以及**銷售**等作業流程所需要的作業資訊、藉由組織與流程的再造以及資訊技術的運用以達到有效的整合。

工業生產指數：衡量製造業、水電及燃氣業、營造業的實質產出，衡量的基礎是數量而非金額，指數反映工業經濟的景氣狀況與發展趨勢。

客製化：即運用資訊技術以大量生產的成本，生產個人化設計的產品，以達成每位顧客的需求。

小百科

查詢國內各統計資料，下列網站：

- 行政院主計總處：http://www.dgbas.gov.tw/mp.asp?mp=1
- 經濟部統計處：http://www.moea.gov.tw/Mns/dos/home/Home.aspx
- 經濟部國內外經濟情勢分析：http://www.moea.gov.tw/mns/populace/introduction/EconomicIndicator.aspx?menu_id=150
- 勞動部勞動統計專網：http://www.mol.gov.tw/3016/3488/
- 國家發展委員會就業人力供需資訊平台：http://theme.ndc.gov.tw/manpower/Content_List.aspx?n=95D10D4603358A6D
- 世界貿易區域組織：經濟部國貿局 http://www.trade.gov.tw/

重點回顧

1. 自 2008 年美國次級房屋信貸導致全球金融危機，美國實施三次貨幣政策，歐洲亦成立「歐洲金融穩定基金(European Financial Stability Facility, EFSF)」，挽救受到金融危機影響發生國家債務危機的「歐豬五國(PIIGS)」。
2. 世界重要的區域貿易協定：
   (1) 跨太平洋戰略經濟夥伴關係協議(Trans-Pacific Partnership, TPP)、
   (2) 歐盟-美國的跨大西洋貿易與投資夥伴協議(Transatlantic Trade and Investment Partnership, TTIP)
   (3) 東南亞國協 (Association of Southeast Asian Nations, ASEAN)
   (4) 區域全面經濟夥伴協議(Regional Comprehensive Economic Partnership, RCEP)。
3. 未來影響世界各國經濟成長的兩大因素：1.氣候變遷、2.碳排放。
4. 中國大陸影響世界經濟策略：1.一帶一路、2.亞洲基礎設施投資銀行。
5. 臺灣經濟目前遭遇的問題：1.工作勞力縮減、2.開發中與已開發國家搶佔市場、3.實質薪資倒退、4.中國大陸市場磁吸效應。
6. 台灣應順應兩種產業趨勢讓產業升級轉型：1.物聯網(Internet of Things)、2.工業 4.0。
7. 台灣製造業為台灣經濟的引擎，台灣主要出口的產品為：1.電子產品、2.基礎金屬及其製品、3.塑膠、橡膠及其製品。台灣主要出口前三大市場為：1.中國大陸、2.香港、3.美國。
8. 服務業為佔台灣 GDP 高比重產業，未來 1.觀光、2.醫療照護、3.文化創意、4.數位內容、5.設計、6.資訊服務、7.物流、8.連鎖加盟產業為未來服務業發展的重點。
9. 「生產力 4.0」包含農業、工業及商業，「理解全局、能領導和負責一個複雜技術系統的開發」為主要內涵，培育融合各專業且科際整合人才，產業界主動向教育界提出人才需求，使人才供給可切合實際需求。
10. 職涯發展必須有健全的心態，在求職的過程中，應掌握 1.確立目標、2.具有彈性、3.勿自我設限、4.保持積極的態度與自信；隨時應 1.自我充實、2.利用相關的資源增進自身的能力。

模擬測驗

(　) 1. 2008 年金融風暴影響全球經濟，美國與歐盟皆實施甚麼政策來刺激經濟成長？
A.貨幣寬鬆政策　B.利率調升
C.限制通貨膨脹　D.調降銀行準備金

(　) 2. 未來哪兩樣牽涉到氣候暖化的因素將會影響世界各國經濟成長？
A.區域安全與核武擴散　B.南海爭議與航行問題
C.美國總統大選與外交策略　D.氣候變遷與碳排放

(　) 3. 甚麼是「碳交易市場」？
A.煤炭買賣交易集中區域　B.期貨交易市場另稱
C.交易虛擬的碳排放量　D.以上皆非

(　) 4. 歐洲由於金融危機引發歐洲國家國內銀行面臨倒閉風險，以下哪個國家利用國家資金出手救助銀行，導致國家債務急遽增加？
A.愛爾蘭　B.英國　C.德國　D.芬蘭

(　) 5. 台灣經濟是以
A.內需導向　B.外貿導向　C.資源輸出　D.能源輸出

(　) 6. 東南亞國協成員國共十國，下列何者不在十國成員內？【複選題】
A.東帝汶　B.馬來西亞　C.巴布亞紐幾內亞　D.汶萊

(　) 7. 目前臺灣急欲加入兩區域貿易協定是那兩個？【複選題】
A.跨太平洋戰略經濟夥伴關係協議　B.關稅暨貿易總協定
C.雙邊性質的區域貿易協定　D.區域全面經濟夥伴協議

(　) 8. 中國大陸所提的「一帶一路」構想是指？
A.美國經濟帶及泛太平洋經濟海路
B.東協加一經濟帶及泛太平洋經濟海路
C.中亞商帶及絲綢之路
D.絲綢之路經濟帶及 21 世紀海上絲綢之路

(　) 9. 何為「工業 4.0」？
A.提昇製造業的電腦化、數位化、與智慧化
B.生產製造程式化
C.生產製造整線電腦化
D.兩岸經貿自由化協議

( ) 10. 台灣進出口最大市場為何？
A.日本 B.韓國 C.美國 D.中國大陸

( ) 11. 台灣目前服務業占 GDP 總值約 64%，__________為產值占比最高之產業。
A.批發及零售 B.住宿及餐飲業 C.金融及保險 D.運輸及倉儲業

( ) 12. 台灣哪一個年齡層失業率較為嚴重？
A.20~30 歲 B.30~40 歲 C.40~50 歲 D.50 歲以上

( ) 13. 下列何者非台灣青年失業率發生原因？
A.教育政策失當 B.產學需求不符 C.少子化問題 D.職涯目標不清

( ) 14. 青年應如何提升自我，順利進入就業市場，下列何者選項為非？
A.了解個人職涯目標 B.提升自我附加價值
C.追求高學歷高薪 D.多元學習充實自我

( ) 15. 名列服務業占 GDP 比率最高前三名為？【複選題】
A.批發及零售 B.金融及保險業
C.資訊及通訊傳播服務業 D.不動產及住宅服務業

( ) 16. 社會新鮮人在求職的時候，下列哪個為應有的態度或做法？【複選題】
A.確立目標 B.勿自我設限
C.保持積極的態度與自信 D.工作必定要符合自身的專長

( ) 17. 求職時，除了關心求職時的職位與工作福利，也須要瞭解自身的工作權益，下列哪項法律是為維護勞工的基本權益而訂？
A.兩性平等法 B.勞動基準法 C.民事訴訟法 D.民法

( ) 18. 溫經濟成長率為判斷總體經濟情勢的經濟指標之一，可反映出一國經濟總產出規模的變化，通常是以__________或以人均__________作為計算衡量指標。
A.國民所得淨額(Net national income)
B.國民所得毛額(Gross national income)
C.國民生產毛額(Gross national product)
D.國內生產毛額(Gross domestic product)

( ) 19. 主管勞工權益之主管機關，在中央為__________在地方為__________。
A.經濟部、鄉鎮市(區)公所 B.勞動部、縣(市)政府勞工局
C.內政部、戶政事務所 D.財政部、稅捐稽徵處

(　) 20. 下列哪些正確？【複選題】

A.工業生產指數為製造業、水電及燃氣業、營造業的實質產出，衡量的基礎是金額而非數量，指數反映工業經濟的景氣狀況與發展趨勢。

B.碳足跡為一項活動或產品的整個生命週期過程所直接與間接產生的溫室氣體排放量。

C.實質薪資指受僱員工名目薪資經消費者物價指數平減後，實際獲得之工資，亦即按基期價格計算之薪資

D.毛利等於營業收入減營業成本。營業成本為製造產品所產生的成本，包括原物料、進貨運費、勞工薪資、設備折舊等

(　) 21. 針對下一世代的產業發展著重「智慧製造」與「物聯網」，下列何者非該國發展策略？

A.德國「工業 4.0」　B.美國「再工業化政策」

C.中國「五年計畫」　D.日本「人機共存未來工廠」

(　) 22. 「生產力 4.0」未來發展的重點為__________與__________

A.傳統機械製造、供應鏈　B.材料研發、能源開發

C.顧客管理、專案管理　D.智慧製造、物聯網

(　) 23. 在求職時，下列哪一項是工作中可能是比現有的薪水與職位更重要的個人資產？【複選題】

A.專業素養　B.人脈關係　C.工作經驗　D.升遷機會

(　) 24. 世界重要的區域貿易協定為下列何者？

A.跨太平洋戰略經濟夥伴關係協議(Trans-Pacific Partnership, TPP)

B.歐盟-美國的跨大西洋貿易與投資夥伴協議(Transatlantic Trade and Investment Partnership, TTIP)

C.東南亞國協 (Association of Southeast Asian Nations, ASEAN)

D.以上皆是

(　) 25. 「生產力 4.0」包含農業、工業及商業，其中人才培育的觀念與過去有相當大程度的不同，為__________？

A.注重專業培養，提升單一的專業能力

B.強調潛力開發，讓學生能探索自己的能力性向

C.理解全局、能領導和負責一個複雜技術系統的開發

D.專注個人能力的提升，加強基礎能力的訓練

題目	1	2	3	4	5	6	7	8	9	10
答案	A	D	C	A	A	AC	AD	D	B	D
題目	11	12	13	14	15	16	17	18	19	20
答案	A	A	C	C	ABC	ABC	B	D	B	BCD
題目	21	22	23	24	25					
答案	C	D	ABC	D	C					

CHAPTER 2

商業與零售業

本章以介紹商業開始，介紹商業的起源與發展，商業要素與功能，並介紹商業的現代化、自動化與全球化。接續介紹經濟社會中最基本的單位「企業」。除了了解企業定義與功能，並了解行業分類與企業環境。最後解釋企業倫理與社會責任。

最後介紹零售業，除了解釋業種、業態的經營型態，也介紹近期的零售業趨勢與相關理論。

2-1 關於商業

一、商業與服務業

商業

凡以營利為目的，直接或間接以貨物、金錢或勞務供給他人，而滿足需求者，皆可稱為「商業」。廣義的商業涵蓋三大類：

1. 買賣貨物：如批發及零售業。
2. 供給勞務：如運輸業。
3. 金融服務：如金融業、證券業。

商業行為成立的要件

1. 以營利為目的：商業以營利為目的，不以營利為目的就不能稱為商業。
2. 出於雙方自願：交易行為須雙方同意，若是以強暴、脅迫、詐騙等交易行為，均不得視為商業行為。
3. 合乎善良的風氣及法律：商業活動必須合法且不能違背善良風俗，不合法的交易就不能算是商業。
4. 發生交易行為：價值的交換即屬之。

服務業

國際標準組織(ISO)則將**服務**定義為「供應者在與顧客接觸之介面上的活動，以及供應者內部活動所產生之結果，以滿足顧客的需求均屬之」。

服務業簡言之是提供或販賣「服務」給顧客的公司、機構或個人之通稱。一般而言以「服務」為其產出或商品的產業，稱為「服務業」。

隨著生活型態轉變、民眾所得水準提高，社會工業化程度提高與社會都市化程度提高，近來服務業蓬勃發展。依行政院主計處之定義「服務業」包含：

1. 批發及零售業。
2. 運輸及倉儲業。
3. 資訊及通訊傳播業。
4. 金融與保險業。
5. 不動產及住宅服務業。
6. 公共行政及國防。
7. 住宿及餐飲業。
8. 專業、科學及技術服務業。
9. 支援服務業。
10. 教育服務業。
11. 醫療保健及社會工作服務業
12. 藝術、娛樂及休閒服務業
13. 其他服務業。

台灣目前已經進入服務化社會，除了商業服務業，近來服務業的精神更擴及製造業。

二、商業的起源與發展

商業起源

人類從事耕作、畜牧、製作陶器、金屬器具及生活用品後，開始以物易物的交易活動。交易的進行仰賴運輸，交通發達則貨運通暢，商業因此興盛。商人因此從商業活動中獲利、累積財富。

商業發展可從不同角度加以分類：

區分標準	演進階段		
交換方式	物物交換→	貨幣交換→	信用交換
產銷經營	家庭生產→	手工業生產→茅舍生產→	工廠生產→多角化經營
經濟價值	農業經濟→	工業經濟→	服務業經濟→體驗經濟

1. 以交換方式可分成：

   (1) 物物交換。指以物易物之行為，是最原始的商業型態，又稱為直接交換。

   (2) 貨幣交換。以貨幣作為交易的媒介物，又稱為間接交換。

   (3) 信用交換。以信用為基礎的交易時代，可用支票、塑膠貨幣(信用卡、儲值卡等)方式完成，為商業發展的最高交換型態。

2. 以產銷經營方式可分成：

   (1) 家庭生產。人類最早之生產型態，家庭為一個重要生產的基本單位，且以農業生產為主。

   (2) 手工業生產。生產者多為專業性工人，憑經驗或技能做事，並可由顧客提供原料及指定產品式樣，而讓手工業生產者負責設計及製造。

   (3) 茅舍生產。簡陋的茅舍工廠設立，並由商人提供原料及生產設備，而讓生產者加工製造，形成了生產者專門生產，而商人負責全部收受及銷售的情況。

   (4) 工廠生產。工業革命後，機器逐漸替代人工，實施專業分工，生產效率因而提高，單位成本降低，銷售市場擴大，開始重視成本效益分析，生活水準提高，成為經濟發展的重要基礎。

   (5) 多角化經營。科技日新月異，市場競爭激烈，講究工作專業化、生產自動化及管理科學化、效率化之多角化經營方式大量出現，且目前在電腦與通訊技術的高度發展與結合下，網路資訊技術與商業現代化，已造成商業經營的主流，於是促成管理科學的迅速發展。

三、商業的要素與功能

商業的要素

1. 勞務。商業投資人(老板及股東)，與商業從業人員(受僱之員工)一起付出勞力與心力，提供體力、經驗、知識…等，讓企業經營能達到賺取利潤的最終目的。

2. 商品。指商人用以買賣而獲取利潤之貨物，亦為商業經營之標的物。商品可依使用者身份不同分為消費品及工業品。

3. 商業組織。投資者集結商業要素，並善加支配，從事經營工作，以達經營之目的。
4. 資本。有形資本：資金、機器設備、廠房、土地…等。無形資本：商譽、商標、專利權…等。

商業的功能

1. 調整供需平均物價。
2. 符合社會流行趨勢。
3. 擴展進出口貿易與增加國家收入。

四、商業組織型態

自然人與法人

民法將法律上的「人」分為「自然人」及「法人」。「法人」是「自然人」以外，由法律所創設，得為權利及義務主體的團體。

由法人組織的內容觀察，有以社員(人)的集合為中心者稱為「社團」，有以獨立財產為中心者稱為「財團」。

「社團法人」是以人為基礎，基於共同目的所結合之團體。「社團法人」可以區分成營利與非營利。營利社團法人如公司。**非營利社團法人**如一般公益團體或是**合作社**。

我國於 104 年公告「**合作社法**」：為健全合作制度，扶助推展合作事業，以發展國民經濟， 增進社會福祉，特制定本法。本法所稱合作社，指依平等原則，在互助組織之基礎上，以共同經營方法，謀社員經濟之利益與生活之改善，而其社員人數及股金總額均可變動之團體。

合作社稱為法人。

「財團法人」，謂因為特定與繼續之目的，所使用財產之集合而成立之法人。其目的有公共目的(如學校醫院等)，私益目的(如親屬救助等)之二種。

「財團法人」則是以財產為基礎，許多醫院、海基會都屬於財團法人。

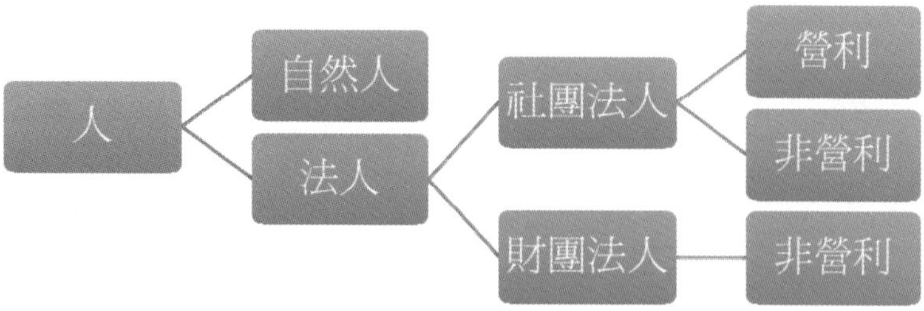

- 人
  - 自然人
  - 法人
    - 社團法人
      - 營利
      - 非營利
    - 財團法人
      - 非營利

商業組織型態

商業組織型態	出資人數	企業債務責任
獨資	1 人	無限清償
合夥	2 人	無限清償
公司	個人：2 人以上 法人：1 人以上	視公司種類而定(見下表)

商業組織型態可以分為：

1. 獨資。獨資是指由業主個人出資經營，並且獨自承擔盈虧及法律責任
2. 合夥。合夥是指由二人以上相互訂立契約，共同出資經營並共同承擔盈虧責任的商業組織型態。各合夥人，對債務負連帶無限責任。
3. 公司。公司是指以營利為目的，依公司法規定而成立的社團法人。在組織型態中唯一具有法人資格就是公司。

公司之種類

1. 無限公司：指 2 人以上股東所組織，對公司債務負連帶無限清償責任之公司。
2. 有限公司：由 1 人以上股東所組織，就其出資額為限，對公司負其責任之公司。
3. 兩合公司：指 1 人以上無限責任股東，與 1 人以上有限責任股東所組織，其無限責任股東對公司債務負連帶無限清償責任；有限責任股東就其出資額為限，對公司負其責任之公司。
4. 股份有限公司：指 2 人以上股東或政府、法人股東 1 人所組織，全部資本分為股份；股東就其所認股份，對公司負其責任之公司。

公司種類	股東責任
無限公司	無限：連帶無限責任
有限公司	有限：以出資額為限
兩合公司	有限：以出資額為限 無限：連帶無限責任
股份有限公司	有限：以所認股份為限

相對於國內公司，依照外國法律或經外國政府特許組織登記，並經我國政府許可，在我國境內營業的公司可稱為外國公司。

公司設立之意義

係指公司為取得法人資格，依特定程序所為之法律行為。

公司設立之概念

是指成立營利社團法人之公司，並登記成為具有法律人格之主體，所以設立之程序，如同人之出生過程一樣，設立完成就如同人順利生產完成一樣；至於公司之解散程序則如同人之死亡一般，解散清算完成後，一家公司就此結束運作。

公司設立之要件

1. 以營利為目的。
2. 依公司法組織登記。
3. 為社團法人。

五、商業經營主體、對象與地域

經營主體

依出資來源做為分類，可分公營、民營、公私合營及外資企業。

1. 公營是指由政府出資達股份達 50%以上的企業。
2. 民營是指民間出資股份達 50%以上的企業。
3. 公私合營指政府與民間各共同出資經營。
4. 外資是指由外國公司投資經營之企業。

經營對象

依經營對象區分為製造商、批發商及零售商三種。

1. 製造商負責生產產品。
2. 批發商向製造商大量買入商品再轉售給零售商。
3. 零售商買入商品後，轉賣給消費者。

經營地域

商業依交易雙方所在位置，可分為國內交易、國際貿易、過境貿易三種。

1. 國內交易是指交易雙方均在同一個國度。
2. 國際貿易是指交易雙方不在同一個國度。
3. 過境貿易又稱轉口貿易，指輸出貨物途經第三國，再轉送至買方的國家。二國之間由於政治、法律…等因素，可能無法往來，故把貨物先送到第三國，再轉送賣方所在國家。

六、商業現代化

商業現代化主要目標

經濟部商業司為了因應新商業型態對傳統商業的衝擊，積極推動多項商業現代化政策，期能達到以下六大主要目標：

1. 商業發展規畫。
2. 商業研究發展。
3. 商業自動化。
4. 商業人才培訓。
5. 商業升級輔導。
6. 商業服務品質提升。

經濟部商業司統籌規劃，訂定了下列六大策略推動商業現代化：

1. 擴大經營空間，改善商業環境。
2. 提升商業技術水準。
3. 提升商業服務品質。
4. 健全營運主體，維護商業秩序。

5. 強化商業團體及財團法人之經濟功能。
6. 落實消費者權益之保護。

商業現代化的培育人才及教育訓練目標：

1. 商業知識的傳播。
2. 商業技術的運用。
3. 商業觀念行為的改善。

商業現代化機能

1. 商流。係指商品所有權移轉的所有活動。當製造商將商品生產、製造出來後，賣給批發商、零售商，最後將商品銷售給消費者的一連串過程。

   具體的商流活動包括買賣交易活動及商情信息活動。商流活動可以創造物資的所有權效用。

2. 物流。係指商品流通的過程，包括運輸配送、倉儲保管、裝卸包裝與流通加工等。物流一般由對商品的運輸順暢化、選擇適合的倉庫地點、包裝、搬運裝卸、控制適宜的出車頻率，以及相關的物流信息等環節構成，並對各個環節進行綜合和複合化後所形成的最優系統。
3. 金流。係指資金的流通。傳統的金流包括現金交易、支票、劃撥、匯兌與票據交換等。常見的現代金流交易工具主要包括信用卡、預付卡、現金卡、金融卡(提款卡)。
4. 資訊流。指資訊情報的流通。業者可透過資訊流來掌握各種資訊的交換，使商品的銷售或服務過程可以迅速且有效的執行。

   「資訊流」或稱情報流。隨著金流與物流等的活動，產生之相關資訊的傳遞活動，如促銷資訊傳遞、顧客資料處理、訂單處理、庫存管理、帳款管理、財務資訊等。

商業未來發展的趨勢

1. 單一對象行銷、個別化的服務。
2. 專門化的公司透過網際網路可以替最少的與最特殊的顧客服務，而創造出全國性或國際性的市場。
3. 創造新體驗。
4. 搭上品牌列車。
5. 專業化的客戶關係。

七、商業自動化

「商業自動化」是經濟部為促使我國早日進入開發國家之林，健全自主的自動化商品行銷體系及改善商品流通的效率，提升商業服務品質，促使商業全面升級，積極推動商業現代化中之核心工作項目。「商業自動化」是採用高科技自動化技術，及合理化、制度化之觀念，將商品或勞務精準而有效率地傳送至零售賣場，藉以改善商品之流通通路效率，而降低中間成本，改善經營環境與體質，提高商品競爭力。

商業自動化的作業領域包含五大方向：

1. 資訊流通標準化：商品條碼(bar-Code)、電子資料交換(EDI)標準、商品資料庫管理系統。
2. 商品銷售自動化：銷售點管理系統(POS)、自動販賣機、無人自助服務商店。
3. 商品配送自動化：電子訂貨系統(EOS)、庫存管理系統、加值網路系統(VAN)。
4. 商品流通自動化：運送規格標準、自動揀貨裝卸搬運、最佳運送路線選擇。
5. 會計記帳標準化：會計科目標準編碼、自動記帳系統(電腦連線型收銀機)、標準財務及會計制度。

八、全球化與全球在地化

全球化(globalization)是一種概念，也是一種人類社會發展的現象過程。1990 年代後，全球化勢力對人類社會影響層面的擴張，已逐漸引起各國政治、教育、社會及文化等學科領域之重視，紛紛興起研究熱潮。

經濟全球化(Economic Globalization)是指世界經濟活動超越國界，透過對外貿易、資本流動、技術轉移、提供服務、相互依存聯繫而形成的全球範圍的有機經濟整體。經濟全球化是當代經濟發展的重要趨勢。經濟全球化是生產力和國際分工的高度發展，進一步跨越民族和國家疆界的產物。

經濟全球化現象

1. 生產國際化。
2. 產品國際化。
3. 投資金融國際化。
4. 技術開發與利用的國際化。
5. 世界經濟區域集團化。

經濟全球化對世界經濟的影響

1. 有利於各國生產要素的優化配置和合理利用。
2. 促進了國際分工的發展和國際競爭力的提高。
3. 促進了經濟結構的合理優化和生產力的較大提高。
4. 促進世界經濟多樣化的發展。

全球化就是企業將全球視為目標市場，同時也將全球視為生產工廠。當市場全球化時，財貨的流通可以跨國家疆界，將市場視為一個巨大的市場。許多跨國公司的海外銷售值都遠高於其餘國內的銷售值。

企業投入國際市場之原因

1. 拓展市場規模、增加收入、創造利益。
2. 多角化經營，分散風險，穩定企業發展。
3. 發掘全球的潛在顧客。
4. 本國衰退期產品，在外國市場可能正在成長期。
5. 為國內市場過剩的生產，尋求國外市場。
6. 降低生產成本，提高競爭力。

影響商業營運的國際因素

本國的限制：外匯管制、基於國家安全與重要資源的限制出口。

地主國阻力：關稅、限額、當地補貼政策。與當地企業競爭。社會文化不同(文化、宗教、政治與法律) 。

文化例外是指在市場全球化的情況之下，仍然要尊重當地文化的發展。

全球最主要三個區域經濟組織，分別為歐洲聯盟(EU)、北美自由貿易區(NAFTA)，以及東南亞國協(ASEAN)。

全球在地化

全球在地化為英文 Glocalisation(或 Glocalization)的中譯。是全球化(globalization)與在地化(localization)兩字的結合。

全球在地化意指個人、團體、公司、組織、單位與社群同時擁有「思考全球化，行動在地化」的意願與能力。

在地策略是企業為了融入目標市場，努力成為目標市場中的一員所採取的策略。企業不是把自己當成外來的市場入侵者，而是當作目標市場中固有的一員融入當地文化，它強調企業以適應環境來獲得更大的發展空間。例如：麥當勞在台灣加入米漢堡與炸雞等產品。

2-2 企業概論

一、企業的定義

「企」表示企圖，「業」表示事業，「企業」是經由人們的智慧和努力，結合土地、資本、勞力等資源，在以營利為目的和承擔風險的情況下，有計劃、有組織，講求效率的經營，並提供生產、流通與服務等經濟活動的營利性組織。

從法律的角度看，凡是經合法登記註冊、擁有固定地址而相對穩定的經營組織，都屬於企業。

企業的意義

1. 經濟社會中最基本的單位。
2. 一個企業肩負著「生產」與「分配」的雙重任務。
3. 企業是一種創造利潤且兼顧服務大眾的事業。

企業因承擔風險所以須講求「企業化」的經營原則。

企業與公司的區別

企業是指把人的要素和物的要素結合起來的、自主從事經濟活動、具有營利性的經濟組織。

企業組織形式可以分為個人獨資企業、合伙企業、公司企業。

按照企業法律屬性的不同，可以分為法人企業、非法人企業。

按照企業所屬行業的不同，可以分為工業企業、農業企業、建築企業、交通運輸企業、郵電企業、商業企業、外貿企業等。

公司之種類分成 1.無限公司、2.有限公司、3.兩合公司、4.股份有限公司。公司具有企業的所有屬性，因此公司是企業。但是企業與公司又不是同一概念，公司與企業是種屬關係，凡公司均為企業，但企業未必都是公司。公司只是企業的一種組織形態。

企業的構成要素

1. 生產要素：人力(Man)、財力(Money)、物力 (Material)、機器設備(Machine)、技術方法(Method)、市場(Market)、士氣(Morale)、管理(Management)。以上 8 項稱為企業投入「8M」要素。
2. 管理要素：即規劃、組織、領導與控制等。
3. 效率要素：即追求高的生產力(Productivity)。
4. 風險要素：企業本身因在不確定環境中經營，而需要承擔風險。
5. 利潤要素：企業以追求最大經濟利潤為目標。

二、企業的功能

企業的功能

運用生產要素投入轉換成產品、勞務，以滿足顧客需求的基本功能。

1. 產(生產)：是泛指創造有形的貨品或無形的勞務之一切活動。也就是說將投入轉變成產出，並且創造了效用之活動，皆稱為生產活動。依據生產活動的特性，可將其分成四種方式：實體方式(例如製造業)、位置方式(例如運輸業)、生理方式(例如醫療業)、心理方式(例如娛樂業)。
2. 銷(行銷)：行銷是將企業的產品或勞務，適時、適地、適量的出售給目標市場上消費者的一切活動。也就是設計顧客所要的產品(Product)、以合理的價格(Price)、透過適當的銷售通路(Place)來促銷(Promotion)給目標市場(Market)上消費者的活動，就稱為行銷活動。
3. 人(人力資源)：配合企業組織的目標，有效滿足人力需求的活動。如員工招募、甄選、工作分析、任用、訓練、考核、薪資、福利等。
4. 發(研發)：研究探索企業營運上的各種問題，以及將研究所得的知識，轉化為對組織、系統、管理、產品、勞務、產銷過程等之革新，也就是企業的發展。
5. 財(財管)：規劃與控制資金的流轉，資金的籌措，以及如何有效的運用資金於營運中的活動。例如：發行公司債券、股票以籌措資金，製作和定期公佈公司財務報表等。

三、企業整合

價值鏈

價值鏈是由波特(Michael Porter) 在 1985 年提出，他認為「每一個企業都是在設計、生產、銷售、發送和輔助其產品的過程中進行種種活動的集合體。所有這些活動可以用一個價值鏈來表明。」

一般企業的價值鏈主要分為：

1. 主要活動：包括企業的生產與銷售。包含製造營運、出貨物流、市場行銷與售後服務，這些為產生價值的環節。
2. 支援活動：支援主要活動的其他活動，又稱共同運作環節。包含人力資源管理、技術發展、採購，這些為輔助性增值環節。

水平整合

水平整合是把一些規模較小的企業聯合起來，組成企業集團，實現規模效益。

水平整合的目的：

1. 擴大市場規模。
2. 強化市場競爭。
3. 快速取得生產設備。

水平整合有擴大產品與市場規模、市場價格影響力、成本降低、成長動力、管理殊異風險、整合經濟效益、獲得市場資訊能力、產品差異化等優點；但會遭遇封銷與排擠現象之缺點。

垂直整合

垂直整合是指合併兩個在生產過程中處於不同層次的業務，它是一種提高或降低公司對於其投入和產出分配控制水平的方法。垂直整合的目的：

1. 取得專業技術。
2. 擴大差異化。
3. 取得配銷通路。
4. 取得市場資訊。
5. 提高價格。

垂直整合有整合經濟效益、成本降低、獲得市場資訊能力、提高進入障礙、成長動力、擴大產品與市場規模、市場價格影響力等；但也有內部控制與企業間協調較易出現問題、遭遇封銷與排擠現象、管理殊異風險等缺點。

垂直行銷系統

垂直的通路整合是將位於不同通路階層的兩家或以上的成員結合起來，藉由彼此合作而形成一個垂直行銷系統，以期能獲得較各自獨立作戰時更大的績效。垂直行銷系統主要包括：

1. 所有權式：在單一所有權下的垂直整合，由某一個通路成員擁有通路中各個成員全部或部分的所有權，因此，可以對整個通路體系的產銷決策擁有最大的控制權。
2. 管理式：由一家具有優勢力量、且能夠孚眾望的通路領袖，以其規模與影響力做為運作基礎，以凝聚通路成員之間的共識，使得各通路成員願意相互協調合作，並在做產銷決策時，也能考慮到整個通路體系的利益。
3. 契約式：分成 a.批發商支持的自願連鎖、b.零售商合作組織、c.特許加盟組織。

四、行業分類

「行業」一詞係指經濟活動部門之種類，包括從事生產各種有形商品與提供各種服務之經濟活動在內。簡言之，所謂行業，係指經濟活動部門之種類。

「行業」指工作者工作場所隸屬之經濟活動部門。

「職業」則指工作者本身所擔任之職務或工作。

以酒廠所僱司機為例，其職業為「運輸工具駕駛員」，其行業則屬製造業之「飲料製造業」。

依照行政院主計處 2016 年修訂行業標準分類如下：

A 「農、林、漁、牧業」。從事農作物栽培、畜牧、農事及畜牧服務、造林、伐木及採集、漁撈及水產養殖等之行業。

B 「礦業及土石採取業」。從事石油、天然氣、砂、石及黏土等礦物及土石之探勘、採取、初步處理(如碎解、洗選等處理作業)及準備作業(如除土、開坑、掘鑿等礦場工程)等之行業。

C 「製造業」。從事以物理或化學方法，將材料、物質或零組件轉變成新產品，不論使用動力機械或人力，在工廠內或在家中作業，均歸入製造業。此外，產品實質改造、翻新、重製作業、組件組裝、產業機械及設備之維修與安裝亦歸入本類。

D 「電力及燃氣供應業」。從事電力、氣體燃料及蒸汽供應之行業。

E　「用水供應及污染整治業」。從事用水供應、廢水及污水處理、廢棄物清除及處理、污染整治之行業；資源回收物分類及處理成再生原料亦歸入本類。

F　「營建工程業」。從事建築及土木工程之興建、改建、修繕等及其專門營造之行業；附操作員之營造設備租賃亦歸入本類。

G　「批發及零售業」。**從事有形商品之批發、零售、經紀及代理之行業；銷售商品所附帶不改變商品本質之簡單處理，如包裝、清洗、分級、摻混、運送、安裝、修理等亦歸入本類。**

H　「運輸及倉儲業」。從事以運輸工具提供客貨運輸及其運輸輔助、倉儲、郵政及快遞之行業；附駕駛之運輸設備租賃亦歸入本類。

I　「住宿及餐飲業」。從事短期或臨時性住宿服務及餐飲服務之行業。

J　「出版、影音製作、傳播及資通訊服務業」。從事出版、影片及電視節目製作、後製、發行與影片放映，聲音錄製及音樂發行，廣播及電視節目編排與傳播，電信、電腦程式設計、諮詢及相關服務、資訊服務等之行業。

K　「金融及保險業」。從事金融服務、保險、證券期貨及金融輔助等活動之行業。

L　「不動產業」。從事不動產開發、經營及相關服務之行業。

M　「專業、科學及技術服務業」。從事專業、科學及技術服務之行業，如法律及會計、企業管理及管理顧問、建築及工程服務、技術檢測及分析、研究發展、廣告及市場研究、專門設計及獸醫服務等。

N　「支援服務業」。從事支援企業或組織營運之例行性活動(少部分服務家庭)之行業，如租賃、人力仲介及供應、旅行及相關服務、保全及偵探、建築物及綠化服務、行政支援服務等。

O　「公共行政及國防；強制性社會安全」。提供公共行政管理與服務之政府機關、民意機關及國防事務等；強制性社會安全事務、享有特權及豁免權之國際組織及外國機構亦歸入本類。

P　「教育業」。從事正規教育體制內之各級學校與體制外之教育服務，以及教育輔助服務之行業；軍事學校及法務機構附設學校亦歸入本類。

Q　「醫療保健及社會工作服務業」。從事醫療保健及社會工作服務之行業。

R　「藝術、娛樂及休閒服務業」。從事創作及藝術表演，經營圖書館、檔案保存、博物館及類似機構，博弈、運動、娛樂及休閒服務等之行業。

S　「其他服務業」。從事 G 至 R 大類以外服務之行業，如宗教、職業及類似組織、個人及家庭用品維修、洗衣、美髮及美容美體、殯葬及相關服務、家事服務等。

共計分為 19 大類。每一大類還有細分，總計 88 中類、247 小類、517 細類。

五、企業環境分析

企業環境可以分為「外在環境」和「內在環境」兩類。

企業「外在環境」包含：政治環境、經濟環境、社會環境、科技環境。

企業「內在環境」包含：經營型態、經營管理、結構層面。

PEST 分析

PEST 是屬於外部環境的分析。

- 政治(Political)
- 經濟(Economic)
- 社會(Social)
- 科技(Technological)

SWOT 分析

企業的優劣勢能量分析。

- 優勢(Strengths)
- 劣勢(Weaknesses)
- 機會(Opportunities)
- 威脅(Threats)

SWOT 分析中的的優勢與劣勢屬於企業或是個人內部分析，而機會與威脅屬於外部環境分析。

SW 即是企業內部在產(生產)、銷(行銷)、人(人事)、發(研發)、財(財管)等內部環境。

OT 相當於是 PEST 分析，屬於外在環境分析。

阻力分析

探討競爭者及我方狀況後，分析欲改變因素的項目(遭到阻礙的因素)，再尋求有助益的方向，以排除阻力的事項。

強弱分析

比較競爭者和我方之差異，再列出我方生存的機會，所面對的威脅，現有的弱點和最有力的強勢等項目為何。

五力分析

由麥可．波特(Michael e. porter)於 1980 年提出。它是分析某一產業結構與競爭對手的一種工具。波特認為影響產業競爭態勢的因素有五項，分別是：

1. 新加入者的威脅(潛在進入者)：企業被逼做出一些有競爭力的回應，因此不可避免的要耗費掉一些資源，而降低了利潤。
2. 替代性產品或勞務的威脅(替代者)：如果市場上有可以替代企業的產品或服務，那麼企業的產品或服務的價格就會受到限制。
3. 購買者的議價力量(購買者)：如果客戶有議價的優勢，他們絕不會猶豫，造成利潤降低，企業獲利能力因而受影響。
4. 供應商的議價能力(供應者)：如果供應商企業佔優勢，他們便會提高價格，對企業的獲利能力產生不利的影響。
5. 現有廠商的競爭強度(同業競爭者)：競爭導致企業需要在行銷、研究與開發或降價方面做更多的努力，這也將影響利潤。

波特利用產業內外的這五種競爭動力來描述個別的產業情況，並分析每一競爭動力的根本來源後，發掘公司的強弱點，所將帶來的機會與威脅。每一種競爭力的強弱，決定於產業的結構或經濟與技術等特質。這五種競爭力能夠決定產業的獲利能力，透過五力分析可以瞭解目前產業結構也可確認企業本身在產業的優劣勢，以訂定適合的競爭策略。

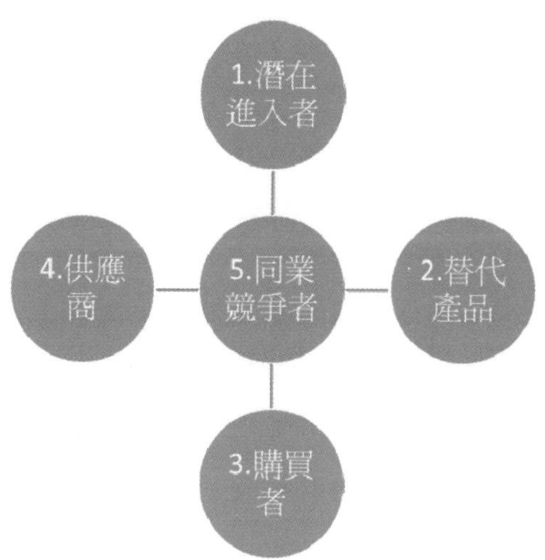

六、企業倫理與社會責任

企業倫理(business ethics)

企業與利害關係人之間，做為行為、決策、行動判斷正當或錯誤的基本準則，且為雙方所共同認定且相互遵守的一種規範。一個社會對行為對錯的道德判斷，構成了倫理(ethics)。而企業也有一套對行為處事的對錯信念或遵循的道德原則與標準。

「法律」與「企業倫理」

1. 法律是最低的底線。
2. 法律是民意代表經由立法程序所制定之個人或群體的行為規範，也是社會大眾最低基本的倫理標準。
3. 法律規範的調整速度多半是落後於倫理的。
4. 符合法律，不一定是符合大眾對倫理道德的要求的。
5. 企業不應只遵守法律上規範的最低行為標準，更能有進一步的倫理道德的責任。

建立企業倫理文化的四大步驟：

1. 提升員工知覺。
2. 加強教育訓練。
3. 將倫理化為行動。
4. 管理者以身作則實踐。

企業社會責任(Corporate Social Responsibility，簡稱 CSR)是一種道德或意識形態理論，主要討論政府、股份有限公司、機構及個人是否有責任對社會作出貢獻。

企業社會責任觀念的發展三階段：

1. 商人時代：在 1930 年代之前，企業經理人的唯一目標是替企業賺取最大利潤，
2. 商業時代：從 1930 年代至 1960 年代早期止，此階段強調企業經理人的責任不只是賺取最大利潤，而且必須要在顧客、員工、供應商、債權人及社區之間的爭議中維持一個公正的平衡點。首先改變的是縮短員工的工作時數，及改善工作環境。
3. 企業時代：1960 年代以後，企業經理人多主張企業組織應該參與解決社會問題，回饋社會。

若將社會責任依受益人之不同，可分類為：

1. 內部受益人。內部受益人包括：顧客、員工與股東，這些是與企業有立即利害關係的人。

2. 外部受益人。**外部受益人可分為兩類，特定外部受益人與一般外部受益人。**

企業與**企業的利害關係人**接觸時，試圖將社會及環境方面的考慮因素融為一體。因應企業的各利害關係人而編寫的企業永續報告書 (英文：Corporate Sustainability Report，簡稱 CSR)，也可稱為企業社會責任報告書，以報告書的方式，詳實揭露公司在永續經營及社會責任的目標、成果、承諾及規劃。

企業的利害關係人(stakeholders)，是指企業內外受企業活動而影響其利害的個人或團體。

根據與企業關係的遠近分為：

1. 主要利害關係人(primary stakeholders) ：意指企業營運過程中直接相關的人，主要有投資者、消費者與員工等。

   (1) 投資者：投資者透過投資企業的股票，成為企業主要的資金來源。因此企業的責任必須以誠實、負責的經營方式，讓投資人在經濟上或得適當的報酬。

   (2) 消費者:購買企業所提供的產品與服務,使企業獲得生存所需的收入與利潤。

   現代的企業多採顧客導向(consumer orientation)，了解顧客的欲望與需求，並且設計能滿足這些需求的產品或服務。企業的責任除了滿足消費者需求，還必須維護基本的顧客權益：安全、溝通、選擇與尊重。

   1962 年 3 月 15 日，美國總統甘乃迪向國會提出消費者權利咨文中，明白揭示消費者四大基本權利：

   a. 「求安全」的權利(the right to safety)。

   b. 「獲知真相」的權利 (the right to be informed)。

   c. 「選擇」的權利(the right to choose)。

   d. 「意見受尊重」的權利(the right to be heard)。

   並強調政府應推動更多的立法與行政措施，以善盡保護消費者權利之職責。

   (3) 員工：員工對於企業的期待，是能從是一份有意義的工作，並獲得與付出或績效相當的報酬。 企業對員工的四大責任。

   a. 建立一個安全的工作環境。

   b. 提供合理的薪資架構及升遷管道。

   c. 讓員工感覺工作有意義。

   d. 投資於員工訓練與發展。

2. 次要利害關係人：次要利害關係人(secondary stakeholders)有工會、政府機構、社會大眾等三大次要利害關係人。

(1) 壓力團體(工會、環保團體、人權團體)：由一群具有相同利益的人結合起來，對特定政府政策或公司政策表達意見與施加壓力的團體。

(2) 政府：政府的政策會對企業的營運產生很大的影響。

(3) 社會大眾：企業必需適應社會大眾對他們的期許，扮演好社會公民的角色，成功的負擔起企業的社會責任。

由於企業與利害關係人間存在著互相依存的關係，所以管理者應該透過增進社會責任的努力，與利害關係人建立良好關係。

2-3 零售業

一、關於零售業

零售業為直接面對消費者的經營業者，隨著消費者生活型態的多元化，零售業逐漸有了嶄新的風貌。

零售業在整個行銷體系上，屬於最後一個銷售階段，消費者購買商品時，通常直接向超市、百貨公司、加油站、消費合作社或網站等這一些零售商購買。由於零售業主要是透過提供商品以滿足消費者，所以傳統上零售業係依照所販賣商品的種類來劃分不同的零售行業，例如食品店、服飾店、家具店、鐘錶店、電器行、電腦專賣店等；若販售商品種類眾多，則歸納為綜合商品零售業，如百貨公司、量販店、超級市場、便利商店等。

早期的零售業係以傳統的雜貨店居大宗，隨著時代的進步，零售業的經營漸趨多元化，特性是販售商品數量多、業種多、營業時間長、分散在廣大的區域、進入及退出市場容易、投資金額和經營風險較小。因為門檻低，競爭也特別激烈。

零售業在高度競爭的市場經濟體制下，採取的是消費者導向的銷售策略，商店門市多選在交通便捷處，裝潢設計也需多花心思，注重清潔亮麗，才能別出心裁，以便與市場區隔，吸引顧客上門，因此土地與裝潢的單位成本常較批發業來得高。

通常零售業的毛利高於批發業，業者會為了業績而在行銷活動上做較大的投資，以提高營業資產及存貨周轉率；零售業多採取現金交易方式，現金周轉速度較快，對資金需求壓力相對較低。

零售業是經濟活動不可或缺的一環，製造商製造商品，透過零售商將商品出售給一般消費者，並將銷售情況以及消費者對貨品的意見反映給製造商，作為改進依據；

對消費者而言，零售商提供其所需貨品，並在選購時提供建議及說明，因此零售商對商品的特性必須有一定程度的了解。

二、業種、業態與經營形態

業種

以販售的「商品種類」來區分店家所屬的行業。例如：書局、五金行、文具店…等。通常從「招牌」即可判斷所販售的商品種類。

業態

以店家的「經營型態」來區分其所屬行業。例如：便利商店、超級市場…等。通常由店外招牌無法明確判斷它販售的商品種類。

業種與業態的差異

1. 興起背景不同

   業種是出現在物資缺乏的時代，顧客只要買得到商品就很滿足了。

   業態是出現在**物資豐富的時代**，商家必須想辦法吸引顧客上門。

2. 核心理念不同

   業種純粹注重在販賣商品，商品項目少，提供的服務也少。

   業態則是以滿足顧客多樣化的需求為重心，提供便利的服務。

3. 商家角色不同

   業種扮演替製商販賣商品的角色，是純粹的銷售者。

   業態扮演替顧客採購商品的角色，會為顧客提供較完善的服務。

4. 經營方針不同

   業種以出清商品為經營方針，設法將所批入的商品全部出售為止。

   業態以**販賣暢銷品、淘汰滯銷品為經營方針，滿足大部分顧客的需求**。

5. 經營者專業知識不同

   業種商家對商品的知識較了解，例如豬肉販知道豬隻每一部位的肉質。

   業態經營者比較擅長掌握顧客的情報，會利用各種方式了解消費習性。

有店鋪零售與無店鋪零售

零售業為滿足消費者需求而有 2 種不同經營的形態，分別說明如下：

1. 有店鋪零售。在實體店面從事商品陳列和銷售，主要販售形式有獨立商店與連鎖加盟 2 種，前者規模較小，通常由店主親自經營，多開設在住宅區及商業區，只備有少量存貨，並以提供個人服務為主。

   連鎖加盟是由企業主導經營並擁有多間分店的零售商店，其特色是各連鎖分店都有相同的名稱、外觀和裝潢，且販售的貨品大同小異，通常由總公司負責進貨、廣告宣傳及其他管理事務，規模較大且員工較多，同時設有不同部門，藉由發出會員卡、集點卡等方式來吸引顧客消費。

2. 無店鋪零售。「無店鋪經營」模式是不需透過任何有形的店鋪而將商品轉售給最終消費者的方式，亦是現今商業市場上主要經營方式之一。無店鋪零售商放棄傳統管道，改以電話、傳真或郵寄方式進行銷售，隨著網路資訊的發展，時下流行網路購物的經營方式更拉近商品與消費者間的距離。依其銷售媒介不同，主要分為：自動販賣機、郵購、網路商店、電視購物、直銷、攤販、行商(往來販賣、沒有固定營業地點的商人)。

三、有店鋪零售業

有店鋪零售業分為：雜貨店、專賣店、百貨公司、超級市場、便利商店、量販店及購物中心。

1. 雜貨店。經營多類商品的零售商店，又稱「綜合商店」，其特點是經營品項較多，花色規格較少，主要是一些購買頻繁、數量零星、挑選性不強的日用必需品。

2. 專賣店。專門經營某一大類商品為主，並且具有豐富專業知識的銷售人員和提供適當售後服務的零售業態。

3. 百貨公司。在一個大型商場內，由一機構負責經營管理，由許多專櫃、自營櫃共同組成，以分部門方式銷售。商品種類眾多，並提供統一外包裝，採統一收銀制、統一開立發票等相關服務，滿足消費者對商品多樣化選擇的零售業態。

   百貨公司有「經濟櫥窗」之稱，也是零售業的龍頭老大。

4. 超級市場。超市是以社區為經營範圍，採自助方式的大型賣場，營業面積有 100~300 坪左右。採取自助方式，以銷售食品、生鮮食品、組合料理食品和家庭日常用品為主，滿足人們日常生活需要的零售業態。

   「台北市零售市場管理規則」規定超級市場銷售之生鮮食品使用面積，應占總營業面積百分之二十以上。

5. 便利商店。日本 MCR 協會(Manufactual CVS Research)在 1989 年對便利商店定義：
   (1) 賣場面積 15 坪-70 坪。
   (2) 商品結構：食品占 50%以上。
   (3) 酒類、生鮮食品、速食、便當和非食品等其中一項都不得超過所有商品結構的 60%。
   (4) 營業時間至少 14 時/日，340 天/年。
   (5) 商品品項至少 1500 種。
   (6) 店鋪有使用收銀機，店鋪乾淨清潔並有防範設施(如攝影機等)的裝置。

   便利商店是一種以社區為經營範圍的小型商店，具有空間、時間、選擇及服務等 4 項便利的特質。為了滿足顧客「每日生活需求」。
6. 量販店。是指大量進貨、大量銷售，結合倉儲與賣場，從事大宗商品零售的行業。，大約在 2,000 坪~6,000 坪之間。台灣量販店有兩種類型，一種屬批發型量販店，又稱「批發倉儲」，其賣場位置設於工業區，客層以公司團體或零售商為主，消費者必須申辦會員卡憑卡才能購物，例如好市多(COSTCO)。另一種屬零售型量販店，又稱「大賣場」，其賣場位於商業區或住宅區，客層以一般家庭消費者為主，不需憑卡即購物，例如愛買吉安、大潤發、家樂福等。
7. 購物中心。依據美國購物中心協會的定義而言：「購物中心是由開發商規劃、建設、統一管理的商業設施：擁有大型的核心店、多樣化商品街與廣大的停車場，能滿足消費者的購買需求與日常活動的商業場所。」

   起步最晚、潛在爆發力最強者為購物中心。

   最近興起的「工商綜合區」，為結合倉儲物流、批發量販、休閒娛樂、購物消費、工商展示等功能的新型都會區。

四、賣場動線與 POS 系統

賣場動線

有店鋪零售業賣場裡的動線包括「顧客動線」、「店員動線」及「後勤動線」等三種。

1. 顧客動線是指當顧客從入口沿著賣場四周展示櫃的主要通道，及分散到賣場中間的陳列區，然後結帳完一直到出口，這整個流程動線即為「顧客動線」。

對零售業而言，顧客動線是環繞整個賣場及連貫每一個賣點區，使顧客很自然順暢隨著所規劃的路線參觀選購。整個路線主要包括賣場入口→主要動線→次要動線→收銀區→賣場出口。

其中主要動線為賣場四週的主力商品區，次要動線為賣場中間的次要商品區。

2. 店員隔著商品陳列平台與顧客提供面對面服務，在其所服務的區域之走動流程就是「店員動線」。

   零售業的中大型賣場為了避免干擾顧客自由選購的空間，常規劃面對面販售區，店員隔著販賣平台與顧客互動，店員活動的空間和走動的路線就是店員動線。小型賣場常因受到賣場格局或經營型態的限制，會將店員動線併入顧客動線裡，店員提供服務時應以不妨礙顧客走動為原則。

3. 後勤補貨人員從加工作業區或倉庫運補商品至前場時，為了避開顧客動線，而由專用通道進行運補作業，縮短運補流程，此流程路線即為「後勤動線」。

   零售業的中大型賣場為避免干擾顧客及造成賣場髒亂，會利用共通的走道或直接在立式陳列櫃後方另闢路線，作為運補貨品、垃圾，及員工進出之用。小型賣場因為空間受限，無法另外規劃後勤動線，而以顧客動線作為補貨之用時，應避開營業尖峰以不妨礙顧客消費為原則。

POS(Point of Sales) 銷售時點系統

利用一套光學自動閱讀與掃瞄的收銀機設備，以取代過去傳統式的單一功能收銀機，除了能夠迅速精確的計算商品貨款，進行傳統收銀機所具有的開立發票、收據銷貨程序外，並能分門別類的讀取及收集各種銷售、進貨、庫存等數據的變化情形，資料所連結的電腦將資料處理、分析後，形成銷售資訊，提供給經營階層做為決策的依據。

POS 系統的主要功能

- 即時掌握銷售情況
- 立即區分暢銷品及滯銷品
- 自動控制商品在適當的庫存量
- 掃描商品條碼即可得到商品的銷售單價，無須人工逐一健鍵入，加快結帳速度，減少銷售尖峰的瓶頸，使賣場的使用更有效率
- 進行機動特賣
- 顧客管理

五、零售理論

零售業有許多零售理論，分別說明如下：

調適理論

調適理論，又稱為自然選擇理論，是杰斯特將達爾文的「生物進化論」移植到流通領域，試圖將「零售轉輪理論」和「零售生命周期理論」納入其理論體系，強調環境變化在零售組織結構演變中所起的作用，提出零售業中的自然選擇理論。

調整理論認為，一種零售業態越能適應消費者的特性(民主性、社會性、經濟性、文化性)、技術、競爭等主要環境的變化，其生存的可能性就越高。

零售調適理論比其它理論考慮了更多的影響零售業結構演變的因素，而且它能夠更令人信服地解釋為什麼不同的環境裡會有不同的零售組織和不同的零售組織結構。

手風琴理論

手風琴理論在 1963 年由布蘭德提出，1966 年赫蘭德則將其命名為零售手風琴假說。赫蘭德借助手風琴在演奏過程中重復地被張開和合起描述了零售組織結構的演變的過程。

零售機構的商品組合由寬變窄，再逐漸由窄變寬，就像拉手風琴一樣。

手風琴理論說明商品組合的變化，比價格更能說明業態的演化，而百貨店、專業店、購物中心的出現都符合手風琴理論。

衝突理論

衝突理論是指零售機構之間的衝突。衝突理論描述了新業態的產生過程中面臨的來自于傳統業態的衝突。衝突理論認為機構間衝突是促進零售機構進步之原動力，傳統零售機構面對不斷創新之零售。

重點回顧

1. 學習商業與服務業的定義，並了解商業的 1.勞務、2.商品、3.商業組織及 4.資本四個要素。
2. 商業組織型態有獨資、合夥、公司，其中的公司有四個種類：無限公司、有限公司、兩合公司 4.股份有限公司。
3. 商業現代化機能：商流、物流、金流、資訊流。
4. 商業全球化時，影響商業營運的國際因素：本國的限制與、地主國阻力。
5. 企業的功能：產(生產)、銷(銷售)、人(人力資源)、發(研發)、及財(財管) 。
6. 企業的整合有：水平整合、垂直整合。
7. 企業環境可以分為「外在環境」和「內在環境」兩類。

   「外在環境」包含：政治環境、經濟環境、社會環境、科技環境。

   「內在環境」包含：經營型態、經營管理、結構層面。

   PEST 是外在環境分析。

   SWOT 是企業的優劣勢能量分析。

   麥可．波特五力分析是分析某一產業結構與競爭對手的一種工具。五力是指：1.新加入者的威脅(潛在進入者)。2.替代性產品或勞務的威脅(替代者)。3.購買者的議價力量(購買者)。4.供應商的議價能力(供應者)。5.現有廠商的競爭強度(同業競爭者)。
8. 零售業特性、「業種」與「業態」。其中有店鋪零售業包含：雜貨店、專賣店、百貨公司、超級市場、便利商店、量販店及購物中心。
9. 三種重要的零售理論 1.調適理論、2.零售風琴理論、3.衝突理論。

模擬測驗

(　) 1. 商業的要素有勞務、商品、商業組織及＿＿＿＿＿＿共四項。
A.政府　B.金融機構　C.公司行號　D.資本

(　) 2. 由二人以上互訂契約，共同出資，共同經營，並共同負擔損益的企業組織稱為
A.政府　B.獨資事業　C.合夥　D.公司

(　) 3. 以下對市場全球化的描述何者為非？
A.財貨的流通可以跨國家疆界，將市場視為一個巨大的市場
B.是一種跨國生產網絡的建立
C.許多跨國公司的海外銷售值都遠高於其餘國內的銷售值
D.文化例外是指在市場全球化的情況之下，仍然要尊重當地文化的發展

(　) 4. 國際品保制度即為？
A.ISO 6000　B.ISO 7000　C.ISO 8000　D.ISO 9000

(　) 5. 在我國的法律結構下，企業的形式大致可為？【複選題】
A.獨資事業　B.家族企業　C.合夥事業　D.公司
E.以上皆是　F.以上皆非

(　) 6. 企業功能指的是產(生產)、銷(銷售)、人(人力資源)、發(研發)、及＿＿＿等五大功能。
A.財(財管)　B.管(管理)　C.計(計劃)　D.控(控制)

(　) 7. 相同性質的商業活動之合併，例如商店併購，即為：
A.水平整合　B.垂直整合　C.商業鍊　D.商業範疇

(　) 8. 下列何者是影響商業管理的外在環境因素？
A.經營型態　B.經營管理　C.經濟層面　D.結構層面

(　) 9. SWOT 的 W 為？
A.機會　B.劣勢　C.優勢　D.威脅

(　) 10. 下列何者為波特五力分析之主要因素？【複選題】
A.買方的議價能力　B.教育程度
C.現有競爭者的威脅　D.鄰國的威脅
E.以上皆是　F.以上皆非

(　) 11. 以下哪些人不是企業的主要利害關係人：
A.員工　B.消費者　C.工會　D.投資者

(　) 12. 在商業交易活動中，以「販賣經營方式」作區分，可分為店鋪零售業、購物中心的區分方式稱為？
A.業種　B.業態　C.業界　D.業限

(　) 13. 下列何者很難用「業種」來區分其行業別？
A.阿瘦皮鞋　B.複合式誠品書店　C.新竹貨運公司　D.休閒小站

(　) 14. 根據「台北市零售市場管理規則」修正公布，所認定的超級市場是指「銷售生鮮食品的場 地須達到總營業面積的百分之＿＿＿＿＿%以上」始可掛上超級市場的招牌。
A.10　B.20　C.30　D.40

(　) 15. ＿＿＿＿＿認為機構間衝突是促進零售機構進步之原動力，傳統零售機構面對不斷創新之零售機構型態，若不能適當反應調整，往往會造成其從此消失於市場。
A.調適理論　B.零售風琴理論　C.總體零售理論　D.衝突理論

(　) 16. 以下哪一個是有關社會責任的國際標準：
A.ISO9001　B.YS1000　C.SA8000　D.TL2000

(　) 17. 未來促進我國經濟成長，吸收最多的就業人口的主力行業為何？
A.服務業　B.勞力密集產業　C.製造業　D.農業

題目	1	2	3	4	5	6	7	8	9	10
答案	D	C	B	D	ACD	A	A	C	B	AC
題目	11	12	13	14	15	16	17			
答案	C	B	B	B	D	C	A			

CHAPTER

管理、生產與行銷 3

本章介紹管理學思想的演進。藉由時代的變遷，循序漸進地了解每門管理學派的興起與代表人物。

接續介紹管理的四大功能：規劃、組織、領導、控制。每個功能並連帶介紹重要的議題。最後介紹生產與行銷的重要理論。在行銷的各種策略有完整的介紹。

3-1 管理思想的演進

一、管理思想演進三階段

管理思想的演進

由於工業革命，使用機器生產貨品的工廠大規模興起，取替了傳統家庭式工廠，為了作業順利進行、消除不必的浪費、有效的激勵勞工、以期提高生產效率，遂引發了科學家管理運動的興起。

卡斯特(F. Kast)和羅森威(J. Rosenzweig)把管理思想的演進分為三階段：

1. 傳統理論時期(1900~1940)：運用科學方法及技術來解決企業組織的問題，分析焦點偏重於生產技術層面，是對企業內「物」的研究。

   (1) 科學管理學派(scientific management school)。

   (2) 管理程序學派(management process school)。

   (3) 官僚學派(bureaucracy school)。

2. 修正理論時期(1940~1960)：隨著時代的變遷，學者發現因為專業分工造成工作枯燥、無趣，引發員工心生不滿，反而影響效率；另外因為社會水平的提高，單純以「金錢」來激勵員工已經不符需要，因次學者開始研究客觀環境跟員工心態的轉變。此時的研究重點轉向員工的的心理層面，是對「人」研究。

(1) 行為學派(behavioral school)。

(2) 管理科學學派(management science school)。

3. 新近理論時期(1960~)：管理學者整合了不同的管理理論，發展出一套綜合性的理論，於是產生了「系統取向」和「權變取向」兩種研究方式，此時也被稱為「整合理論時期」。

(1) 系統學派(systems school)。

(2) 權變學派(contingency school)。

二、科學管理之父：泰勒

19 世紀末 20 世紀初，當時美國費城一間鋼鐵公司，一位名叫泰勒(Frederick Taylor，1856~1915)監工，他尋找改善車床工作的方法，便開始收集各種有關車床工作的事實，並且客觀的加以分析。

泰勒研究車床工人的工作，瞭解他們工作的實際情形。他指出車床工人每一工作之每一層級，並且衡量其中每一件可以衡量的事。泰勒的目的在於為車床工人提供了一個科學而客觀的標準，而這些標準定義出一天合理的工作。

泰勒於西元 1911 年出版了「科學管理原則」(Principles of Scientific Management)一書，書中提出了以下四項管理原則，被稱之為「科學管理四原則」：

1. 動作科學化原則(scientific movements)：每一個工人的每一個動作元素，應以科學分析而發展出一套標準，來代替經驗法則。

2. 工人選擇科學原則(scientific worker selection)：以科學步驟來選擇工人，然後加以訓練、培養、得到工作技能；而非如同以往任憑其自己摸索。

3. 誠心合作原則(cooperation and harmony)：管理者與員工之間應誠心對待、相互合作，才能產生團隊力量。

4. 責任劃分原則又稱最大效率原則(greatest efficiency)：劃分工人與管理者之間的責任，各盡其職，發揮最大效率。

「科學管理理論」是一個綜合概念。它不僅僅是一種思想，一種觀念，也是一種具體的操作規程，是對具體操作的指導。20 世紀以來，科學管理在美國和歐洲大受歡迎且科學管理思想仍然發揮著巨大的作用。

當然，泰勒的科學管理理論也有其一定的局限性，如研究的範圍比較小，內容比較窄，側重於生產作業管理。另外泰勒對於現代企業的經營管理、市場、營銷、財務等都沒有涉及。更為重要的是他對人性假設的局限性，即認為人僅僅是一種經濟人，這無疑限制了泰勒的視野和高度。但這些也正是需要泰勒之後的管理大師們創建新的管理理論來加以補充的地方。

泰勒一生學說主張如下：論件計酬制、工廠管理、時間研究、例外管理、分職指導。泰勒逝世後被尊稱為「科學管理之父」。

三、組織理論的官僚體制：韋伯

馬克思·韋伯(Max Weber，1864~1920)是一位德國的社會學家。20 世紀初，韋伯發展出一組織結構理論，並試圖以權威關係來描述組織的活動。

****官僚體制是指一種以分部-分層、集權-統一、指揮-服從等為特徵的組織形態，它是一種行政組織制度，並不含有一般語境中使用"官僚"一詞的貶義。**

「官僚組織」(bureaucracy organization)。這是一個分工明確、層級清楚、規章周詳、公正無私的組織。雖然現實中並不存在這樣「理想的官僚組織」，但是它仍然代表了一個對現實世界的重新建構的方案。韋伯認為這可以當作大型組織運作的一個理論基礎。事實上，他的理論確實成為今日幾乎所有大型組織結構設計的雛型。

韋伯之理想的「官僚組織」要點為：

1. 專業分工。所有的職務都被分解為簡單、重複、以及清楚界定的工作。
2. 專業經理。管理者為專業經理人，而非事業所有人。他們的薪給一定、所追求的是組織內的專業生涯。
3. 權威層級。部門與職務均納入層級結構中，每一低階部門或職務都應被其上級部門或職務控制與監督。
4. 正式規範。為了達到一致性與規範員工行動，管理者必須高度依賴組織正式的規章。
5. 正式甄選。所有組織的成員應依據其在訓練、教育或正式測驗所表現的技術水準而錄用。
6. 公正無私。規章與控制皆一視同仁，避免因主管個人的喜惡或個性而有所不同。

「官僚體制」滿足了工業大量生產模式和管理複雜化的需要。其在精確性、快捷性、可預期性等方面是其他社會組織形式所無與倫比的。另一方面，它以非人格化、制度化的特徵而得到科學理性時代的文化認同。而這些都是對傳統社會中的各種組織中普遍存在的任人唯親、下級對上級的人身依附、官員決策的任意性與不可預測性等弊端的糾正，是時代發展的產物。

現實社會的管理運作，政府也好，企業也好，大部分還是以韋伯的「官僚體制」運作中。

四、現代管理理論之父：費堯

費堯(Henri Fayol，1841~1925)是一位法國礦冶工程師，晚年曾擔任法國煤鐵公司主管。他認為管理原則一經瞭解後，就可以傳授給他人，而且可形成一般性的管理理論。

費堯是第一個將管理基本理論建立架構的人，他影響後來許多學者形成一個「程序學派」，或稱為「職能學派」。費堯是這個學派的創始人，也有人稱他為「現代管理理論之父」。他在1916年於主管任內寫了一本「一般與產業管理」，書中他將管理的研究區分為幾個功能領域，這種區分一直被沿襲至今。

費堯的管理功能領域：

1. 計劃(planning)
2. 組織(organizing
3. 監督(commanding)
4. 協調(coordinating)
5. 控制 (controlling)

費堯並提出十四項組織與執行效能的原則，這些原則基本上強調效率、秩序、穩定與公平性。

1. 分工原則(division of labor)：工作應加以細分，藉由專精以提高效率。
2. 權責原則(authority and responsibility)：職權和職責必須相當，不可有權無責，也不可有責無權。
3. 紀律原則(discipline)：企業的經營和發展，必須維持相當的紀律。
4. **統一指揮原則(unity of command)：又稱為命令統一原則。任何人均有一位上司，且應只有唯一的一位上司。**
5. 統一管理原則(unity of management)：凡屬具有同一目標之作業，均應有一套計畫。
6. 個人利益服從共同利益原則(subordination of individual interest to the common goal)。
7. 獎酬公平原則(remuneration of the staff)：工作人員之獎酬應根據公平原則，使個人及組織均感滿意。
8. 集權化原則(centralization)：集權乃一組織必要之條件，亦為建立組織之自然後果。

9. 階層鏈鎖原則(scalar chain)：在一組織內，由最高主管以至最基層人員應層層節制。
10. 秩序或職位原則(order)：組織體內的任何事物及人員，皆應有其位置，不可混亂。
11. 公平原則(equity)：公平和合理必須充斥於組織體之內。
12. 職位安定原則(stability of staff)：應經予成員一穩定的任期，俾使其能夠適應而後發揮效能。
13. 主動原則 (initiativeness)：不論組織的那一階層，均有賴主動的精神，方能產生活力和熱忱。
14. 團隊精神(spirit)：強調成員之間的合作關係。

費堯出身良好，因此其理論重視中高階管理階層的管理能力，是一種從高層逐步下降的工人，由上而下的管理，與泰勒正好相反。

費堯的主要貢獻是：透過自身管理經驗提出普遍適用的一般性管理原則。費堯 14 點原則為管理功能提供很好的參考架構。費堯理論的缺點是 1.太過主觀且沒有經過科學檢驗。2.沒有所謂的通用的管理原則。

五、權變理論

權變理論是指 20 世紀 60 年代末 70 年代初在經驗主義學派基礎上進一步發展起來的管理理論，是西方組織管理學中以具體情況及具體對策的應變思想為基礎而形成的一種管理理論。進入七十年代以來，權變理論在美國興起，受到廣泛的重視。

當時企業面臨瞬息萬變的外部環境時，各種理論顯得無能為力，在這種情況下，**人們不再相信管理會有一種最好的行事方式，而是必須隨機制宜地處理管理問題**，於是形成一種管理取決於所處環境狀況的理論，「權變」的意思就是權宜應變。

權變理論指出，組織需是一個「有機性組織」，以便滿足和平衡內部需要以及適應環境狀況。權變理論家認為**管理沒有「最佳方法」**，應根據不同的情境運用不同的管理方法。

六、東方管理理論

「無為說」管理

「無為說」始自老子、莊子兩位大思想家。道家承認一個無為而無不為的天「道」，「道」是自然流動變遷的。無為並不是不做事，只是「不為物先」，只是「因時為業」。

企業的發展不僅要遵循社會的經濟規律，如價值規律，如產品的投入產出規律，勞動力的配置和使用規律等等，如此才能取得企業預期的經濟效果。如果不管市場，隨意生產，強求妄動，一味蠻幹，不看時機，違反規律，其結果必然是決策失誤，經營虧損，員工離心，內外交困，受到客觀經濟規律的嚴厲懲罰。

無為說的現代意義：

1. 管理者不要作太多主張，也不要太過於介入各事業部的日常營運。企業總部可採行利潤中心事業部組織模式，營運總部只負責策略領導、建立企業認同、資源分配等主要活動。
2. 管理者應該不計較，而是去尋找適合自己發揮所長的場域。
3. 一切都要順時而為，時機未成熟，也就不強求。

「有為說」管理

意指組織或其領導者應有積極作為，方能有效改善組織績效。典型的有為說，有儒家和法家兩種不同的派別。儒家重視的是禮樂典章的建立與應用，而法家則重視刑罰威嚇。

1. 儒家認為有效管理之道，在於重視禮、樂等教導工具，培養人民善心，並且擅用名器，以鼓勵人民向善。企業從草創時期進入體制化的過程，自然需要許多制度，這些制度有些是有實質功能，但也有部分是為了界定上下，創造權威差距，也有其符號功能。
2. 法家講求「循名責實」，特別重視實用主義，講求效率講求「循名責實」。只講究用人之道，不注意克己、盡己，與反求諸己，認為有效領導者就是要善用法、術、勢。法家重實用主義，所以對於績效考核非常重視。

3-2 管理功能

一、管理、管理者、管理的功能與管理矩陣

管理(management)是透過他人的努力，既有效率又有效能地把事情做好的過程。

過程(Process)是管理者所執行的重要職能(functions)。

效率(Efficient) 是指「正確的做事(Doing things right)」。

效能(Effective) 是指「做正確的事(Doing the right things)」。

生產力(Productivity)是所生產的貨品數量與所投入的資源數量間的關係。

管理者(manager)能經由他人的努力以完成工作的人(Managers are People who Get Things Done Through Others)。管理者是結合組織目標與部屬的個人目標，並設法使部屬可以在達到組織目標的過程中，同時達成其個人目標。管理者應該是先追求效能，

再注意效率。也就是說「抉擇」重於「努力」。換言之，效能是指達到組織既定目標的程度，不管其所投入的成本。

而效率則是達到組織目標所投入的成本，常以投入對產出的比率來表示。效能乃是考慮到選擇最佳手段或方法來達成目標的一種能力，而效率乃是考慮如何用最少時間及最低成本完成目標的一種能力。

管理者須具備 3 種能力。概念性能力、人際關係能力、技術性能力。

高階主管主要為「策略規劃」，最重視概念性能力，再則人際關係能力，技術性能力最少。

中階主管主要為「戰術規劃」，最重視人際關係能力，再則是概念性能力與技術性能力。

低階主管主要為「作業規劃」，最重視技術性能力，再則人際關係能力，概念性能力最少。

高階主管必須同時考量組織理念及外部環境之變遷擬定策略方向與行動方針，再由中階主管擬定具體可行的執行方法與步驟，最後，由基層主管進行執行、監督之工作。

據 Henry Mintzberg 之研究指出，管理者需扮演十種角色：

1. **人際角色**：

   (1) 代表人：管理者是法律和社交禮儀的代表，最常見的是接見訪客和簽署法律文件。

   (2) 領導人：管理者必須聘僱、訓練、激勵和教養員工，幫助部屬了解組織或部門的目標。

   (3) 聯絡人：管理者必須連繫外部來源以獲取資訊。

2. **資訊角色**：

   (4) 監控人：管理者在部門內是主要的資訊接受者，**隨時注意環境變化及其對組織運作的影響**。

   (5) 傳訊人：管理者必須將資訊傳播給組織內的員工。

   (6) 發言人：管理者就組織或單位之立場發表言論，提出主張，或為組織或單位爭取資源。

3. **決策角色**：

   (7) 創業人：管理者必須擬定計畫，促成或監督專案以提昇組織績效。

(8) 解決問題者：管理者必須採取行動，以因應預料之外的事件。

(9) 資源分配者：管理人力、設備、財務、時間資源。

(10)協調者：為自己單位的利益和他人協商(供應商、顧客、政府機構)。

受到「現代管理理論之父」費堯的影響，大部份的學者傾向於把管理的功能分成四大項。

1. **規劃(planning)**：設定組織目標，擬定達成目標的策略，建立周延的計畫架構。以整合和協調活動。
2. **組織(organizing)**：分化與整合的過程。管理者根據業務的不同，將組織劃分為若干部門，各賦予適當的權責，在分工合作的原則下，順利達成組織目標的過程。
3. **領導(leading)**：激勵員工與指揮他人的活動，選擇有效的溝通管道和解決衝突。
4. **控制(controling)**：企業用來確保能在原先規劃的方向上運行的一切活動，在過程中不斷的衡量與矯正，以達成組織的目標。

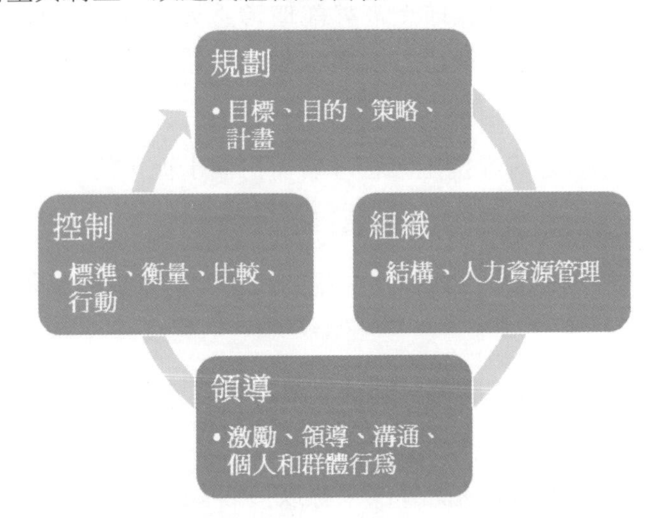

管理功能與企業功能構成**管理矩陣**。

二、規劃

規劃是指：設定組織「目標」，擬定達成「目標」的策略，建立周延的計畫架構，以整合和協調活動。

1. 規劃可以建立協調一致的努力。
2. 規劃能減低企業所面臨的不確定性。
3. 規劃能減少重疊及浪費的活動。
4. 規劃所建立的目標與標準可作為「控制」之用。

「目標」：針對未來某特定期間內，所企盼達成的結果、狀況或境界。

目標管理 (Management by Objectives, MBO)：一個可以協助將目標達成的管理體系。

於 1954 年 由彼得．杜拉克(Peter Drucker) 所提出。其特色：

1. 員工和管理者一起設定確切的績效目標。
2. 管理者定期檢查員工達成績效的程度。
3. 根據進度獎勵員工。

並不是有了工作才有目標，反而是有了目標才能確定每個人的工作。所以「企業的使命和任務，必須轉化為目標」，如果一個領域沒有目標，這個領域的工作必然被忽視。因此管理者應該通過目標對下級進行管理，當組織最高層管理者確定了組織目標後，必須對其進行有效分解，轉變成各個部門以及各個人的分目標，管理者根據分目標的完成情況對下級進行考核、評價和獎懲。

以「目標」的達成度來區分可以將「目標」分類為：

- 和諧性目標：完成某一目標時，會使另一目標同步完成。
- 競爭性目標：完成某一目標時，會讓另一目標無法完成，甚至造成反效果。
- 矛盾性目標：完成甲目標則必須放棄乙目標。
- 中性目標：完成甲目標對乙目標的完成沒有影響。

全面品管(Total Quality Management, TQM)則是一種組織全員的計畫，透過計畫將組織的所有職能，包括設計、規劃、生產、配銷，及顧客服務結合在一起，以確保經由持續的改善來達成顧客的最大滿意。

三、決策

決策不只是管理者最重要的職責，也是各層級人員的職責。決策是一種過程，而不只是在多項方案中做選擇的簡單動作。決策困難點：問題、組織、情緒。

決策的類型

1. 例行性決策(programmed decision)是指對經常出現的問題所進行的決策。針對例行性決策可以蒐集的各種資訊，經由「**資訊報告系統**」整理出一套規則，一旦情況出現，可以立即應用。
2. 非例行性決策(nonprogrammed decision)針對新的問題、無明確定義、非結構化的問題所進行的決策。非例行性決策通常沒有固定或明確的答案，一旦做出選擇，通常影響很大。

決策過程

決策過程 8 步驟適用於個人決策和組織決策。

1. 界定決策問題。大部份的問題沒有明顯的癥候。問題的認定是主觀的。完美解決一個錯誤問題的管理者，和無法正確地界定問題而未採取任何行動的管理者，是一樣的失敗。
2. 設立決策準則。決策準則是做決策所考慮的重要因素。非決策準則與決策準則同樣重要，因其與決策無關。
3. 加權決策準則。決定決策準則的相對重要性。如何決定權重？最簡單的方法是給最重要的準則十分，依此類推。
4. 備選方案。列出可以解決問題的可行方案，不加以評估，只要列出來。
5. 分析方案。根據決策準則和權重，分析每項方案的優點和缺點。有些評估項目全憑個人判斷。
6. 最佳選擇。選擇評估結果最高分的方案。
7. 執行方案。如果最佳方案未能正確執行，決策過程依然是失敗的。界定會受決策影響的人，並獲得其對決策的承諾。
8. 評估決策效能。評估決策的執行結果，是否真的解決了問題。方案之執行是否達成預期結果。

決策模式

1. 經濟人的決策模式。也稱為古典決策模式或理性決策模式(rational decision-making model)。假設決策者基於自利，選擇個人利益極大化，決策者可以掌握所有所需資訊，列出所有的可行方案，做出最佳決策(optimum decision)。
2. 行政人的決策模式(the administrative model)。是基於 1.有限理性、2.資訊不完整與 3.滿意水準，所進行的決策模式。

   行政人的決策模式認為決策者不可能取得完整資訊，也無法完全吸收所有資訊，因此決策充滿風險與不確定性。資訊不完整的原因：1.決策結果的風險與不確定性、2.資訊模糊性、3.決策過程的時間限制與、4.資訊成本。

決策者在眾多方案中，選擇一個滿意且可以接受的可行方案，而非最適合的方案。決策者不可能無限制地蒐集資訊，期待在毫無風險的狀況下做決策，因此只能在有顯的資源與空間中，找到可以將效益極大化的滿意方案。

決策中常見的認知錯誤

1. 先有結論，再找證據。
2. 標準不一致。
3. 過於保守。
4. 便利性的偏誤。
5. 先入為主：過度受到第一印象的影響，而產生偏見。
6. 穿鑿附會。
7. 選擇性認知。
8. 歸因效果。
9. 過於樂觀，一廂情願。
10. 加碼投注。

決策風格

1. 決策者的差異：

   思考方式：邏輯、理性 vs. 創意、直觀。

   對模糊的忍受程度：一致、秩序 vs. 不確定、同時處理很多想法。

2. 決策風格：

   直接的-模糊忍受度低 + 理性思考。既邏輯又有效率，注重短期快速做決策。

   分析的-模糊忍受度高 + 理性思考。決策前蒐集完整的資訊，設想各種可行方案。

   概念的-模糊忍受度高 + 直觀思考。注重長期的，創造性的解決之道。

   行動的-模糊忍受度低 + 直觀思考。容易與人合作，接受建議，關心為其工作的人。

四、組織

組織(organizing)：分化與整合的過程。管理者根據業務的不同，將一個組織劃分為若干部門，各賦予適當的權責，在分工合作的原則下，順利達成組織目標的過程。

「使命」是組織存在的理由。

以管理機能而言，「組織」指企業可用資源之分配結構，用以達成「規劃」過程所研擬之目標與策略，因此「組織」是達到目標及策略之手段。

組織結構(organizational structure)：職務與報告關係之間的正式制度，以確保不同部門員工間達成高效率分工協調的系統。

組織結構的型態

1. 「高聳式結構」或「扁平式結構」

   高聳式組織(tall organization)，其層級的數量很多、結構形狀高的組織；是高度垂直分化的結果，為組織層級的增加。

   扁平式組織(flat organization)，其層級的數量較少、結構形狀扁平的組織；是高度水平分化的結果，為水平部門的增加。

2. 「機械式組織」或「有機式組織」

   機械式組織(mechanistic structure)經過精密設計、高度專精化，且集權決策的組織型態，其結構設計強調的重點是控制與效率。

   有機式組織(organic structure) 是一種有高度調適能力的結構型式，沒有標準化的工作與種種管制，能夠做迅速的改變。

   組織設計(organizational design)：發展或改變組織結構。

組織設計牽涉到六個關鍵因素：1.專業分工，2.部門劃分，3.指揮鏈，4.控制幅度，5.集權與分權，6.制式化。

通用的組織設計

1. 簡單式結構(Simple Structure)：較精略的部門化、較大的控制幅度、集權的指揮與彈性的組織設計。
2. 功能部結構(Functional Structure)：將相同專業的工作集中在一個單位或部門，是一種專精化或強調分工的組織結構；在此結構中，各個功能部門的員工通常有相似的專長或專業背景。
3. 事業部結構(Divisional Structure)：將多種不同功能或專長的人集中在一起，以滿足特定產品、地區，或是顧客管理需求(市場)的結構。
4. 團隊結構(Team Structures)：整個組織是由工作群或員工被充分授權的自主團隊所組成。
5. 矩陣式與專案式組織(Matrix and Project Structures)。
6. 無疆界組織(Boundaryless Organization)。

五、職權與授權

職權 (Authority)為員工在職務上為了達成組織預設目標，而擁有的正式且合法的決策權、命令權，以及資源分配權。

職權有 3 種特性：

1. 職權的賦予是根據職位而非個人。
2. 職權是透過垂直層級由上往下行使的，越高層級所被賦予的職權較低階者多。
3. 職權須為部屬所認同與接受。

職責 (Responsibility)為員工被指配往某特定任務而獲得某種「職權」之後，必須負擔起完成任務的責任。

當員工接受職權時，也就肩負起執行的義務。有權無責可能濫用；沒有職權就不必負擔職責。職權和職責必須對等：職權可以下授(授權)，職責無法下授：授權者仍須為其授予的行動負責。

授權(Authorization)指上一階層的經理人將職責與職權轉移給層級較低的員工，也就是將某部分的決策權交給下屬執行。

授權乃組織運作之關鍵，它是以人為對象，將完成某項工作所必須的權力授給部屬人員。即主管將一般決策權移轉給部屬，不只授予權力，且還託付完成該項工作之必要責任。

職權的類型

1. 直線職權 (line authority)為管理者指揮其部屬工作的職權，存在於主管與部屬之間的關係，由組織的最高層，延著指揮鏈，直到最底層，在指揮鏈上，管理者有權指揮其部屬工作，以及做決策，而無需徵詢其他人的意見，直線指管理者所負責的部門，其功能必對組織目標有直接貢獻。
2. 幕僚職權 (staff authority)為支援、協助、建議和減輕直線管理者的資訊負擔。
3. 職能職權是指幕僚人員或某部門的主管人員所擁有的原屬直線主管的那部分權力。在純粹參謀的情形下，幕僚人員所具有的僅僅是輔助性職權，並無指揮權。但是，隨著管理活動的日益複雜，主管人員僅依靠參謀的建議還很難做出最後的決定，為了改善和提高管理效率，主管人員就可能將職權關係作某些變動，把一部分原屬自己的直線職權授予幕僚人員或某個部門的主管人員，這便產生了職能職權。

在這當中副主管性質的幕僚在運用時應特別小心。因為副主管具有實權，而一般幕僚沒有，要小心角色衝突。

職權與權力

職權是一種權利，其正當性來自職位，與工作密切相關。

權力則是影響決策的能力。職權是權力的一部份：因職位而擁有的正式權利只是個人影響決策過程的方法之一。權力的來源基礎：

1. 強制權力。權力來自於害怕。
2. 獎賞權力。權力來自於有能力分配有價值的東西。薪資、績效考核、晉昇、指派工作、共事者、調派或銷售地點。
3. 法定權力。權力來自於正式組織階層中的職位。
4. 專家權力。權力來自於個人的專長、特殊技能或知識。
5. 參考權力。權力來自於擁有所需的資源或是個人特質。崇拜 → 認同 → 取悅。

六、組織文化與組織變革

隨著時間流轉，每個組織都會形成自己信仰、願景、價值觀以及運作模式，然後反映在組織的傳奇、儀式、典禮等符號系統當中，形成**組織文化**。

組織文化常是組織競爭力的來源，但也可能導致組織在面對環境變化時，組織變革的阻力。

符號在組織文化中，是一種意涵豐富的文化結構。一般說來，組織符號系統的基本元素有：神話、價值觀、願景、英雄人物、儀式與典禮。

組織變革是指運用行為科學和相關管理方法，對組織的權利結構、組織規模、溝通渠道、角色設定、組織與其他組織之間的關係，以及對組織成員的觀念、態度和行為，成員之間的合作精神等進行有目的的、系統的調整和革新，以適應組織所處的內外環境、技術特徵和組織任務等方面的變化，提高組織效能。

組織結構變革的原因

1. 企業經營環境的變化。
2. 企業內部條件的變化。包括：技術條件的變化。人員條件的變化。管理條件的變化。
3. 企業本身成長的要求。企業處於不同的生命周期時對組織結構的要求也各不相同，如小企業成長為中型或大型企業，單一品種企業成長為多品種企業，單廠企業成為企業集團等。

需要組織變革的徵兆

1. 企業經營成績的下降。
2. 企業生產經營缺乏創新。
3. 組織機構本身病癥的顯露，如決策遲緩，指揮不靈，信息交流不暢，機構臃腫，職責重疊，人事糾紛增多，管理效率下降等。
4. 職工士氣低落，不滿情緒增加，離職率增加，員工曠工率，病、事假率增加等。

組織變革的目標：使組織更具環境適應性、使管理者更具環境適應性、使員工更具環境適應性。

組織變革的流程

八階段流程，分為三個階段：

■ 階段一：營造組織變革氣氛。

1.升高危機意識。2.建立一個領導團隊。3.提出願景。

■ 階段二：展現領導力，推動所有成員參與變革。

4.溝通變革的願景。5.促進行動，移除變革障礙。6.創造近程戰果。

■ 階段三：確保堅定的領導人能持續推動變革。

7.鞏固戰果，再接再厲。8.讓新做法深植企業文化。

影響組織變革的控制力量

1. 透過組織控制，產生例行性與預測性。
2. 對不可預測、非例行事件進行反應。
3. 組織惰性，也就是成員普遍呈現僵硬、墨守成規的態度，會導致失去反應與競爭能力。

「個人主義」和「集體主義」

「個人主義」和「集體主義」是指社會中個人與群體關係。

「個人主義」指的是一種鬆散的社會結構，重視個人主義的文化，傾向於強調個人權利與自由，極大化關心自尊，對本人職業和個人酬勞尤其重視。「個人主義」社會相信自我表現對那個社會裡的人們很重要。

「集體主義」推崇成員之間的和諧，是一種緊密的社會結構。保全面子在集體主義文化中至關重要。成功地保全面子，其在團隊中的地位也就得以維繫。在集體主義盛行的國家中，每個人必須考慮他人利益，組織成員對組織具有精神上的義務和忠誠。而在推崇個人主義的社會中，每個人只顧及自身的利益，每個人自由選擇自己的行動。

七、人力資源管理

人力資源管理(HRM) 是指在滿足個人與組織的需求及目標下，發展出一連串的計畫、政策，與活動，使企業的人與事作最適當的配合，讓人力發揮最大的效用。

另一目的是增進組織內員工的工作滿足感與自我實現，使員工在組織裡工作成為一件愉悅的事。

人力資源管理的內容

1. 工作分析。對企業各個工作職位的性質、結構、責任、流程，以及勝任該職位工作人員的素質，知識、技能等，在調查分析所獲取相關信息的基礎上，編寫出「職務說明書」和「工作規範」等人事管理文件。
2. 人力資源規劃。把企業人力資源戰略轉化為中長期目標、計劃和政策措施，除了上述工作分析，還包含：職位分類、工作設計與工作評價。

   職位分類：依職位的工作性質、難易程度、責任輕重及擔任該職位所需資格條件等標準，加以分析、評估及比較，進而將每一職位歸類不同的等級。

   工作設計：制定工作的內容、方法與型態的過程，也是一種改變工作職責及工作關係的過程，其目的在提高員工生產力和達到員工滿足的雙重目標。

   工作評價：將組成工作本體的各項要素評價分析，確定企業內部各種工作相對價值的高低，以釐定公平合理的薪資及甄選、訓練、調遷等人事管理工作的參考。

   職位分類、工作設計、工作分析與工作評價合稱為人力資源管理的四大基本工具。
3. 員工招聘與選拔。根據人力資源規劃和工作分析的要求，為企業招聘、選拔所需要人力資源並錄用安排到一定崗位上。
4. 績效考評。對員工在一定時間內對企業的貢獻和工作中取得的績效進行考核和評價，及時做出反饋，以便提高和改善員工的工作績效，併為員工培訓、晉升、計酬等人事決策提供依據。
5. 薪酬管理。包括對基本薪酬、績效薪酬、獎金、津貼以及福利等薪酬結構的設計與管理，以激勵員工更加努力的為企業工作。
6. 員工激勵。採用激勵理論和方法，對員工的各種需要予以不同程度的滿足或限制，引起員工心理狀況的變化，以激發員工向企業所期望的目標而努力。
7. 培訓與開發。通過培訓提高員工個人、群體和整個企業的知識、能力、工作態度和工作績效，進一步開發員工的智力潛能，以增強人力資源的貢獻率。

8. 職業生涯規劃。鼓勵和關心員工的個人發展，幫助員工制訂個人發展規劃，以進一步激發員工的積極性、創造性。
9. 人力資源會計。與財務部門合作，建立人力資源會計體系，開展人力資源投資成本與產出效益的核算工作，為人力資源管理與決策提供依據。
10. 勞動關係管理。協調和改善企業與員工之間的勞動關係，進行企業文化建設，營造和諧的勞動關係和良好的工作氛圍，保障企業經營活動的正常開展。

人力資源管理的原則

1. 科學與人性並重原則：為了避免因為過度僵硬的制度與標準而影響員工的士氣，企業在訂定任何管理制度與標準時，應兼重科學與人性的原則。
2. 努力和報償對等原則：報償和工作效率有關，當員工知道他努力工作後，可獲得想要的報償和激勵時，就會更賣力的為組織工作。
3. 最大滿足原則：企業應注意員工的激勵和士氣的建立，幫助員工在達成組織目標的同時，也能達成自己的目標。
4. 發展原則：每個員工均有其不同的才智與潛力，若企業能將員工的潛力開發出來，不僅對員工有好處，對企業的貢獻也很大。
5. 參與原則：任何一項管理計畫在制定時，都應該考慮員工的反應。所以企業在可能的範圍內，應儘量讓員工參與部分計畫的制定。
6. 行動原則：一旦計畫訂定後，就須貫徹到底，才能獲得成果。
7. 彈性原則：由於企業所面臨的環境可能瞬息萬變，所以在制定各項標準與制度時，應保留適度的調整空間以為肆應。

人力資源執行

1. 徵才：招募人才的工作，希望有合適的人才前來應徵。人力招募應注重內昇與外聘之均衡。甄選方面避免因人設事。
2. 選才：應徵人員的評鑑與考選，希望能選到適當的優良人才為公司所用。授權運用貴在職物、職權與職責三位一體。員工領導重視賦能。 謹慎管理心態與行為特異之員工。
3. 育才：對新進人員的訓練及老員工的在職訓練。**人才培育應依循「目標導向」的原則。主管才能發展宜運用「職內訓練」為主**。員工培訓之趨勢朝向整合性、自由化與協同式。
4. 用才與留才：使員工能貢獻才能給公司，公司提供薪資、福利及升遷機會以滿足員工。以績效考評為依據。考評方式多樣性與考評標準多元化。薪資應注意外部競爭性及內部公平性。以彈性福利計畫鼓勵員工。塑造長期合作之夥伴關係。

管理人員的來源

外部招聘和內部提升。

1. 外部招聘優點：

   (1) 被聘人員具有外來優勢。所謂外來優勢主要是指被聘者**沒有歷史包袱**，組織內部成員(部下)只知其目前的工作能力和工作情況，而對其歷史、特別是職業生涯中的失敗記錄知之甚少。

   (2) 有利於平息組織內部競爭者之間的緊張關係。員工發現自己的同事提升，而自己未果時，就可能產生不滿情緒。從外部選聘可能使這些緊張的關係得以緩和。

   (3) 能夠為組織帶來新鮮空氣。來自外部的候選人可以為組織帶來新的管理方法與管理理念。

2. 內部提升。是指組織成員的能力增強並得到充分證實後，被委以承擔更大責任的更高職務。內部提升優點：

   (1) 鼓舞士氣，提高工作熱情，調動組織成員的工作積極性。內部提升制度給每個人帶來希望，能更好地維持成員對組織的忠誠，使那些有發展潛力的員工自覺地積極工作，以促進組織的發展，從而為自己創造更多的提升機會。

   (2) 有利於吸引外部人才。內部提升制度錶面上是排斥外部人才、不利於吸引外部優秀管理人員。但實質上，真正有發展潛力的管理者知道，加入到這種組織中，擔任管理職務的起點可能較低，有時甚至需要一切從頭作起，但是憑藉自己的知識和能力，可以花較少時間便可熟悉基層業務，能順利地提升到較高管理層次。

   (3) 有利於保證選聘工作的正確性。已經在組織中工作過若幹時間的候選人，組織對他的瞭解程度必然較高，使選聘工作的正確程度大大提高。

   (4) 有利於使被聘者迅速展開工作。在內部成長提升上來的管理人員，較為熟悉組織中錯綜複雜的機構和人事關係，瞭解組織運行的特點，所以可以迅速地適應新的管理工作，工作起來要比外聘者顯得得心應手，能迅速打開局面。

典型就業與非典型就業

典型就業是指由雇主直接雇用、不定期勞動契約、工作為按時程工作(全時工作)。

非典型就業是指企業主為節省人力成本，聘僱非正式的工作人員，包括部分工時、臨時工、人力派遣等。

人力派遣

人力派遣也可稱為人才派遣、勞務派遣、勞動派遣、臨時勞動(temporary)、機構勞動(agency work)或租賃勞動(leased work)，是一種勞動僱用的方式。此類勞工名義上是屬於人力派遣公司。「僱主」將自己僱用的勞工，在勞工的同意下，提供給其他有人力需求的企業機構，並接受該機構的指揮監督。

所謂的「僱主」即是「派遣機構」，一般稱為「人力派遣公司」或「勞務派遣公司」，它向其他機構提供的勞工稱為「派遣勞工」。**「人力派遣公司」與「派遣勞工」兩者間簽訂「派遣契約」，雙方有著僱用關係。**

「派遣勞工」如果被派往其他機構工作，這種僱用關係仍然存在；而接受「派遣勞工」提供勞務的機構稱為「要派機構」(企業)，「派遣機構」與「要派機構」訂有一種商務性質的「要派契約」，意即雙方是一種商務關係。

「派遣勞工」與「要派機構」(企業)之間並無勞動契約，但是「要派機構」對「派遣勞工」在工作上有指揮監督之權，而「派遣勞工」則按「要派機構」的指示提供勞務。而在「派遣勞工」的薪水方面則是以時薪計算，但也有以約聘契約的金額計算。等於是一種比較有組織化管理的臨時工。

人力派遣的目的是為了降低勞工雇用成本、規避雇用風險，以及便雇用工管理。部分人力派遣對於需求企業而言，因為省下退休金、保險及資遣費等，可降低成本。部分淡旺季人力需求差距較大的行業，可適時支援人力短缺的現象。

儘管派遣勞動在使用上有許多各種不同的名稱，然不論所使用的名稱為何，我們可以確定的是，它的內容說明了勞動派遣是一種非典型的、臨時性的且非傳統或非標準的聘僱關係，而這種聘僱關係在此所指的是一種非全時、非長期受聘僱於一家企業或一個僱主的聘僱關係。

人力派遣與傳統的勞動關係相比可以發現，最大的差別在於「勞務給付的對象不同」，在所謂傳統的勞動關係中，勞務給付對象是給付工資的僱主；而在所謂的派遣勞動中，它的勞務給付對象並非給付工資的僱主，而是與「派遣勞工」沒有任何契約關係的「要派機構」。

八、領導

領導(leading)：激勵與指揮員工，選擇有效的溝通管道和解決衝突以達成組織目標。

使用非強制性的影響力來指導、協調一個有組織的群體的成員的活動，以達成群體目標的過程，稱為「領導」。有些人認為領導就是管理的代名詞，但是這種看法是不正確的。領導是管理的一部份，但不是全部。有效的領導必須能夠說服他人，激發他們工作的熱忱，並達成既定的目標。

領導的四種理論學派

1. 特質論：20 世紀 40 年代末，研究者主要從事的是領導的特質理論的研究，核心觀點是：領導能力是天生的。
2. 行為論：從 40 年代末至 60 末，主要進行的是領導行為理論的研究，核心觀點是：領導效能與領導行為、領導風格有關。
3. 權變理論：60 年代末至 80 年代初，出現領導權變理論，其核心觀點是：有效的領導受不同情景的影響。
4. 當前的領導風格理論：從 80 年代初至今，大量的出現了領導風格理論的研究，其主要觀點是：有效的領導需要提供願景、鼓舞和註重行動。

特質論

特質論強調成功的領導者擁有某些特殊人格特質。領導者六項特質：

- 內驅力：更努力、成就需求高、企圖心強、充 滿精力、永不倦怠、積極主動。
- 領導慾：有影響和領導他人的強烈慾望。展現負責的意願。
- 誠實正直：領導者間以及追隨者間以誠信無欺和言行一致來建立信賴關係。
- 自信：追隨者仰望領袖以解除自我疑惑，因此，領導 者必須展現自信以說服目標和決策的正當性。
- 睿智：有足夠的智慧以蒐集、綜合、解釋大量的資訊， 以創造願景、解決問題，和做正確的決策。
- 工作相關知識：具備公司、產業和技術方面的充分知識。

行為論

行為理論研究的真正萌芽開始於 19 世紀 40 年代，那時，許多管理心理學家在調查研究中發現了領導者在領導過程中的領導行為與他們的領導效率之間有密切的關係，基於此，為了尋求最佳的領導行為，許多機構對此進行過大量的研究。

在 1964 年，Blake 與 Mouton 在以往領導行為研究的基礎上，提出了著名的「管理方格理論」。

他們用縱坐標表示「體諒定向」，橫坐標表示對「工作定向」。兩者按程度大小各分成九等分，從而形成一個方格圖。這樣，在理論上能組合成 81 種不同的領導方式，在這 81 種領導方式中，可以選取 5 種典型的領導方式。

1. **貧乏型領導者**：對業績和對人關心都少，實際上，他們已放棄自己的職責，只想保住自己的地位。

2. **俱樂部式領導者**：對業績關心少，對人關心多，他營造一種人人得以感受友誼與快樂的環境，但對協同努力以實現企業的生產目標並不熱心。
3. **中庸式領導者**：既不偏重於關心生產，也不偏重於關心人，風格中庸，不設置過高的目標，能夠得到一定的士氣和適當的產量，但不是卓越的。
4. **專制式領導者**：對業績關心多，對人關心少，作風專制，他們眼中沒有鮮活的個人，只有需要完成生產任務的員工，他們唯一關注的只有業績指標。
5. **理想式領導者**：對生產和對人都很關心，對工作和對人都很投入，在管理過程中把企業的生產需要同個人的需要緊密結合起來，既能帶來生產力和利潤的提高，又能使員工得到事業的成就與滿足。

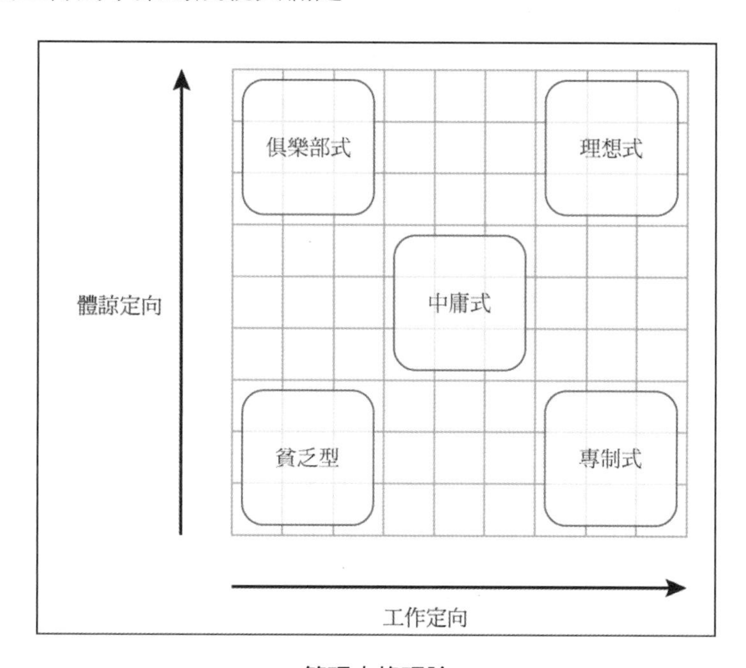

管理方格理論

九、溝通

「溝通」(Communication)是資訊的交換，與意義的傳達；它同時也是人與人間傳達思想與觀念的過程。「溝通」也是人們透過符號或工具，有意識或無意識地影響他人的認知過程。溝通的功能：1.增加控制 2.提高動機 3.情緒表達 4.傳遞資訊。

「組織溝通」就是同一組織內的成員，彼此交換意見、觀點，互相協調，以完成組織任務的一種過程。「組織溝通」的功能：

1. 達成組織目標或特定任務。
2. 化解組織衝突或危機。
3. 凝聚共識。

溝通的模式

1. 正式溝通：依循組織的層級節制(hierarchy)或組織的權力路線(line of authority)作為溝通的管道。
   (1) 上行溝通(upward communication)：下級人員向上級人員表達其意見或態度的程序。
   (2) 下行溝通(downward communication)：上級人員將訊息向下傳遞，以獲得部屬瞭解、合作、支持與採取行動的重要措施。
   (3) 平行溝通(horizontal communication)：組織內不相隸屬之各單位間的溝通。
   (4) 斜向溝通(diagonal communication)：組織內不同層級的溝通。
2. 非正式溝通：建立在組織成員的社會關係上，亦即組織成員的社會交互行為。非正式溝通和組織成員的專長、嗜好、習慣和興趣有關，並無一定規則可循，非正式溝通對訊息的傳遞較為快速，多數在無意中進行。傳遞的方式如公司內部的訊息網路。

   非正式溝通最常見葡萄藤式溝通，它不必考慮組織層級，成員就可直接進行溝通，所以通常不會出現在正式組織溝通流程表上，但是會帶給組織大量的訊息，有助於領導者獲取正式溝通之外的訊息。因此，任何組織的領導者都不能忽視葡萄藤式溝通的價值和重要性。

溝通不良的原因

1. 資訊傳送的問題。
2. 語言問題。
3. 溝通參與者行為上與心理上的問題。
4. 其他問題，如：時間的壓力、因空間距離而引發之障礙。

雅伯特・馬伯藍比 (Albert Mebrabian)提出「7/38/55」定律。

在溝通時，旁人對你的觀感，只有 7%取決於你談話的內容。有 38%在於輔助表達的方法。例如：口氣、手勢等等。高達 55%的比重決定於：你看起來夠不夠份量、夠不夠有說服力。也就是你的「外表」。外表的重要性還比內在更勝一籌。

十、激勵

激勵(Motivation)，就是促使個人工作的慾望，需求及驅力。

激勵是行為受到激發及引導的過程。一個受到激勵的人會努力地工作，持續地忍受困難的工作，並鞭策自己達成重要的目標。

有效的激勵過程，是由被激勵者的 1.能力 2.努力 3.慾望，三項要素所運作的結果。

激勵理論是行為科學中用於處理需要、動機、目標和行為四者之間關係的核心理論。行為科學認為人的動機來自需要，由需要確定人們的行為目標，激勵則作用於人內心活動，激發、驅動和強化人的行為。激勵理論是業績評價理論的重要依據，它說明瞭為什麼業績評價能夠促進組織業績的提高，以及什麼樣的業績評價機制才能夠促進業績的提高。

激勵理論有三大類，分別為 1.內容型激勵的理論、2.過程型激勵理論 3.行為修正型激勵理論。

內容型激勵的理論

馬斯洛提出人的需求理論可分為五個層次。

(1) 生理上的需要。這是人類維持自身生存的最基本要求，包括飢、渴、衣、住、行的方面的要求。如果這些需要得不到滿足，人類的生存就成了問題。

(2) 安全上的需要。這是人類要求保障自身安全、擺脫事業和喪失財產威脅、避免職業病的侵襲、接觸嚴酷的監督等方面的需要。

(3) 感情上的需要。這一層次的需要包括兩個方面的內容。一是友愛的需要，即人人都需要伙伴之間、同事之間的關係融洽或保持友誼和忠誠。二是歸屬的需要，即人都有一種歸屬於一個群體的感情，希望成為群體中的一員，並相互關心和照顧。

(4) 尊重的需要。人人都希望自己有穩定的社會地位，要求個人的能力和成就得到社會的承認。尊重的需要又可分為內部尊重和外部尊重。

(5) 自我實現的需要。這是最高層次的需要，它是指實現個人理想、抱負，發揮個人的能力到最大程度，完成與自己的能力相稱的一切事情的需要。

愛德佛的 ERG 理論

ERG 理論是生存－相互關係－成長需要理論的簡稱。愛德佛認為，職工的需要有三類：生存(E)，關係(R)，成長(G)。

耶魯大學的愛德佛(Clayton. Alderfer)在馬斯洛提出的需要層次理論的基礎上，進行了更接近實際經驗的研究，提出了一種新的人本主義需要理論。愛德佛認為，人們共存在 3 種核心的需要，即生存(Existence)、關係(Relatedness)和成長 (Growth)，也稱為 "ERG" 理論。

生存的需要與人們基本的物質生存需要有關，它包括馬斯洛提出的生理和安全需要。第二種需要是相互關係的需要，即指人們對於保持重要的人際關係的要求。這種社會和地位的需要的滿足是在與其他需要相互作用中達成的，它們與馬斯洛的社會需要和自尊需要分類中的外在部分是相對應的。最後，奧爾德弗把成長發展的需要獨立出來，它表示個人謀求發展的內在願望，包括馬斯洛的自尊需要分類中的內在部分和自我實現層次中所包含的特徵。

麥克里蘭的成就需求理論

麥克里蘭為，在人的生存需要基本得到滿足的前提下，成就需求、權利需求和親密需求是人的最主要的三種需求。

不同需求強度的人會有不同的表現。

- 成就需求高的人：喜歡承擔責任，解決問題。會以目標為導向，而且會設定合理、實際可達成的目標。
- 權力需求高的人：往往想要控制整個場面，也想控制或影響其他人，喜歡競爭，討厭輸的感覺。
- 親密需求高的人：往往想要建立起和其他人間的密切關係，希望得到他人的喜歡。

成就需求理論與管理

- 高成就需求的部屬：給他們非例行性、挑戰性的工作，設定明確的目標，對績效表現時時給予肯定定持續增加其責任程度。
- 高權力需求的部屬：給他們自行計畫與控制工作進度，如果決策內容攸關個人則讓他們參與決策制訂，指派整個任務讓他們能控制局面。
- 高親密需求的部屬：讓他們在團對中與人合作，讓他們從與夥伴的互動中得到滿足。

赫茲伯格的「雙因素理論」

「保健因素」與「激勵因素」就是「雙因素理論」。

赫茲伯格認為員工非常不滿意的原因，大都屬於工作環境或工作關係方面的，如公司的政策、行政管理、職工與上級之間的關係、工資、工作安全、工作環境等。上述條件如果達不到可接受的最低水平時，就會引發不滿情緒。但是，具備了這些條件並不能使職工感到激勵。赫茲伯格把這些沒有激勵作用的，滿足較低層次需求的外界因素稱為「保健因素」。

能夠使職工感到非常滿意等因素，大都屬於工作內容和工作本身三方面的，如工作的成就感、工作成績得到上司的認可、工作本身具有挑戰性。這些因素的改善，能夠激發職工的熱情和積極性。赫茲伯格把這滿足較高層次需求的因素稱為「激勵因素」。

管理者首先應該註意滿足職工的「保健因素」，防止職工消極怠工，使職工不致產生不滿情緒，同時還要註意利用「激勵因素」，儘量使職工得到滿足的機會。

過程型激勵理論

過程模型激勵理論是研究從人的動機產生到最終採取行動的心理過程的理論。它的主要任務是找出對行為起決定作用的某些關鍵因素，弄清它們之間的相互關係，以預測和控制人的行為。

弗魯姆的希望理論

弗魯姆認為，一種激勵因素的作用大小取決於兩個方面：一是人對激勵因素所能實現的可能性大小的期望；二是激勵因素對其本人效價的大小。激勵力量等與期望值和效積的乘積，即：

激勵力量＝期望值*效價

所謂“希望”，就是指根據過去的經驗，對獲得某種結果概率的判斷。

所謂“效價”，就是指此人對這個激勵因素的愛好程度，即對他所要達到目標的價值的估計。

亞當斯的公平理論

“公平理論”是研究人的動機和知覺關係的一種理論。亞當斯認為，一個人對他所得到報酬是否滿意，不是只看其絕對值，而是進行社會比較和歷史比較，看其相對值。兩種比較結果相等時，就公平；公平就能激勵人。反之，就會使人感到不公平；不公平就產生緊張、不安和不滿情緒，影響工作積極性的發揮。

在管理工作中應用亞當斯的理論時，要加強對職工的思想教育，防止在工作評定中貶低別人、抬高自己、撥弄是非、左右輿論、製造矛盾等不良傾向。

行為修正型激勵理論

行為修正理論是研究如何修正和轉化人們的行為，使其達到目標的一種理論。

亞當斯的挫折理論

由於目標無法實現，動機和需要不能滿足，就會導致產生一種情緒狀態，這就是“挫折”。

激勵的管理工作：

1. 要培養員工掌握正確戰勝挫折的方法，教育員工樹立遠大的目標，不要因為眼前的某種困難和挫折而失去前進的動力。
2. 要正確對待受挫折的員工，為他們排憂解難，維護他們的自尊，使他們儘快從挫折情境中解脫出來。
3. 要積極改變情境，避免受挫折員工「觸景生情」，防止造成心理疾病和越軌行為。

十一、創新

創新(innovation)是指可以概念化且實踐的新構想，會造成人類行為改變的典範轉移，並促使經濟環境與社會氣氛發生變遷。彼得杜拉克認為要能成功創新有三項條件：

1. 辛勤專注的投入。
2. 創新必須與創新者的長處相契合，且創新者對該項創新具有熱誠。
3. 創新必須接近市場，由市場來推動。

目標明確，透過分析、系統化和辛勤工作，佔所有有效創新的 90%。

1. 目標明確且系統化的創新始於對機會的分析。分析則始於對創新機會的來源加以徹底思考。
2. 創新是觀念性、認知性的。要走進市場、去看去聽。觀察數字和資料，也觀察人們的行為。分析機會並觀察使用者的期望、價值及需要。
3. 一項創新必須保持簡單且目標特定。一次只做一件事避免把事情搞亂。夠簡單才能運作。太複雜就很難修正。最好的稱讚:「這太明顯了，為什麼我沒有想到呢？」
4. 有效的創新是從小做起，目標明確的，而非一開始就是宏偉壯觀的。宏偉的創意大都不太可能成功。
5. 一項成功的創新是朝著領導者的地位而努力，否則只會為競爭者創造機會而已。

創新條件

1. 創新即工作。在創新領域裡，當天賦、聰明才智、個人氣質、知識背景等所有因素都具備時，創新變成辛勤的、專注的、目標明確的工作。
2. 創新需配合創新者的長處，並在氣質上與創新機會相調和，才能持續投入到持續、辛苦且令人沮喪的工作裡。
3. 創新必須接近市場，專注市場，由市場推動。創新是社會與經濟體系的一種效果，顧客行為的一種改變，或是一種程序的改變。

創業型管理

1. 組織必須接受創新，並視變遷為機會而非威脅。必須承擔創業家的艱鉅任務，也必須制定培養組織內創業氣氛的政策與實務。
2. 組織必須透過有系統的衡量尺度，測知公司在創業精神與創新方面的成就，同時必須培養有系統的學習能力，以改善公司現有的成就。
3. 創業型管理必須明訂出組織結構、任用與管理、津貼、激勵及獎勵等實施辦法。
4. 創業型管理中存有若干禁忌。

十二、控制

控制(controling)：企業用來確保能在原先規劃的方向上運行的一切活動，在過程中不斷的衡量與矯正，以達成組織的目標。

透過控制，管理人員才能瞭解組織是否達到預定的計畫目標。

設計控制系統的三種方法

1. 市場控制：強調外部市場機制，例：價格競爭或市場佔有率。
2. 科層控制：強調職權，依賴規則、法令、程序和政策。
3. 族群控制：透過共享價值觀、規範、傳統和信仰來規範員工的行為。

控制的重要性

1. 因為它是管理功能的最後一個環節：
   (1) 提供了由結果回饋到規劃之間的必要連結。
   (2) 管理者只有一種方法知道組織的目標是否有達到預期。
2. 管理者將權力下授給員工：
   (1) 他們擔心萬一員工出錯，卻必須由他們來承擔事情成敗的責任。
   (2) 有效控制系統提供與回饋的績效相關資訊。

控制程序三步驟

1. 衡量實際績效
2. 將實際績效與標準相比較
3. 採取管理行動以修正偏差或不合適的標準。

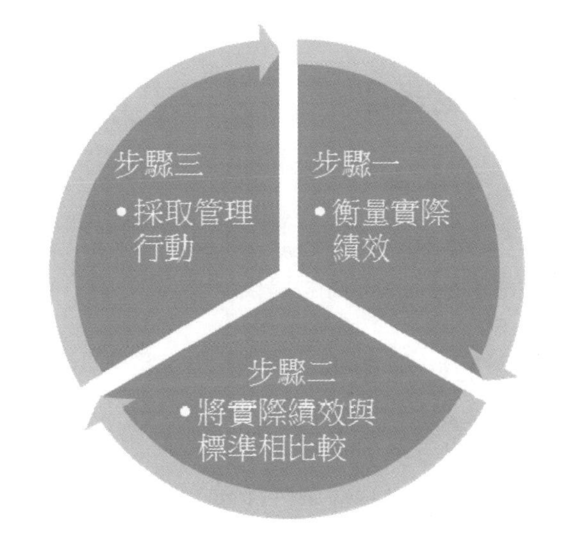

十三、管理實務的最新改變

全球競爭

以更宏觀的視野來解決問題。以跨組織、跨領域思維來改善績效及尋找新的機會。

1. 全球組織的興起，管理者需以全球化的思維經營企業。
   a. 以全球方式尋找資源。
   b. 與全球其他公司進行績效評比。
   c. 非營利組織(例如學校)亦有全球壓力。
   d. 今日管理者五項挑戰：建立競爭優勢、謹守倫理與社會規範、有效管理多樣性高的團隊、善用資訊系統與科技、全球危機管理。
2. 建立競爭優勢：比競爭者更有效能、有效率地 提供顧客所需的產品及服務。
   a. 提昇效率：減少生產產品或服務所需要的資源數量：尋求更佳資源(技術、設備、人力)、員工接受跨功能訓練、以新方式組織人員。
   b. 提昇品質：導入全面品質管理(Total quality management, TQM)來改善品質。
   c. 提昇速度、彈性、及創新。快速將新產品上市。迅速改變或調整工作方式。
   d. 提昇顧客回應：提供高品質服務，回應顧客需求。

資訊科技

大量運用資訊科技來解決問題。獲得更豐富、更有效的資訊，以資訊科技提高生產力與績效。

3-3 生產與行銷

一、生產管理

生產之意義

凡是變更物體的形狀、位置、時間、產權而增加效用的行為。不僅指有形產品的製造，還指無形勞務的提供。生產是對社會創造效用的活動。

生產的四種類型

一級產業：農、林、漁、牧、礦。

二級產業：製造業(有形的東西)。

三級產業：服務業(無形的服務)。

四級產業：資訊產業(知識)。

生產管理

有計劃、組織、指揮、監督調節的生產活動。以最少的資源損耗，獲得最大的成果。是對企業生產系統的設置和運行的各項管理工作的總稱。

生產管理一般涉及兩個活動：

1. 系統之設計與修正
2. 系統之計劃與控制

生產型態

依-顧客訂貨方式可區分為：存貨方式與訂貨方式。

依-機器設備使用時間之長短可區分為：連續性生產與間斷性生產。

依-生產數量之多寡可區分為：批量生產與專案生產。

生產部門之職責

1. 生產足量的產品(服務)且適時滿足顧客的需求。
2. 儘量以最低的成本(或高效率)生產產品或提供服務。
3. 使產品或服務的品質令人滿意。
4. 要確保產品/製程的彈性。

生產力的衡量

生產力＝產出／投入

提升競爭力的四個指標

1. 成本：藉由生產方法、工具改良、產品設計、庫存降低、組織改變，皆有可能提昇效率。
2. 品質：產品品質的優劣影響顧客選擇產品指標。
3. 供應的可靠性：產品供應的及時與穩定是吸引顧客的另一項指標。
4. 產品多樣化及售後服務：為公司強大後勤支援之最終表現，也是顧客對公司產品忠誠度之主要原因。

全面品質管理(TQC)的定義為：

1. 全面(Total)：意指包含工作的每一方面，從界定顧客的需求到評估顧客的滿意度皆包含在其中。

2. 品質(Quality)：是指符合和超過顧客的期望。

3. 管理(Management)：則是指發展並維持組織經常、恆久改善品質的能力。

因此 TQM 包括；

1. 員工和供應者(supplier)共同工作，以便能確保在組織工作過程中的供給能適合使用。

2. 員工持續的分析工作過程，以便能改善其功能並降低過程中的差異性。

3. 和顧客緊密的溝通，以便了解並界定什麼是顧客所想要的及顧客對品質的定義。

二、及時生產系統

及時生產系統(JIT)與傳統的生產系統(MRP)是生產方式有著相當大的差異。MRP 式生產視存貨為降低各工作站之間相依度之工具，有其存在之價值。而 JIT 式生產則視存貨為掩飾管理不良所造成的無效率的結果，因此必須降低存貨以凸顯問題進而加以解決。

及時生產系統是一整個追求卓越的生產哲理，其宗旨在於消除浪費，而其最為人之的看板式生產(Kanban production)則為 JIT 控制生產現場的工具之一。

及時生產系統的哲理：使用最少的原物料、在製品及完成品之庫存，以得到精確產量以及短前置時間的整合活動。零件及時到達至下一個工作站，快速完成加工或裝配並且在生產系統中快速移轉。

及時生產系統的最終目標即是要達到：零缺點、零存貨、零整備時間、零前置時間、無零件搬運。

及時生產系統(JIT)與傳統生產系統(MRP)的比較

及時生產系統認為存貨是不必要的，要盡可能的減少，因此強調的是零存貨，其努力方向是降低製程內變異；而傳統 MRP 系統中則著重於安全存量或在製品(WIP)的控制，安全存量可以解決製造生產不穩定所帶來的問題，因此，在製品可以確保機器的正常運轉，使得前後機器的互相影響可以降至最低。

除此之外，傳統生產系統生產控制是先經由訂單而安排主排程計劃，產品的製造是由前製程按生產計劃，對後製程提供零組件，亦即以推(push)的方式來生產，但是這種生產方式在需求變動或後製程生產發生問題時，都將無法迅速應變。為了應付這種突變的需求與生產問題，而在各製程準備許多的存貨來緩衝，因而形成了浪費的現象。

及時生產系統運用看板(kanban)來傳送生產資訊，而且是由生產線的最後一站向前製程傳送的一種拉(pull)的系統。若面臨當月生產計劃變動時，並不需要對每一個工作發出新的排程，僅需通知最後裝配部門，經由看板的傳遞達成微調的作用。

三、行銷觀念的演進

「行銷」：是理念、商品、服務、概念、訂價、促銷及配銷等一系列活動的規劃與執行過程，經由這個過程，可創造交換活動，以滿足個人與組織的目標。

傳統觀點來看，「行銷」(marketing)就是如何將產品賣給顧客，讓顧客接受。企業的行銷活動在於確定要服務的目標顧客為何，再搭配產品(product)、分配(place)、價格(price)和推廣(promotion)，來滿足顧客的需求。STP 行銷策略與 4P 行銷戰術是行銷的核心觀念。

行銷過程的簡單模式

1. 了解市場、顧客需求和慾望。
2. 設計顧客導向的行銷策略。
3. 架構出可傳遞優異價值的行銷計畫。
4. 建立有利的關係和創造顧客的喜悅。
5. 從顧客身上獲取價值以創造利潤和顧客品質。

行銷管理

透過規劃、組織、用人、領導、控制等管理功能，以有效的方式研究目標市場及外在環境，據以決定整體之行銷活動(產品、訂價、推廣及通路)，付諸實施，有效的滿足顧客之需要，同時達成企業本身的目標。

管理人員的工作重點在於達成高度的生產效率與分配涵蓋面。

行銷觀念的演進

1. **生產導向**。只要把東西做出來，而且不要做得太爛、太貴，就可以賣得出去。最早的行銷觀念。生產者單方面認定消費者喜歡低價而到處都可以買得到的產品，即把重心放在如何生產出大的產能、降低成本與大量分配。管理人員的工作重點在於達成高度的生產效率與分配涵蓋面。
2. **產品導向**。當許多人都擁有外觀、顏色、性質等都類似的產品時，有些企業就會將管理的重點轉移到產品的本身，例如產品設計、特色、績效與品質。
3. **銷售導向**。一切的行為都是業務掛帥，經常有攻擊性的銷售與促銷行為，例如業務員間的業績競賽、高佣金低底薪的薪資制度、價格折扣戰等。
4. **行銷導向**。著重市場調查，以增進消費者價值為出發點，製造消費者所需要的產品，使消費者的滿足達到最大，一切以顧客為依歸，隨時隨地為顧客著想，並在這個過程中賺取合理的利潤。

5. **社會行銷導向**。社會行銷觀念認為公司的要務是決定目標市場的需要、慾望及利益，便能較競爭者更有效能且更有效率地提供目標市場想要的滿足，同時能兼顧消費者及社會的福祉。社會行銷觀念是五種行銷管理哲學中最新的一種觀念。純粹的行銷觀念並沒有考慮消費者短期慾望和長期福利二者間的衝突，此乃社會行銷的主要觀點。

   社會行銷觀念要求公司在決定行銷政策時，必須同時考慮公司利潤、消費者慾望和社會利益三方面的平衡。

顧客滿意

顧客滿意是指一個人通過對一個產品的感知與他的期望值比較後，所形成的愉悅或失望的感覺狀態。如果顧客的感受低於期望，顧客就不滿意；如果感受與期望相當，顧客就滿意；如果感受超過期望，顧客就會高度滿意、高興或欣喜。一般而言，顧客滿意是顧客對企業和員工提供的產品和服務的直接性綜合評價。

顧客滿意分成三個層次

1. **物質滿意**。指企業產品帶給顧客的滿足狀態，包括產品的內在質量、價格、設計、包裝、時效等方面的滿意。產品的質量滿意是構成顧客滿意的基礎因素。
2. **服務滿意**。指產品售前、售中、售後以及產品生命周期的不同階段採取的服務措施令顧客滿意。這主要是在服務過程的每一個環節上都能設身處地地為顧客著想，做到有利於顧客、方便顧客。
3. **社會滿意**。指顧客在對企業產品和服務的消費過程中所體驗到的對社會利益的維護，主要指顧客整體社會滿意，它要求企業的經營活動要有利於社會文明進步。

通常我們將行銷的社會程序稱為總體行銷(Macro-Marking)

總體行銷是關切行銷活動如何影響社會，以及社會如何影響行銷，所以總體行銷的成敗必須以社會的目標來衡量。

總體行銷的目的

1. 資訊極大化。
2. 財產與勞務極大化。
3. 消費極大化。
4. 滿意極大化。

行銷企劃

運用智慧與策略的理性行為，借助科學方法與創新思維，立足現有行銷狀況，並對未來的行銷發展做出戰略性的決策和指導，透過分析研究、創新設計並制定行銷方案的理性思維活動，以完成行銷目標。

1. 調查環境以尋找方向與設定目標。

   調查環境的變化，分析行業機會、競爭者的規模、消費者特徵及市場環境的有利因素和不利因素，以確定企業要進入的市場。依上述調查，確定行銷方向並設定具體目標。

2. 透過目標行銷確定目標市場與產品定位。

3. 運用 4P。

   產品(Product)策略：不僅要滿足顧客的核心利益，更需提供附加產品和服務。

   價格(Price)策略：以行銷目標為導向，分析需求，制訂合理的價格體系；並根據市場環境的變化調整產品價格。

   通路(Place)策略：以消費者需求為中心，強化通路管理和評估。

   促銷(Promotion)策略：根據行銷目標和產品定位確定企業的整合傳播計畫，實現廣告效果最大化。

四、目標市場

「目標市場」是銷售者將整個市場區分為許多不同的部分，從中選擇一個或數個小區隔市場，針對該目標市場擬定產品及行銷策略。

將「異質性」的大市場，依某種相關變數區隔為若干「同質性」的次級市場，使區隔內同質，區隔間異質。是選擇目標市場的基礎。

區隔內同質是指：相同次級市場的消費者對相同行銷策略有相似反應。

區隔間異質是指：不同次級市場的消費者對不同行銷策略有差異反應。

企業常用的市場區隔變數

1. 地理因素：地理區域(北部、中部、南部、東部)、都市化程度(都市、城鎮、鄉村)、地區人口數或人口密度、氣候(多雨、乾燥、潮濕)。

2. 人口因素：年齡(嬰兒、少年、青年、壯年、老年)、性別、家庭結構(單身、新婚、親子、空巢、獨居)、所得高低、教育水準、職業、宗教、籍貫。

3. 心理因素：社會階層(下層、藍領、白領) 、人格或個性(合群、衝動、野心、專斷) 、生活型態(平實型、時尚型、名仕型)。

4. 購買行為因素：

   品牌忠誠度(忠誠者、游離者)。

   使用率(高度、中度、輕度使用者)。

   對產品態度(喜歡、無所謂、不喜歡)。

   追求的利益(品質、服務、經濟)。

   購買時機(特殊場合、平常場合)。

   購買行為發展階段(創新者、早期接受者、中期接受者、晚期接受者、落後者)。

STP 理論

市場細分(Market Segmentation)的概念是美國營銷學家溫德爾・史密斯(Wended Smith) 在 1956 年最早提出的，此後，美國營銷學家菲利浦・科特勒進一步發展形成了成熟的 STP 理論。

STP 理論中的 S、T、P 分別是 Segmenting、Targeting、Positioning 三個英文單詞的縮寫，即「市場細分」、「目標市場」和「市場定位」的意思。

STP 理論的根本要義在於選擇確定目標消費者或客戶，或稱市場定位理論。

根據 STP 理論，市場是一個綜合體，是多層次、多元化的消費需求集合體，任何企業都無法滿足所有的需求，企業應該根據不同需求、購買力等因素把市場分為由相似需求構成的消費群，即若幹子市場。這就是市場細分。企業可以根據自身戰略和產品情況從子市場中選取有一定規模和發展前景，並且符合公司的目標和能力的細分市場作為公司的目標市場。隨後，企業需要將產品定位在目標消費者所偏好的位置上，並通過一系列營銷活動向目標消費者傳達這一定位信息，讓他們註意到品牌，並感知到這就是他們所需要的。

STP 理論是指企業在一定的市場細分的基礎上，確定自己的目標市場，最後把產品或服務定位在目標市場中的確定位置上。

1. 「市場細分」是指根據顧客需求的差異把某產品或服務的市場逐一細分的過程。

2. 「目標市場」是指企業從細分後的市場中選擇出來的決定進入的細分市場，也是對企業最有利的市場組成部分。

   目標市場選擇可以運用波特(Michael Porter)所五力分析模式進行。(第二章 2-5)

   市場選擇策略(Market Targeting Strategy)亦稱之為市場涵蓋策略(Market Coverage Strategy)，可以分為：

(1) 無差異行銷：又稱「大眾行銷」，是將行銷重點放在消費者的共同需要處，只推出一種產品，一種行銷組合，大量廣告，試圖吸引廣大消費者。

(2) 差異行銷：又稱「分眾行銷」，是企業決定在兩個以上區隔市場內經營，針對每一區隔市場分別設計不同的產品及行銷計畫。

(3) 集中行銷：企業集中全力於一個或數個次級市場的高占有率，而不爭取一個大市場的低占有率。

3. 「市場定位」就是在營銷過程中把其產品或服務確定在目標市場中的一定位置上，即確定自己產品或服務在目標市場上的競爭地位，也叫「競爭性定位」。

參考群體

參照群體實際上是個體在形成其購買或消費決策時，用以作為參照、比較的個人或群體。

產品的正評或負評，主要係來自個人主觀的看法；而個人的看法則多少始自於參考群體的影響。每個群體都有一套各自的群體規範，此種規範正足以影響其成員的行為。就消費行為而言，參考群體可以影響產品的種類，及決定產品的規格與樣式等產品性質。

- 直接團體：又稱為成員團體，是指互相影響的成員間彼此有相同對等的身分。又分主要團體與次要團體。
- 間接團體：又稱為象徵團體，是指團體成員間彼此不具備對等相同的身分。

五、行銷策略

大規模的行動計畫並指引組織的方向，稱為策略。策略的原意具有相當程度的佈局競爭。策略是一套針對未來企業發展方向與經營方式的行動與投資計畫決策。

策略管理是一套程序，企業經由審慎分析經營環境與自身資源與能力條件後，擬定一套最適經營策略。

一般常見策略

1. 穩定策略：一般而言，當產業處在成熟階段時，公司常採用穩定策略。
2. 成長策略：成長策略的發展，可以分成四種類型： 市場滲透策略、市場擴張策略、產品擴張策略、多角化策略(集中式或複合式)。
3. 退縮策略：當持續增加投資，而市場佔有率或銷售額未有好轉跡象，只好採取退縮策略以減少損失。
4. 綜合策略：指前述策略同時或輪流採用 2 個以上的策略。

多角化策略是指企業由原本經營的事業領域跨足到其他事業領域。

集中型多角化：例如原本經營衛浴用品，多角化後增加加熱設備、配管零件等業務。

綜合型多角化：追求產品種類及銷售量的成長，積極投入不同的市場，擴張企業在這些市場的佔有率。例如原本經營沙拉醬，多角化後增加汽車墊、電腦等非相關產業。

行銷策略

麥卡錫(McCarthy)於 1960 年在其「基礎行銷」(Basic Marketing)一書中將行銷要素概括為產品(Product)、價格(Price)、促銷(Promotion)、通路與配銷(Place&Distribution)，即著名的 4Ps。

1. **產品(Product)**：註重開發的功能，要求產品有獨特的賣點，把產品的功能訴求放在第一位。
2. **價格 (Price)**：根據不同的市場定位，制定不同的價格策略，產品的定價依據是企業的品牌戰略，註重品牌的含金量。
3. **促銷(Promotion)**：企業註重銷售行為的改變來刺激消費者，以短期的行為(如讓利，買一送一，營銷現場氣氛等等)促成消費的增長，吸引其他品牌的消費者或導致提前消費來促進銷售的增長。
4. **通路與配銷 (Place&Distribution)**：企業並不直接面對消費者，而是註重經銷商的培育和銷售網路的建立，企業與消費者的聯繫是通過分銷商來進行的。

在 1980 年代末期又有不同的行銷觀念思維模式，企業想要在多變的環境中，維持其長久的競爭優勢，除了將顧客利益擺在首位之外，還必須在日益競爭激烈的環境中，比競爭者更有效率、效果的察覺到消費者的需求變化、外在環境的變動等。在這種思維浪潮下，「市場導向」的概念逐漸成形。

市場導向

市場導向是指公司上下針對有關現在與未來顧客需求的市場情報的蒐集，跨部門的情報傳播，並據此執行行銷行動。換言之，透過市場情報的掌握，整合全公司的力量，才是正確的經營之道。行銷觀念要求一家企業的營運要從顧客的觀點出發，從產品的開發、生產、業務銷售、財務管理等，都應以滿足顧客的需求，創造顧客滿意為出發點。因此透過各種方法探究顧客的真正需求，就成為行銷管理人員的首要工作。

「市場導向是一種組織文化，而藉由此文化，組織能夠最有效果、最有效率的為顧客創造優越的價值，進而為組織創造持續優越績效的必要行為。」並且認為市場導向包含了三個行為面構成要素，包含了：顧客導向、競爭者導向、跨功能間的協調。

公司在制定行銷決策時，應同時兼顧 1.消費者需求滿足、2.公司利潤目標、3.社會福祉的平衡。

以組織文化的觀點出發，市場導向則是顧客導向、競爭導向與部門間協調的組合。現代化的公司應必須兼顧顧客與競爭者導向，並將公司的導向依「以顧客為中心」及「以競爭者為中心」區分為四類。

1. 公司對顧客及競爭者皆不注重，稱為「產品導向」；
2. 開始注意顧客，以顧客為中心但不以競爭者為中心，稱「顧客導向」；
3. 第三類，開始注意競爭者，以競爭者為中心卻不以顧客為中心，稱為「競爭者導向」；
4. 同時兼顧以顧客為中心及以競爭者為中心，稱為「市場導向」。

以競爭者為中心 ＼ 以顧客為中心	否	是
否	產品導向	顧客導向
是	競爭者導向	市場導向

行銷 4C

1980年代，行銷4C逐漸取代行銷4P。4C是指產品的規劃應從能滿足顧客(customer)和消費者(consumer)需求出發，分配決策要讓顧客方便(convenience)，價格要考量消費者的成本(cost)最低，而不是公司可以賺取多少錢，最後應思考如何和消費大眾雙向溝通，而不是公司單向的推廣。

行銷近視症(Marketing Myopia) 是指企業一味專注於研發與生產自認為優質的產品，而忽略消費者需求，導致生產出來的產品並非消費者所需，而面臨產品乏人問津的窘境。

認知失調(Cognitive Dissonance)是指消費者在賣方誘導購買產品後，可能發覺商品並未如預期的好，或不符合自己實際需求，但礙於無法退貨，只好設法合理化自己的購買行為，此現象謂之。

六、商品策略

商品

狹義的定義：一個產品(或服務)的功能或實體特徵。

廣義的定義：一種幫助消費者達到需求滿足的實體，服務及抽象特質的組合。

商品的分類

消費性商品：消費者為了本身或家人的消費而購買的財貨與勞務。

工業性商品：個人或組織為用於未來的製造過程或經營活動而購買的商品。

商品生命週期

1.導入期 2.成長期 3.成熟期 4.衰退期。

BCG 矩陣

BCG 矩陣(Boston Consulting Group Matrix)是美國波士頓顧問團隊(Boston Consulting Group)所開發之用於分析產品組合管理(PPM;Product Portfolio Management)架構，用來分析產品組合。以產業的市場成長率為縱軸；相對於最大競爭者的市場佔有率為橫軸所構成之矩陣，分別有明星、金牛、問題兒童、落水狗等四個分類。

1. 搖錢母牛(Cash Cows)是指擁有高市場佔有率及低預期增長的業務。這類業務通常都為公司帶來比維持業務所需還要多的現金收入，所以企業都只會對這些業務維持最基本的開支。
2. 狗(Dogs)，或稱寵物(Pets)，是指擁有低市場佔有率及低預期增長的業務。這類業務通常只能維持收支平衡。因為這類業務未能為公司帶來可觀的收入，對公司來說是沒有用處的，所以這類業務應該被售出。
3. 問號(Question Marks)，或稱問題兒童(Problem Child)也有人稱之為野貓(Wild Cat)，是指面向高增長的市場但市佔率低的業務。由於業務面向高增長的市場，故需要公司大量的投資。對這些業務投放資源前，必先對他們小心分析，以確定業務值得投資。
4. 明日之星(Stars)是指面向高增長的市場而市場佔有率高的業務。這些業務均被期望成為公司未來的龍頭業務——即在「搖錢母牛」區域的業務。當市場轉趨成熟時，「星」區域的業務就會變為「搖錢母牛」區的業務。否則，「星」區的業務就會逐漸移向「狗」區域。

當一個行業及其市場轉趨成熟的時候，所有公司在該行業的業務將會變成「搖錢母牛」或「狗」區域的業務。大部分的業務的生命週期都是自「問號」區域開始，然後移向「星」區域。當市場增長放緩時候，則會移向「搖錢母牛」區域。最終則會移向「狗」區域，並完成一個生命週期。

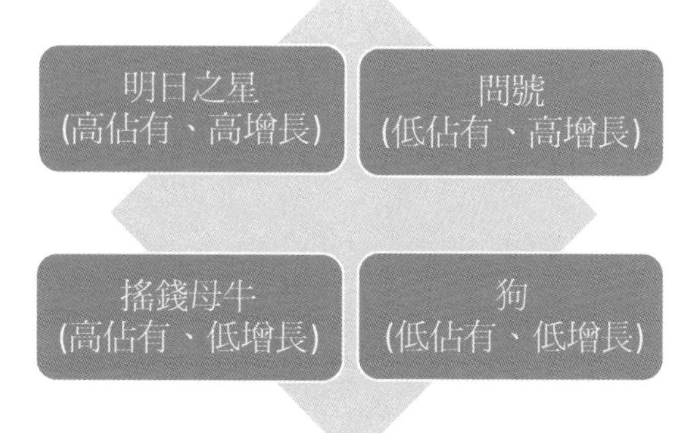

品牌的意義

品牌=品牌名稱 + 品牌標誌

品牌的四大構面：AFBP

- 屬性 Attributes
- 利益 Benefits
- 功能 Functions
- 個性 Personalities

消費者角度看品牌：濃縮資訊與協助辨識，提高購買效率，提供心理保障。

廠商角度看品牌：有助產品促進推廣，穩定生產，市場區隔。

七、定價策略

價格是用來表示產品的價值，在市場中，如果消費者認同該產品價格，且有能力與意願購買，交換行為才會發生。定價策略是行銷組合中最具彈性的一項活動。其所扮演的角色有：作為競爭武器與經營工具、影響營業額與利潤、傳達產品資訊。

定價決策的考量因素

1. 定價目標

   利潤導向：追求「利潤最大化」、「目標投資報酬率」、「目標盈餘」。

   數量導向：追求「銷售量最大」、「市場占有率最大」。

   形象導向：追求「品質形象」、「價值形象」。

   穩定導向：追求「生存」、「維持現狀」。

2. 成本結構：固定成本占變動成本比例。產業是否具規模經濟的特性。與競爭者成本結構之比較。

3. 市場需求：產品的需求價格彈性。
4. 競爭因素：競爭者的狀況。
5. 消費者因素：消費者的需求強度、對產品價值的認知與消費者行為與態度。
6. 產品因素：產品生命週期、品牌形象、產品價值。
7. 通路因素：中間商的利潤是否合理。

定價方法

1. 成本導向定價法。以產品單位成本為基本依據，再加上預期利潤來確定價格的成本導向定價法，是一般企業最常用、最基本的定價方法。成本導向定價法包含：
   (1) 總成本加成定價法。
   (2) 目標收益定價法。
   (3) 投資報酬率訂價法。
   (4) 損益兩平點訂價法。
2. 競爭導向定價法。在競爭激烈的市場上，企業通過研究競爭對手的生產條件、服務狀況、價格水準等因素，依據自身的競爭實力，參考成本和供求狀況來確定商品價格。這種定價方法就是通常所說的競爭導向定價法。競爭導向定價主要包括：
   (1) 市場行情定價法。
   (2) 投標競價定價法。
3. 消費者(需求)導向定價法。現代市場行銷觀念要求企業的一切生產經營必須以消費者需求為中心，並在產品、價格、分銷和促銷等方面予以充分滿足客戶需求。根據市場需求狀況和消費者對產品的感覺差異來確定價格的方法叫做顧客導向定價法，又稱“市場導向定價法”。需求導向定價法主要包括：
   (1) 認知定價法。
   (2) 價值定價法。

新產品定價

1. 市場吸脂定價法。
2. 市場滲透定價法。

八、通路策略

通路的重要性

在市場中，專職產品分配與銷售的個人或機構稱為行銷通路 (marketing channel)，又稱配銷通路(distribution channel)。其主要任務乃是在適當的時間，把適量的產品送至適當的地點，並呈現在消費者眼前以方便其選購。其重要性：

1. 創造效用。
2. 提昇交易效率。
3. 分類與組合產品線。

行銷通路也被定義為：創造競爭優勢的垂直價值鏈。

產品每經過一層通路，都會產生價值。

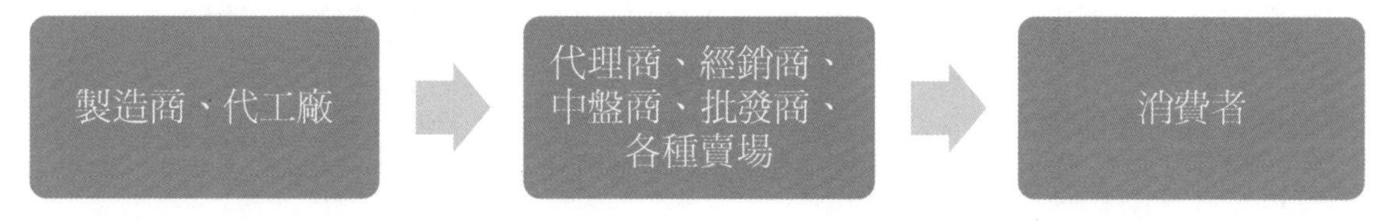

多通路行銷系統

係指透過兩種以上的行銷通路在市場上運作，以接觸更多的顧客區隔。這兩種以上的行銷通路，可能包括了百貨公司、專賣店、批發倉庫、經銷系統、連鎖店、總代理等模式。又可稱為雙重配銷，意指藉不同配銷管道，而服務不同層面的客戶。

通路多元化的原因

1. 希望創造更高、更大的營業額
2. 希望提供目標客群更大的接觸及購買的便利性
3. 每一種通路都有其特色與優點及缺點，而將所有的優點結合在一起，就是最大的優勢
4. 通路本身之間的競爭激烈。
5. 由於市場的分眾化，顧客也分眾化，因此通路也分眾化。
6. 產品若缺乏了通路的支持及動力，再強的產品也無法發揮。
7. 分散風險。

九、促銷策略

促銷的意義

將組織與產品訊息傳遞給目標視聽眾的過程中，所做的一切努力，稱之為促銷。其主要功能在於「溝通」(communication)。

促銷組合

1. 廣告(advertising)：由特定者贊助付款，透過大眾媒體介紹產品、服務或觀念的一種非人員溝通方式。最近流行的置入性行銷，是透過生活型態與情境溝通，以和緩的手法與消費者進行說服性溝通。

   置入性行銷(Placement marketing，又名植入式廣告)，或稱為產品置入(Product placement)，是指刻意將行銷事物以巧妙的手法置入既存媒體，以期藉由既存媒體的曝光率來達成廣告效果。行銷事物和既存媒體不一定相關，一般閱聽人也不一定能察覺其為一種行銷手段。根據美國行銷學會對於廣告的定義，「置入性」具有四個條件：

   (1) 付費購買媒體版面或時間。

   (2) 訊息必須透過媒體擴散來展示與推銷。

   (3) 推銷標的物可為具體商品、服務或抽象觀念。

   (4) 明示廣告主。

   最常見的置入性行銷為於電影或電視節目畫面中刻意置入特定靜態擺設道具或演員所用的商品，而要置入的商品必須付費給電影或電視節目製作單位；例如《007》系列電影中，男主角的手錶、汽車。置入性行銷試圖在觀眾不經意、低涉入的情況下，減低觀眾對廣告的抗拒心理。不過行銷的太過火、太浮濫、太誇張的情形，會出現廣告化的歪曲現象。

   目前置入性行銷常見於新聞置入、節目置入、電影置入(開的車、霓虹燈、手表服裝…)等，現在 Facebook 粉絲團或微博、推特等也很常見。

2. 銷售推廣(sales promotion)：在短期內，除了廣告、人員銷售及公共關係外，所有能刺激消費者的購買意願與激發銷售人員和中間商的推銷熱忱的促銷活動與工具。

3. 人員銷售(personal selling)：透過人員溝通，說服他人購買的過程。

4. 公共關係(public relation)：藉由傳播媒體以建立與維持公司(或組織)的良好形象與信譽，並闡釋公司的經營目標與宗旨。

促銷組合活動的管理

1.設立促銷目標。

2.規劃促銷活動。

3.決定促銷預算(量入為出法、銷售百分比法、競爭對等法、目標任務法)。

4.分配促銷預算。

5.執行促銷預算。

6.評估促銷活動。

十、服務行銷與 GSP

服務行銷

服務行銷與產品行銷有很大的差別，兩者的行銷層面和範圍不同，決定了兩者的行銷方式和手段不同。

由於服務的差異性，以及顧客在感知方面的差異，導致服務品質的差異，為此，要實施服務品質管理，提高顧客的滿意度，消除顧客的抱怨。

GSP

GSP 是 Good Service Practice 的縮寫，中文的意思是「優良服務作業規範」，是針對商業服務業關於經營管理、服務品質及顧客滿意等的認證制度。目前服務業及商業的產值已佔國內生產毛額約 70%，服務業的就業人口也佔整體勞動人口六成，顯見服務業是台灣重要的產業型態。

經濟部商業司為了：

1. 協助企業提昇服務品質
2. 強化商業服務業業者自我提昇能力，強化商店經營管理體質
3. 促進整體商業的健全發展

自 93 年起特推動「優良服務認證計畫(Good Service Practice,簡稱 GSP)」，藉由經營規範、服務流程等標準，供業者遵行。

對於顧客而言，「優良服務 GSP 認證」就是協助顧客在消費時，獲得更完善的服務。從今天起，購物消費就要認明有「GSP」標章的店家，「GSP」代表著店家已通過「優良服務認證」，能提供消費者安心滿意的消費環境，提升服務品質！

重點回顧

1. 工業革命促成了管理理論興起。管理思想演進代表人物有：科學管理之父-泰勒、組織理論的官僚體制-韋伯、現代管理理論之父-費堯。

   費堯並提出十四項組織與執行效能的原則，這些原則基本上強調效率、秩序、穩定與公平性。其中例如：統一指揮原則(unity of command)：又稱為命令統一原則。任何人均有一位上司，且應只有唯一的一位上司。

2. 管理者須具備 3 種能力。概念性能力、人際關係能力、技術性能力。

   高階主管主要為「策略規劃」，最重視概念性能力。

   中階主管主要為「戰術規劃」，最重視人際關係能力。

   低階主管主要為「作業規劃」，最重視技術性能力。

3. 管理者的工作大致可以由三大類角色所組成，分別是人際角色、資訊角色、決策角色。

   (1) 人際角色：代表人。領導人。聯絡人。

   (2) 資訊角色：監控人。傳訊人。發言人：管理者就組織或單位之立場發表言論，提出主張，或為組織或單位爭取資源。

   (3) 決策角色：創業人。解決問題者。資源分配者。協調者。

4. 管理的功能分成四大項。規劃、組織、領導、控制。

   企業功能 1.產(生產)、2.銷(銷售)、3.人(人力資源) 、4.發(研發) 、5.財(財管)。

   管理功能與企業功能構成管理矩陣。

5. 目標管理 (Management by Objectives, MBO) 由彼得．杜拉克(Peter Drucker) 所提出。特別強調參與式的管理風格。

   以「目標」的達成度來區分可以將「目標」分類為：

   和諧性目標。競爭性目標。矛盾性目標。中性目標：完成甲目標對乙目標的完成沒有影響。

6. 決策不只是管理者最重要的職責，也是各層級人員的職責。

   決策模式分成：(1)經濟人的決策模式。決策者可以掌握所有所需資訊，列出所有的可行方案，做出最佳決策。(2)行政人的決策模式是基於有限理性、資訊不完整與滿意水準，所進行的決策模式。

行政人的決策模式認為決策者不可能取得完整資訊，也無法完全吸收所有資訊，因此決策充滿風險與不確定性。

7. 組織：管理者根據業務的不同，將一個組織劃分為若干部門，各賦予適當的權責，在分工合作的原則下，順利達成組織「使命」的過程。「使命」是組織存在的理由。

   組織結構的型態(1)「高聳式結構」或「扁平式結構」，(2)「機械式組織」或「有機式組織」。

   有機式組織(organic structure) 是一種有高度調適能力的結構型式，沒有標準化的工作與種種管制，能夠做迅速的改變。

8. 職權 (Authority)為員工在職務上為了達成組織預設目標，而擁有的正式且合法的決策權、命令權，以及資源分配權。

   (1) 職權的賦予是根據職位而非個人。

   (2) 職權是透過垂直層級由上往下行使的，越高層級所被賦予的職權較低階者多。

   (3) 職權須為部屬所認同與接受。

9. 職責 (Responsibility)為員工被指配往某特定任務而獲得某種「職權」之後，必須負擔起完成任務的責任。

   當員工接受職權時，也就肩負起執行的義務。有權無責可能濫用；沒有職權就不必負擔職責。

   職權和職責必須對等：職權可以下授(授權)，職責無法下授：授權者仍須為其授予的行動負責。

10. 授權(Authorization)指上一階層的經理人將職責與職權轉移給層級較低的員工，也就是將某部分的決策權交給下屬執行。

11. 知識管理的觀念結合網際網路建構入口網站、資料庫以及應用電腦軟體系統等工具，成為組織累積知識財富，創造更多競爭力的新世紀利器。

    知識管理是在組織中建構一個人文與技術兼備的知識系統，讓組織中的訊息與知識，透過獲得、創造、分享、整合、記錄、存取、更新等過程，達到知識不斷創新的最終目的，並回饋到知識系統內，個人與組織的知識得以永不間斷的累積。

12. 人力資源管理在育才方面，人才培育應依循「目標導向」為原則，主管才能發展宜運用「職內訓練」為主。

    就業可以分為：典型就業與非典型就業。其中非典型就業所謂的「企業」與「派遣人員」之間並不存在任用契約關係。

13. 領導：激勵與指揮員工，選擇有效的溝通管道和解決衝突以達成組織目標。

14. 關於溝通，雅伯特・馬伯藍比「7/38/55」定律是指只有 7%取決於談話的內容。有 38%在於輔助表達的方法。例如：口氣、手勢等等。高達 55%的比重決定於：你看起來夠不夠份量、夠不夠有說服力。也就是你的「外表」。

15. 愛德佛的 ERG 理論：職工的需要有三類：生存(E)，關係(R)，成長 (G)。

    麥克里蘭的成就需求理論：生存需要基本得到滿足的前提下，成就需求、權利需求和親密需求是人的最主要的三種需求。

    成就需求高的人：喜歡承擔責任，解決問題。

16. 顧客滿意分成三個層次：物質滿意、服務滿意、社會滿意。

    對產品的功能、品質、設計等產品本身的滿意程度，屬於物質滿意。

17. 行銷觀念的演進：生產導向→產品導向→銷售導向→行銷導向→社會行銷導向。

18. 「目標市場」是銷售者將整個市場區分為許多不同的部分，從中選擇一個或數個小區隔市場，針對該目標市場擬定產品及行銷策略。

    將「異質性」的大市場，依某種相關變數區隔為若干「同質性」的次級市場，使區隔內同質，區隔間異質。

19. 市場導向是指公司上下針對有關現在與未來顧客需求的市場情報的蒐集，跨部門的情報傳播，並據此執行行銷行動。

    企業不但研究消費者的需求與偏好，從而加以滿足，更比競爭者更有效的達成目標。

20. BCG 矩陣用於分析產品組合管理。以產業的市場成長率為縱軸；相對於最大競爭者的市場佔有率為橫軸所構成之矩陣，分別有明星、金牛、問題兒童、落水狗等四個分類。其中「問號」或稱問題兒童也有人稱之為野貓，是指面向高增長的市場但市場佔有率低的業務。

21. 置入性行銷是指刻意將行銷事物以巧妙的手法置入既存媒體，以期藉由既存媒體的曝光率來達成廣告效果。行銷事物和既存媒體不一定相關，一般閱聽人也不一定能察覺其為一種行銷手段。

22. 服務行銷 7P：(1)Product 產品策略。(2)Price 價格策略。(3)Place 區域策略。(4)Promotion 促銷策略。(5)People 人員策略。(6)Process 過程。(7)Physical Evidence 有形展示。

模擬測驗

(　) 1. 下列哪一事件的發生促成了管理理論之興起？
A.電腦興起　B.一次大戰　C.工業革命　D.二次大戰

(　) 2. 強調以科學的方式來研究工作，以提升工作者的生產力的是？
A.麥克波特　B.泰勒　C.韋伯　D.彼得杜拉克

(　) 3. 「一位員工不能聽命於兩位上司」是指？
A.紀律原則　B.命令統一原則　C.集權化原則　D.分工原則

(　) 4. 管理者的工作大致可以由三大類角色所組成，分別是人際角色、資訊角色、__________角色。
A.採購　B.研發　C.行銷　D.決策

(　) 5. 中階主管所擬訂的規畫是下列何者？
A.戰術規劃　B.作業規畫　C.生涯規劃　D.策略規劃

(　) 6. 目標設定中，每個目標完成之間並沒有互相的影響，稱之為？
A.中性目標　B.長期目標　C.量化目標　D.和諧性目標

(　) 7. 大規模的行動計畫並指引組織的方向，稱為下列何者？
A.戰略　B.謀略　C.攻略　D.策略

(　) 8. 決策為誰的職責？
A.各層級人員　B.高階管理員　C.中階管理員　D.基層管理員

(　) 9. 管理者最重要的職責，是指下列何者？
A.策略　B.決策　C.組織　D.控制

(　) 10. __________是一種有高度調適能力的結構型式，沒有標準化的工作與種種管制，能夠做迅速的改變？
A.有機性組織　B.機械性組織　C.矩陣式組織　D.資訊導向組織

(　) 11. 以下何者對授權的描述有誤？
A.指上司將某些職權與職責移轉給下屬
B.下屬對該任務就負有完全的權責，上司不須再對此任務負責
C.授權有助於下屬的士氣提升與成長
D.業務主管將產品一定範圍內的報價權力交給業務人員，就是一種授權

(　) 12. 組織惰性是指？

A.組織面臨變革時，組織成員表現出僵硬、墨守成規的態度

B.對組織變革產生阻撓

C.會使組織失去反應與競爭力

D.以上皆是

(　) 13. 從組織外部招聘管理人員可以帶來"外來優勢"是指被聘幹部？

A.沒有歷史包袱　B.保證選聘工作的正確性

C.可以迅速開展工作　D.具有廣告效應

(　) 14. 人力資源管理方面，人才培育應依循「__________」為原則，主管才能發展宜運用「__________」為主。

A.職內訓練；職內訓練　B.職內訓練；目標導向

C.目標導向；職內訓練　D.目標導向；目標導向

(　) 15. 有關雅伯特・馬伯藍比 (Albert Mebrabian)「7/38/55」定律，下列何項為非？

A.訊息的傳達，包含輔助說話的方法、「外表」夠不夠份量、夠不夠有說服力以及真正談話的內容

B.55%：「外表」夠不夠份量、夠不夠有說服力

C.55%：輔助說話的方法：口氣、手勢

D.38%：輔助說話的方法：口氣、手勢

(　) 16. 麥克里蘭的對三需求理論而言，以下何者為非？

A.三需求是指成就需求、親密需求，以及權力需求

B.高成就需求的人喜歡承擔責任，低成就需求的人沒有責任感

C.親密需求是指人想要與他人建立良好且密切關係的需求

D.對具有高權力需求的下屬，管理者可以給他們擁有自行計畫與工作進度的機會

(　) 17. 在__________的經營哲學指導下，企業主持人認為消費者會喜歡低價而到處都可以買得到的產品，管理人員的工作重點在於達成高度的生產效率與分配涵蓋面。

A.生產導向　B.產品導向　C.銷售導向　D.行銷導向

(　) 18. 哪些因素會影響消費者行為？【複選題】

A.所得高低　B.教育水準　C.家庭結構　D.生活型態

E.公司利潤　F.以上皆非

(　) 19. 公司除了追求產品種類及銷售量的成長，也積極投入不同的市場，擴張企業在這些市場的佔有率，請問這是何種經營策略？
A.綜合型成長策略　B.穩定策略
C.集中形成長策略　D.相近型成長策略

(　) 20. 消費者為了本身或家人的消費而購買的財貨與勞務，稱作？
A.消費性商品　B.工業性商品　C.以上皆是　D.以上皆非

(　) 21. BCG 矩陣分析中，若產品屬於高市場成長率、低市場佔有率則稱之為下列何者？
A.問題　B.金牛　C.明星　D.髒狗

(　) 22. 公司在制定行銷決策時，應同時兼顧__________的平衡。【複選題】】
A.國際收支平衡　B.消費者需求滿足　C.公司利潤目標　D.社會福祉
E.以上皆是　F.以上皆非

(　) 23. 下列何者是透過生活型態與情境溝通，以和緩的手法與消費者進行說服性溝通？
A.事件行銷　B.置入性行銷　C.利基行銷　D.集中行銷

(　) 24. 韋伯(Weber)所提倡的「官僚體制」(bureaucracy)是屬於哪一個管理學派的主張？
A.科學管理　B.組織行為　C.計量管理　D.一般行政

(　) 25. 目標管理強調的管理風格是？
A.參與式　B.放任式　C.正式化　D.催化式

(　) 26. 策略的原意具有相當程度的佈局與？
A.防禦　B.競爭　C.研發　D.行銷

(　) 27. 以下哪一項不包括在管理資訊系統中？
A.資訊報告系統　B.決策支援系統
C.辦公室自動化系統　D.高階決策系統

(　) 28. 顧客對產品的功能、品質、設計等產品本身的滿意程度，屬於顧客滿意層次中的哪一個層次？
A.精神滿意　B.物質滿意　C.社會滿意　D.經濟滿意層次

(　) 29. 請選擇市場區隔效果最好的選項？
A.區隔內同質，區隔間異質　　B.區隔內異質，區隔間異質
C.區隔內同質，區隔間同質　　D.區隔內異質，區隔間同質

題目	1	2	3	4	5	6	7	8	9	10
答案	C	B	B	D	A	A	D	A	B	A
題目	11	12	13	14	15	16	17	18	19	20
答案	B	D	A	C	C	B	A	ABCD	A	A
題目	21	22	23	24	25	26	27	28	29	
答案	A	BCD	B	B	A	B	C	B	A	

CHAPTER

經濟與財務 4

本章由最基本經濟學的成本概念切入，藉由需求與供給法則，逐步理解消費與生產，各種市場結構與相關因素的關係。接著學習銀行與貨幣，以及各種國際貿易與經濟現象。本章後半段介紹經營公司所需要的財務觀念，包含財務管理、財務報表以及投資的風險與報酬，最後介紹資金成本與融資的方法。

4-1 經濟概論

一、成本

經濟學是一門行為科學，主要是用來研究如何選擇具有多種用途的有限資源，以生產物品與勞務，供應目前與將來的消費。

- 自由財：可以不花代價而任意取用的，像是陽光與空氣。
- 經濟財：要放棄別的東西為代價才能取得，像是清潔的空氣。

因為資源稀少使人們必須選擇，因為資源具有多種用途，讓人們可以選擇。兩項條件加起來就構成選擇的問題，也就是經濟問題。

成本

生產者從事生產時，為取得生產要素所須支付的代價。其中包括工資、地租、利息、原料費、動力費、保險費、折舊費、廣告費、部份稅捐等。

經濟成本：包括會計成本與內涵成本。

機會成本

機會成本是指在面臨選擇時，被捨棄的選項中，最高價值者。例如：有塊田地，每年種稻賺 2 萬、種青菜賺 5 萬；種水果賺 8 萬。

選擇種水果：則其機會成本為 5 萬。

選擇種青菜：則其機會成本為 8 萬。

選擇種稻米：則其機會成本為 8 萬。

二、需要與供給

需要與供給：需要與供給的研究是研究經濟學的起點。

「需要」產生的條件

1. 客觀上財貨或勞務有滿足人們慾望的能力，具有用性。
2. 主觀上人們對財貨或勞務有嗜好或偏好。

「需要」的定義

假設「其他情況不變」，在某一特定時間、場所內，消費者對某一特定財貨，在各種不同價格下，所願意而且有能力購買的數量。

所謂「其他情況不變」是指

1. 消費者偏好不變。
2. 消費者貨幣所得不變。
3. 其他相關財貨的價格不變。
4. 對未來所得及價格的預期不變。(一個人對未來的預期，會影響目前的需求)

需求法則

假設「其他情況不變」，物品的需求量與其價格間反向變動的關係。

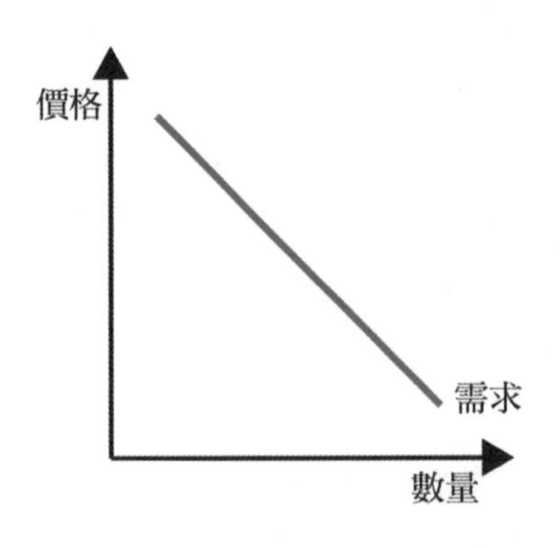

「供給」的定義

假設「其他情況不變」時，在一定時間內，特定的場所，銷售者或生產者所願意而且有能力在不同價格下，銷售或生產某種財貨的數量。

「供給」表示財貨的價格與供給量之間的關係。因生產者供給量的多少，常受時間因素的影響，故為表示供給，常需確定一定的時間單位，經濟學中常將「供給」分為長期供給與短期供給兩種。

同時影響供給量之因素甚多，為確定價格與供給量之間的關係，故假定其他情況不變，所謂「其他情況不變」是指

1. 生產技術不變、生產資本設備不變。
2. 生產要素的市場價格不變。
3. 政府財政尤其租稅政策不變。
4. 其他相關財貨價格不變。
5. 生產者的預期不變。

供給法則

假設其他情況不變，一種財貨供給量的增減與其價格的漲跌是成正向的變；即價格上漲，供給量增加，價格下跌，供給量減少。

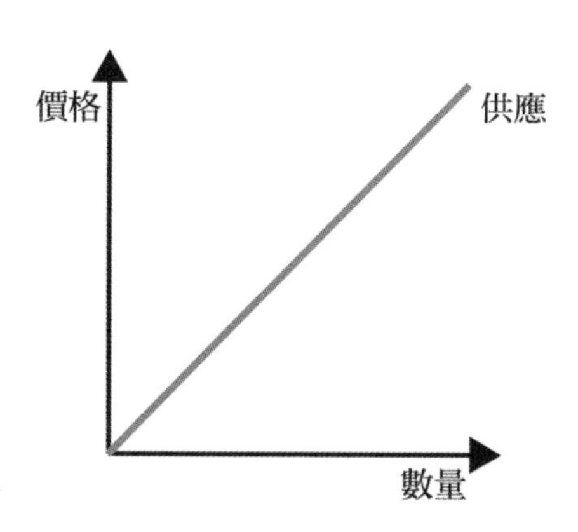

個別供給與市場供給

「個別供給」(Individual supply)，就是個別廠商在各種可能價格下，願意出售某種財貨的數量。

「市場供給」(Market supply)乃是市場各個生產者所有生產量之總和，也就是在一個市場上，所有生產者在一定期間對於某種財貨，在各種不同價格之下，所願意而且有能力供給的數量。

固定供給與變動供給

「固定供給」(Fixed supply)是指財貨數量不能任意增加的供給，這類財貨大都是無法重造的，如古玩、字畫類藝術品屬之，因此這種供給也稱為不能再生產的供給。

「變動供給」(Variable supply)，是指財貨的生產量，可以任意增減的供給，這類財貨都是可以再生產的，所以這種供給稱為可以再生產的供給。

短期供給與長期供給

供給只限於現有設備之生產能量者，只能就現有各生產要素做效率上之調整者稱為「短期供給」。供給時間長至能擴充設備，擴大生產規模或放棄經營，將生產資本轉移其投資方向者稱為「長期供給」。

獨立供給與聯合供給

「獨立供給」(Independent supply)就是對某一特定財貨的供給，如茶商供給茶葉。

「聯合供給」(Joint supply)就是提供某種特定財貨時，可以導致其他財貨的同時供給，例如屠宰商除提供牛肉外，同時還可以提供牛皮的供給。

總合供給

整個經濟社會的所有需求者(包括國內的家戶、廠商、政府及國外部門)，在各個不同物價水準下，對此經濟社會所生產的產品願意且能夠購買的商品數量。

總合需求

對應於各個不同的物價水準，整個經濟社會所願意且能夠生產的商品數量。

彈性之意義

不同產品需要量隨著價格變動而變動的感應程度不一樣。

有些產品價格略有變動，需要量的變動往往很大，

有些產品價格略有變動，需要量的變動卻沒有改變，

這種需要量變動對價格變動的敏感度，稱為需要彈性。

彈性大小之因素

1. 財貨的需要程度：必需品彈性小，奢侈品彈性大。
2. 替代品的多寡：替代品愈多，彈性愈大；替代品愈少，彈性愈小。如水果彈性大，食鹽彈性小。
3. 對某物之消費額在總支出中所佔比例的高低：所佔比例愈高，彈性愈大；比例愈低，彈性愈小。例如：食鹽等在總支出中所佔比例極微，故彈性小；而家庭支出中，水果所佔比例較高，故彈性大。
4. 用途的廣狹：衣物之用途愈多，彈性愈大；用途愈小，彈性愈小。
5. 國民所得或水準的高低：所得高的，對於一般物品之需要彈性小；所得低的地區，對一般物品的需要彈性較小。
6. 社會習慣：習慣使用或社會流行的物品則彈性小。例如：流行的服飾，彈性小。

需要彈性與價格的關係

需要彈性小的物品，如必需品，對價格抑製作用小，故價格波動大。

需要彈性大的物品，如奢侈品，對價格抑製作用大，故價格波動小。

政府顧及租稅能力負擔的公平原則，則應對彈性大的商品課稅。

政府為顧及租稅負擔的普遍原則，則應對彈性小的商品課稅。

各類財貨

1. 正常財(Normal Goods)：當所得增加時，會增加對這類產品的消費。例如電腦、房子。

   當價格提高時，會減少對這類產品的消費。

   當價格減少時，會增加對這類產品的消費。

   正常財內分兩種：

   (1) 必需品：所得增加時，消費會增加，但消費的增加比例，會小於所得的增加比例，例如米飯、肉類。依據消費者的態度與該產品的售價在消費者的所得中所佔的比例來區分，只要人們認為是必須的商品，即可視必需品。

   (2) 奢侈品：所得增加時，消費會增加，而且消費增加的比例，會大於所得增加的比例。依據消費者的態度與該產品的售價在消費者的所得中所佔的比例來區分，只要人們認為是非必須的商品，即可視奢侈品。奢求品的需求價格較有彈性。

2. **炫耀財**：價格越高，需求越大，需求曲線變成奇怪的正斜率。例如鑽石、超跑、貂皮大衣。
3. **劣等財**：所得增加時，消費反而減少(例如泡麵、公車票)，但不會減少太多。
4. **季芬財**(Giffen goods)，英國的怪異現象：一般商品的需求曲線是負斜率(價格愈低，需求愈高，反之亦然)；但是馬鈴薯價格上升時，窮人對馬鈴薯的需求反而上升，需求曲線變成奇怪的正斜率，就算馬鈴薯是最便宜的食物(劣等財)，也是如此。
   - 季芬財必須在所得逼近生存底線時才會出現。
   - 必須在沒有其他食物可選擇替代時，馬鈴薯才會成為季芬財。

經濟學家在正常的社會裡，不可能找到季芬財，季芬財只有在被迫求生時，被生存的壓力驅迫時，才會出現的消費行為。

對一般人來說，速食店賣的馬鈴薯是正常財；對窮人來說，馬鈴薯是能不吃就不吃的劣等財。如果被逼得只能傾全力種馬鈴薯維生，其他食物都沒得想，年頭到年尾只能吃馬鈴薯，不吃就只有死路一條，這時的馬鈴薯就是季芬財。

替代效果與所得效果

替代效果：指的是因物品(或勞務)間的相對價格變動，引起消費者用比較便宜的去替代比較貴的，以導致改變物品需求量的關係。如：大眾運輸工具、電影。

所得效果：當消費者購買力改變時，所產生需求量的改變的效果，又有人稱為購買力效果。

互補物品：當一物價格提升後，其互補物品的需求會減少。如：咖啡之於奶精，釘書機之於釘書針。

三、消費行為

消費的意義

人們為了滿足慾望而使用財貨或勞務的經濟行為。

直接消費：利用財貨的效用，直接滿足人類的慾望。例如：食、衣、住、行。

間接消費：其目的在於生產，以間接滿足人類的慾望。例如對機器、生產要素(原料)、廠房等的消費。(例如：耐久性商品。耐久性商品為不常被購買，耐用年限很長而且通常屬於高價位的商品。)

總效用(Total Utility)

總效用是指消費者在一定時期，從一定數量的商品和勞務的消費中得到的滿足。

邊際效用(Marginal Utility)

邊際效用是指消費者對某種物品的消費量每增加一單位所增加的額外滿足程度。邊際的含義是額外增量。在邊際效用中，自變數是某物品的消費量，而因變數則是滿足程度或效用。消費量額外變動所引起的效用的變動即為邊際效用。

消費者消費某種商品滿足程度的高低主要是通過總效用與邊際效用兩個指標進行衡量。總效用是指消費一定量某種物品中所得到的總滿足程度。邊際效用是指對某種物品的消費量每增加一單位所額外增加的滿足程度。

$MU = \triangle TU/\triangle Q$

MU：邊際效用。

Q：一種商品的消費數量。

TU：總效用。

△Q：每變動一單位消費量。

△TU：所引起總效用的變化量。

由上述公式的幾何圖形可以看出。

1. 當邊際效用為正數時，總效用是增加的。
2. 當邊際效用為零時，總效用達到最大。
3. 當邊際效用為負數時，總效用減少。

邊際效用遞減法則

其他情況不變下，在同一時間連續消費一種財貨，消費量逐漸增加時，TU 雖然遞增後遞減，但其 MU 則有逐漸遞減的傾向。邊際效用遞減的原因：慾望強度遞減，每種財貨的特性。用途越多，邊際效用遞減的速度越緩慢，用途越少，邊際效用減的速度越快。

消費者均衡

消費者以其『有限的貨幣所得』從事消費選擇時，為了達到總效用最大(最大滿足)，必須在貨幣所得額度內消費到「花在每一種商品最後一元的邊際效用皆相等」。

也就是「花在每一種商品的貨幣邊際效用皆相等」。

消費者剩餘

消費者購買時，內心所願支付的價格，較實際支付的價格為大，二者間的差額即為消費者剩餘。

實例：某甲購買糖第一斤時，願支付 25 元，而買第二斤，只願支付 20 元，同理第三斤只願支付 15 元。

糖的市價每斤 15 元。某甲買糖所發生的消費者剩餘如下：

- 購買一斤時：實際支付總價 15 元，而其內心所願支付為 25 元，差額 10 元是為購買糖一斤的消費者剩餘。
- 購買 2 斤時：實際支付總價 30 元，內心願支付總價是 45 元，消費者剩餘為 15 元。
- 購買 3 斤時：實際支付總價 45 元，內心願支付之總價為 60 元，其消費者剩餘為 15 元。

消費者剩餘＝內心願意支付－實際支付。

價格愈低，購買數量愈多，消費者剩餘愈大。

四、生產與生產者剩餘

經濟學中的兩個基礎單位：家庭及廠商。家庭是消費的單位，而廠商就是生產的單位。

廠商(Firm)泛指所有從事生產的單位：廠商的功能是組合生產要素來生產產品，並將產品賣出去。在經濟學上，廠商是一個廣義的字詞，不論是農場、礦場、理髮店、律師事務所、快餐廳，都是廠商，都是從事生產的地方。

廠商目標

1. 利潤極大化的目標：在已知價格和邊際成本的情況下，將利潤極大化。
2. 其他目標：市場佔有率、提供非牟利的服務、公司社會責任等。

在經濟學上廠商的成本是指機會成本。廠商的形成可以節省交易成本

生產

能夠創造或增進人類使用的一切活動。生產的四大要素：1.土地 2.勞動 3.資本 4.企業家精神。

生產的種類

初級生產，是指直接抽取自然資源的生產。

二級生產，是指將原料型態改變的生產。

三級生產，是指服務性行業，及零售業。

生產者剩餘

1. 生產者提供產品到市場上，所收到的全部貨款(總收益)超過他願意生產提供的最低要求價款，其間的差額稱之。
2. 生產者剩餘＝實際總收入－供給價格總和。
3. 將消費者剩餘和生產者剩餘的觀念綜合起來，即為經濟學上做為衡量社會福利的指標，當此額外利得愈大即表社會福利水準愈高。

邊際成本(marginal cost，簡稱 MC)

1. 固定成本(FC)：指不隨著產出變化的成本，長期來看，所有的成本都可以看成變數。
2. 變動成本(VC)：指營業成本、最初成本、間接成本和直接成本等。這些都隨著產出而直接變化，例如勞動力，燃料，能源和原材料成本。

   總成本(total cost，TC)＝總固定成本＋總變動成本。
3. 平均固定成本(AFC)：指每一單位產出分擔的固定成本。
4. 平均變動成本(AVC)：指每一單位產出分擔的變動成本。
5. 平均成本(AC)：指每一單位產出分擔的總成本。

產量	FC	VC	TC	AFC	AVC	AC	MC
0	60	0	60	-	-	-	-
1	60	24	84	60	24	84	24
2	60	36	96	30	18	48	12
3	60	54	114	20	18	38	18
4	60	76	136	15	19	34	22
5	60	110	170	12	22	34	34
6	60	180	240	10	30	40	70

在經濟學和金融學中，邊際成本(MC)指的是每一單位新增生產的產品(或者購買的產品)帶來到總成本的增量。這個概念表明每一單位的產品的成本與總產品量有關。比

如，僅生產一輛汽車的成本是極其巨大的，而生產第 101 輛汽車的成本就低得多，而生產第 10000 汽車的成本就更低了。

但是，考慮到機會成本，隨著生產量的增加，邊際成本(MC)可能會增加。

邊際成本(MC)和單位平均成本(AC)不一樣，單位平均成本考慮了全部的產品，而邊際成本忽略了最後一個產品之前的。每輛汽車的平均成本包括生產第一輛車的很大的固定成本(在每輛車上進行分配)。而邊際成本根本不考慮固定成本。

在短期中如果要增加產量，只能藉由增加變動要素來達成，所以增加產量所額外增加的成本即是多使用的變動要素的成本。因此不但可以用總成本來計算短期邊際成本，也可以從總變動成本來計算短期邊際成本。

MC＝△TC／△Q＝△TVC／△Q

總變動成本(total variable cost，TVC)＝變動生產要素的投入數量 × 變動生產要素的價格。

經濟利潤

＝總收益－經濟成本

＝總收益－(會計成本＋內涵成本)

＝總收益－會計成本－內涵成本

＝會計利潤－正常利潤

長期平均成本(long-run average cost,LAC)

長期平均成本是指工廠規模可以變動條件下，平均每單位產品所分攤的長期總成本。

長期平均成本曲線(Long-run Average Cost Curve)

是用一條光滑的曲線把各個短期平均成本曲線的最低點連接起來的構成的曲線。它是一條先下降而後上升的線。

在長期中，生產者按這條曲線作出生產計劃，確定生產規模，因此，這條長期平均成本曲線又稱為計劃曲線。

LAC 遞減表示當產量不斷增加時，長期平均成本會隨著產量的增加而逐漸下降，表示生產規模愈大，長期平均成本就愈低，這就是「規模報酬遞增」。

設備的利用、員工的技術、食材的大量採購等可以內部自行調整的因素稱「內部因素」。若因為「內部因素」的自行調整導致的 LAC 遞減，就叫做**「規模報酬遞增」**，**又叫做「內部經濟」**。

LAC 水平表示雖產量不斷增加，長期平均成本卻不動，表示雖然生產規模擴大，但是長期平均成本卻沒有改變，因此，LAC 不變表示「規模報酬固定」。這時候的長期平均成本也到達最低。內部的有利因素與不利因素沒有發生，或者互相抵消了。

LAC 遞增表示當產量不斷增加時，長期平均成本不但沒有下降，反而隨著產量的增加而逐漸增加，表示生產規模愈大，長期平均成本就愈高，因此，LAC 遞增表示「規模報酬遞減」。

員工人數太多而不好管理、大量購買食材造成市場需求增加而使食材漲價等這些不利因素，造成成本增加的速度比產量增加的速度快。當內部的不利因素發生時，**「規模報酬遞減」，又叫做「內部不經濟」**。

市場干預

即是市場受到干預，而未能達致均衡。

通常干預市場的力量來自政府。政府使用一些政策，限制著市場的自我調節。

限制	效果
價格管制	價格上限：供不應求 價格下限：供過於求
數量管制	配額：價格上升
稅	從量稅：供應減少
津貼	從量津貼：供應增加

市場均衡

有需求(買家)，有供應(賣家)，市場便形成了。

需求曲線與供應曲線的相交點，就是均衡點。

均衡的意思是，沒有力量再令「它」改變，而停止在一點之上。

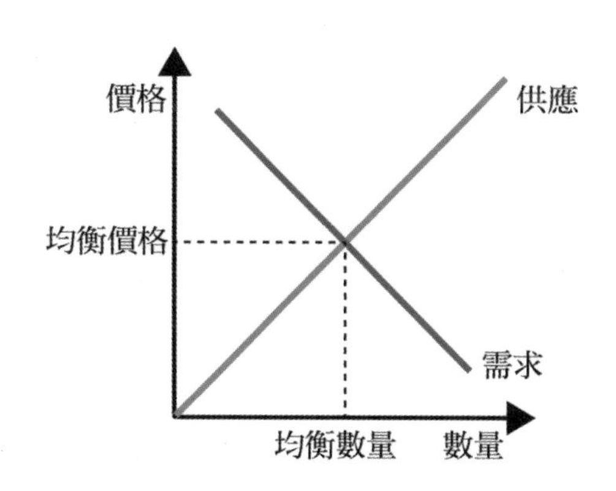

外部經濟

產量沒有改變，長期平均成本也會下降，例如：減稅。

減稅不是自己可以調整或控制的因素，所以是一種外部因素，這種外部的有利因素所造成的情況叫做「**外部經濟**」。政府減稅、生產環境的改善、政治局勢的穩定、生產技術的進步等等都是外部的有利因素。

外部不經濟

無法由廠商自己調整或掌控的外部不利因素，一旦發生這些現象，長期平均成本就會整條向上移動，叫做「**外部不經濟**」。

生產技術停滯不前、產業環境惡化、政經局勢動盪、政府提高租稅等等都是外部的不利因素。

成本遞減行業

成本遞減行業是指行業產量增加所引起的生產要素需求的增加，反而使生產要素的價格下降了。成本遞減行業中各個廠商的長期平均成本要隨整個行業產量的增加而減少。這也就是規模經濟中的外在經濟。

成本遞減行業的形成原因

形成這些行業成本遞減的基本原因是「**外部經濟**」的作用，即外在經濟對這種行業特別重要。例如由於規模擴大的優勢而獲得較便宜的投入，產業的擴張可能改進運輸系統，降低運輸成本等。這都有可能降低廠商的長期平均成本，導致向右下方傾斜的長期產業供給曲線。又例如，在同一地區建立若干汽車製造廠，各廠商就會由於在交通、輔助服務等方面的節約而產生成本遞減。

這種成本遞減的現象只是在一定時期存在。在長期中，外在經濟必然會變為外在不經濟。因此，一個行業內的成本遞減無法長期維持下去。

五、市場結構

市場結構分類：

1. 完全競爭市場。例如：農業。

廠商家數	眾多
產品差異性	生產同質產品
市場訊息	完全公開
進出市場障礙	不存在

2. 獨占性競爭市場。例如：小吃店。

廠商家數	很多
產品差異性	生產異質產品
市場訊息	靈通但不完全
進出市場障礙	不存在

3. 寡占市場。例如：水泥、鋼鐵、汽車、電信。

廠商家數	較少
產品差異性	生產同質或異質產品
市場訊息	不靈通且不完全
進出市場障礙	大

4. 獨占市場。例如：電力公司、自來水公司。

廠商家數	只有一家
產品差異性	沒有替代品
市場訊息	完全不靈通
進出市場障礙	困難

自由市場

不受政府干預和調控的市場，政府對其只行使最低限度的職能，如維護法律制度和保護財產權。

在自由市場中，財產權在一個買賣雙方都滿意的價格進行自由交換。買賣雙方都沒有強迫對方，也就是既沒有使用暴力，暴力威脅，或欺詐手段，也沒有被第三方強制執行交易(如政府的轉移支付)。

在自由市場中，沒有外力干涉買方之間或買方之間的競爭稱為自由競爭。價格是買賣行為根據供求關係決定的。

管制市場

政府直接或者間接的控制着價格和供給，從而扭曲了市場的信號。

在自由市場中，價格是由生產剩餘的自願交易，而不是管制市場中的政策法令決定的。通過供應商們提供的產品和服務的自由競爭，價格會趨於下降，產品與服務的質量會趨於上升。需要注意的是自由市場並不等於「完全競爭市場」。

六、完全競爭市場的短期均衡與長期均衡

完全競爭市場的定義

完全競爭是一種市場結構，在其中同質的商品有很多賣者，沒有一個賣者或買者能控制價格，進入很容易並且資源可以隨時從一個使用者轉向另一個使用者。

例如，許多農產品市場就具有完全競爭市場這些特徵。在這種市場類型中，市場完全由「看不見的手」進行調節，政府對市場不作任何干預，只起維護社會安定和抵禦外來侵略的作用。

完全競爭市場的短期均衡

完全競爭市場的廠商，是價格的接受者，因此必須進行產量的決策，以追求利潤的最大，故在 MR=MC 決定最適產量下，若廠商有利潤，則利潤大；若有虧損，則虧損最小，故理性的廠商都會以 MR=MC 做為最佳產量決策。

第一種情況：E 點高於 b 點，有盈餘。

E 點：邊際收益曲線(MR 橘線)與邊際成本曲線(MC 藍線)相交處。

b 點：平均成本曲線(AC 綠線)最低點的地方與邊際成本曲線(MC 藍線)相交處。

黃色區域為盈餘。

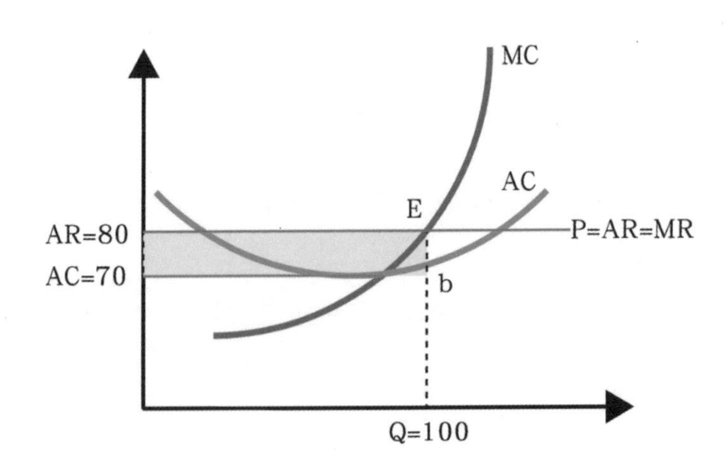

第二種情況：E 點低於 f 點，有虧損。

E 點：邊際收益曲線(MR 橘線)與邊際成本曲線(MC 藍線)相交處。

f 點：平均成本曲線(AC 綠線)最低點的地方與邊際成本曲線(MC 藍線)相交處。

黃色區域為虧損。

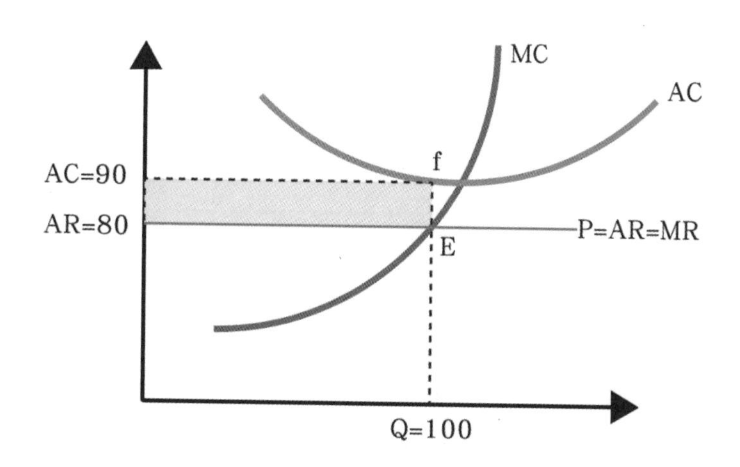

在市場價格低於平均成本又高於平均可變成本時，廠商繼續生產可以減少虧損。因為：如果出現虧損就停止生產，不生產照樣要支付固定成本，虧損就更大。

如果市場價格低於平均成本又等於平均可變成本時，既定的市場價格與平均收益、邊際收益相等，邊際收益與平均可變成本也相等，它們的交點就是廠商的停止生產點。

如果廠商維持生產，他只能收回全部可變成本，但固定成本不能得到任何補償。

如果市場價格低於平均可變成本曲線的最低點，廠商就要選擇停產。因為在短期內，廠商不可能轉入其他行業，停止生產雖然照樣支付固定成本，但損失的也只是固定成本。如果繼續生產，廠商的損失就會更大。

完全競爭市場的長期均衡

指在長期中，廠商通過改變所有要素的投入數量，從而實現利潤最大化的目的而達到的一種均衡。

長期利潤為零，長期虧損為零。

長期總平均成本達到最低。

生產於長期總平均成本線最低點。

P = AR = MR = SMC = LMC = SAC = LAC

價格=平均收益=邊際收益=短期邊際成本=長期邊際成本=短期平均成本=長期平均成本。

關於「生產效率」與「資源配置效率」

	生產效率	資源配置效率
經濟意涵	長期下，廠商以最低成本生產商品	廠商生產最後一單位商品的社會成本等於其社會價值
生產條件	廠商在 LAC 最低點生產	廠商的邊際成本等於消費者願付的最高價格，即 P=MC

1. 在完全競爭市場，市場競爭機制會使生產某種產品的眾多廠商最終都達到均衡點。在該點：MR=MC=P=最低的 AC，該行業及廠商既無經濟利潤也無虧損。
2. 在完全競爭市場，競爭機制不僅能使全行業的廠商以最低的 AC 進行生產。而且通過競爭和某些廠商的進入和退出，競爭機制還可以使該行業能夠以數目合適的廠商進行生產。從而可以避免一個行業廠商數目過多所導致的資源浪費。也就是說可以避免社會資源在生產某種產品上的配置的不合理或低效率。
3. 全行業的廠商都以最低的 AC 進行生產，那麼就意味著生產某種產品的社會成本達到最低狀態。因此，完全競爭市場，競爭機制會使社會以最低的成本生產某種產品。完全競爭機制可以使社會在生產某種產品上的資源配置效率達到最佳狀態。這個最佳狀態的條件是：廠商的 MR=MC=P=最低的 AC。

七、勞動與土地

勞動的意義

直接參與生產，以獲取報酬為目的，所從事之精神與體力的活動。勞動、土地與資本是最重要的三個生產要素。勞動、土地與資本的供需決定了給付給勞工、地主與資本主的報酬。

勞動的特性

1. 不可分離性：勞動依附於人體，因勞動者之存在而存在，不能與人體分開。提供勞動的勞動者必須親自到場方可提供。
2. 不可儲藏性：勞動者所提供的勞動無法以任何形式加以儲藏留待明日再使用。
3. 供給有限性：勞動量的供給因人口數量、時間等因素的限制，不可能毫無限制的增加供給，亦即勞動供給缺乏彈性。

勞動邊際產量

勞動邊際產量，其為額外一單位的勞動所增加的產量。勞工的人數增加將使勞動的邊際產量下降，亦即生產過程顯現邊際產量遞減現象。

勞動力

年滿 15 歲以上，具有工作能及工作意願之民間的經濟活動人口。不包括在勞動力之內的人口：A.未滿十五歲的人口。B.潛在的勞動力人口(年滿 15 歲，但並未投入勞動市場)。C.現役軍人。D.無工作能力的人口。E.受禁監管人口。

勞動生產力：一定的勞動時間內，平均一勞動者所能獲得的生產量。

勞動生產力 = 總產量 ÷ 勞動投入量

勞動力與勞動生產力的區別

勞動力是指能夠從事經濟活動的人口數。

勞動生產力是指從事生產的勞動人口，平均每一人所能提供的生產量，亦即生產效率。

工資

勞動者提供勞動所獲得的報酬，是勞動者的所得。經濟學上所謂的工資，事實上是指工資率，它是每單位時間的勞動價格。

工資的種類

分類標準	工資種類	意義
工資的形成	經濟工資	依據勞動者在生產過程中所貢獻的功能所決定的工資
	契約工資	依據勞動者與僱主所訂立的契約而決定的工資
工資的支付	貨幣工資	以貨幣作為支付工具的工資
	實物工資	以實物作為支付工具的工資
工資的計算	計時工資	依照勞動時間而計算的工資
	計件工資	依照勞動效果(生產件數)而計算的工資
工資的性資	名目工資	又稱為「名義工資」，係以「貨幣數量」所表示的工資
	實質工資	又稱為「真實工資」係以「貨幣購買力」所表示的工資，而實質工資=(名目工資÷物價指數)×100

勞動市場均衡

工資會調整至使勞動供給與需求達成平衡的水準。

工資等於勞動的邊際產值。任何造成勞動供給或需求改變的事件必定使均衡工資與邊際產值呈等量的變動，因為它們最終必定相等。

工資率(W) = 勞工的邊際產值(VMP)

產品價格

邊際產值是邊際產量乘上產品的市場價格。當產品的價格改變時，邊際產值會跟著改變，從而勞動需求曲線也會跟著移動。

產品價格(P)=工資率(W)/邊際產量(MP)

邊際產值(VMP)=產品價格(P) X 邊際產量(MP)

土地的意義

經濟學中的土地是廣義的，泛指用於生產過程中的一切自然資源。土地之所以成為生產要素，其主要的原因在於土地給予人類生產所需的場所、原料與動力。

土地的特性

1. 土地面積不能增減，形成土地獨佔性與獨佔價格。
2. 土地位置不能移動，形成自然資源的固定性與區域分工。
3. 土地的生產力有限，生產物產量的增加有一定限度。

土地收穫遞減率：指在一定面積的土地上，繼續不斷的增投勞力與資本。如果生產技術不變，收穫量初雖可以比例的或超比例的增加，但至一定點後，收穫量必然發生相對減少的傾向，此現像稱為土地收穫遞減律。

地租的意義

地租是使用土地生產力的報酬，地租是土地的使用價格，為地主的所得。

地租與成本

1. 就社會整體而言，土地供給缺乏彈性，且機會成本為零，不論地租多寡，都不會影響土地供給，故地租為一種剩餘。
2. 就個別廠商而言，土地可作不同用途，存有不同機會成本，欲取得土地使用權，就必須支付地租，故地租為成本之一。

八、資本

資本的意義

又稱「生產財」、「資本財」，指用於生產的各種工具，包含廠房建築、機器設備、存貨等實體資本。

依「投資標的」區分：可以分為產業資本、商業資本、金融資本。

依「表現形態」區分：可以分為貨幣資本、財產資本。

依「週轉期限」區分：可以分為

1. **流動資本**：即流動資產減去流動負債的餘額，乃可供企業經營運用資金。如支付工資、原料、物料的資金。
2. **固定資本**：投資於土地、廠房、機器設備等固定資產的資本支出。

依「有無形體」區分，可以分為：

1. **有形資本**：具有形體的資本，如機器設備、廠房等。
2. **無形資本**：不具形體的資本，亦即智慧財產權，如商標權、專利權、著作權。

資本的形成：來自於人的儲蓄。

利率的種類

名目利率：又稱為市場利率、貨幣利率，指在一定期間內，在借貸契約上所載明的利率。

實質利率：又稱為自然利率、純粹利率。即市場利率減去通貨膨脹率。

名目利率 = 實質利率 + 通貨膨脹率。

利率的功能

1. 誘導經濟資源作有效的配置：利率有使資本導向最有利的用途，以發揮經濟效率。
2. 維持經濟穩定：利率的存在，可避免投資過度，造成通貨膨脹，故有維持經濟穩定的作用。
3. 使進經濟發展：利率的存在，使透過利潤資本化加速資本的累積，以增加總產出，創造就業機會促進經濟發展。

利率政策的應用

高利率：當通貨過多，物價上漲，投機旺盛 → 緊縮信用，維持經濟穩定。

低利率：金融緊迫，物價下跌，生產萎縮 → 擴張信用，恢復產業繁榮。

利潤的特質

1. 利潤是一種剩餘所得：利潤是從生產總收入中，扣除一切生產費用後的餘額。
2. 利潤是一種不測的所得：利潤之有無要看企業家對市場需要預測是否正確而定，如正確則可獲利潤，不正確便發生虧損。

3. 利潤是一種創新所得：企業家必須不斷的創新生產技術，使生產成本降低，才能獲得超額收益。
4. 利潤不能由邊際生產力的高低來決定大小。

利潤的功能

1. 利潤是刺激生產活動的誘因。
2. 利潤是一切投資基金的來源，利潤推動經濟成長。
3. 利潤是創新的誘因。
4. 利潤是社會資源分派的指標。
5. 利潤的追求可使生產者時以消費者的意向為其行動的準繩。

利潤的種類

1. 商業利潤：乃從生產物出售總收入中，扣除使用他人的土地、資本、勞動，而支付的地租、利息、工資及其他生產費後的餘額。即企業利潤。
2. 正常利潤：廠商使用本身之土地、資本和勞動應計之報酬。即企業家本身的內涵成本。
3. 純粹利潤：又稱經濟利潤，是從商業利潤中扣除企業家自有土地、資本、勞動應付的地租、利息、工資後的剩餘部分。即銷貨收入扣除外露成本與內涵成本後之餘額。即企業所得。

九、國民所得

國民所得會計

國民所得會計是一種衡量國民所得的方法與制度，也是定義國民所得的會計處理原則與方法，而從國民所得會計帳中可顯示一國整體的經濟表現。

國內生產毛額(Gross Domestic Product，簡稱 GDP)：在一定期間內，一國內所生產供最終使用的財貨與勞務的市場價值總和。屬地主義。GDP 是以國境為計算標準，只要是在這個國家內的所有生產毛額，都會被計算在內，例如美國人民及非美國人民在美國境內所產出的價值。

國民生產毛額(Gross National Product，簡稱 GNP)：在一定期間內，一國的全體國民所生產出來的供最終使用之財貨與勞務的市場價值總和。屬人主義。GNP 是以國民為計算標準，只要是一國的國民，無論人在國內、國外，都被計算在內，例如美國人及不在美國的美國人所產出的價值。

GNP＋(外國國民在國內的所得)－(本國國民在國外的所得)＝GDP

GNP＝GDP＋(本國國民在國外的所得)－(外國國民在國內的所得)。

國民生產淨額 NNP(Net National Product，簡稱 NNP)

國民生產淨額 NNP 是指一國國民在一定期間內，所生產最終產品與勞務的淨價值，亦即國民生產毛額 GNP 減去生產過程中的機器、設備及廠房的折舊之餘額。

國民所得(National Income，簡稱 NI)

國民所得是指全體國民在一定期間內以其生產要素參與生產而得到的報酬總和。

NI ＝ 工資＋租金＋利息＋利潤

個人所得(Personal Income，簡稱 PI)

國民所得會計上，用來衡量家戶單位在一期間內實際所獲得之所得。

PI ＝ NI－(營利事業所得稅＋未分配盈餘＋政府財產與企業所得)＋國內外對家戶的移轉性支付

可支配所得(DisposableIncome，簡稱 DI)

「個人所得」扣除個人直接稅以及家戶對國內與國外的移轉支付之後，所剩下的才是個人與家庭可以自行支配的所得。

DI＝PI－(家庭及民間非營利團體之) 直接稅

十、貨幣

貨幣的意義

貨幣乃具有一般承受性的交易媒介。所謂一般承受性，就是人人樂於接受的意思。

所謂交易的媒介，就是用以交換一切財貨與勞務的工具，也就是一個經濟社會大眾所共同接受的支付工具。

人類最初之交換方式，為物物直接交換，後來由於生產力的不斷進步，消費者慾望越來越複雜，交換行為日益頻繁，為了克服交換的困難，人們乃物色一種大眾樂於接受的特定財貨，用以測度一般財貨價值的大小，作為實行交換的媒介，這種財貨便是所謂的貨幣。

貨幣的演進

1. 物物交換：以一物透過交換取得他物(尚無貨幣)。
2. 商品貨幣：採用一種人人所樂意接受的商品為貨幣。
3. 金屬貨幣：採用金屬做為幣材。金屬貨幣可分為二個時期：

   賤金屬貨幣時期：以銅、鐵、錫、鋅等賤金屬為幣材。

   貴金屬貨幣時期：以金、銀等貴重金屬為幣材，又可分為秤量貨幣及鑄幣。
4. 信用貨幣：紙幣及與存款貨幣。

貨幣的種類

從貨幣的商品價值與貨幣面值區分：

- 實體貨幣：貨幣的面值(幣值)等於實質(商品價值)者稱之。即指貨幣購買力。
- 象徵貨幣：貨幣的面值(幣值)大於實質(商品價值)者稱之，又稱為名目貨幣。

就法律上的流通能力為標準分：

- 無限法償貨幣：法律上規定，本位貨幣每次使用數額不受限制。又稱強制貨幣。
- 有限法償貨幣：例如輔幣的使用，有一最高數額限制，超過此數額時，對方可以拒絕接受(如 5 角以 100 元，2 角以 50 元為限)

依貨幣表現之形態可分為：

- 鑄幣：又稱硬幣，以一定成色、形狀、大小、重量之金屬為幣材鑄造而成。
- 紙幣：以紙為幣材之貨幣，又可分：兌現紙幣：紙幣持有人可隨時向發行銀行兌換成同額之金屬貨幣。
- 不兌現紙幣：紙幣持有人不能向發行銀行兌換成同額之(貴)金屬貨幣，目前世界各國多為此幣，如我國之五百元紙幣不可換得一個面額五百之硬幣便是此道理。
- 存款貨幣：以銀行裡的活期存款為基礎，簽發支票流通使用，作為交易媒介的活期存款即謂之，與紙幣同樣負擔交易媒介任務，具有一般貨幣功能。

貨幣的功能

1. 交易的媒介
2. 價值的標準

M1A 貨幣總計數

M1A 表示金融機構以外的各行各業目前流通所持有的通貨淨額、支票存款及活期存款的總合。也就是社會大眾手中持有的通貨，再加上企業及個人與非營利團體存在銀行與基層金融機構之支票存款及活期存款。(不包括定存)

M1A＝(通貨發行額－金融機構的庫存現金)＋支票存款＋活期存款。

M1B 貨幣總計數 (狹義的貨幣供給)

包括通貨淨額、支票存款以及活期存款與活期儲蓄存款 3 大項。

M1B＝通貨淨額+存款貨幣＝M1A+個人企業及個人(含非營利團體)在貨幣機構的活期儲蓄存款。

M2 廣義貨幣供給額

M2 是貨幣供給額項目之一，是中央銀行用以衡量經濟情勢主要項目之一。

M2＝M1B+準貨幣。

M1C＝M1B＋存簿儲金

貨幣的需求(MD)

指在一特定的時點內，人們所想要握存的貨幣數量。為存量的概念。

1. 古典學派的貨幣需要理論：(貨幣數量學說)

   古典學派的經濟學家認為，貨幣的主要功能是充作交易的媒介，人們保有貨幣，即是為了便利交易的進行。因為發生的期間是不連續的，所以在獲得與支出之間的時間差距裡，必須握有相當的貨幣數量，以便進行各種交易之用。

2. 所得支出說。凱因斯的流動性偏好說

   凱因斯的貨幣需求理論兼重貨幣的交易媒介與價值儲藏二功能，尤其是貨幣所具有的流動性。他認為人們係基於下述交易動機、預防動機與投機動機等三種動機，而保有最富流動性的貨幣，故其貨幣需求理論文獻稱之為流動性偏好理論。

貨幣市場工具

是指期限小於或等於 1 年的債務工具，它們具有很高的流動性。主要的貨幣市場工具有：短期國債、大額可轉讓存單、商業票據、銀行承兌匯票、回購協議、其他貨幣市場工具。

資本市場工具

是指 1 年期以上的中長期金融工具，主要是股票、債券和投資基金等有價證券，這些有價證券是在資本市場上發行和流通轉讓的，故稱資本市場工具。

權益性證券

代表發行企業所有者權益的證券，如股份有限公司發行的普通股股票。權益性證券是一種基本的金融工具，是企業籌集資金的主要來源。投資者持有某企業的權益性證券代表在該企業中享有所有者權益，普通股和優先股就是常見的權益性證券。

可轉換公司債券

一種被賦予了股票轉換權的公司債券，也稱可轉換債券。發行公司事先規定債權人可以選擇有利時機，按發行時規定的條件把其債券轉換成發行公司的等值股票(普通股票)。可轉換公司債是一種混合型的債券形式。當投資者不太清楚發行公司的發展潛力及前景時，可先投資於這種債券。

衍生性金融商品

衍生性商品的種類相當多，基本上分成以下四類：

1. 遠期契約：是指由交易雙方自行協議在某一特定日，買方(賣方) 可以特定價格買進 (賣出) 某資產的契約，以滿足雙方的需求。目前台灣的遠期契約有遠期利率契約及遠期外匯契約。
2. 期貨：是一種標準化的財務契約，在未來的某一特定日，以約定的價格買進或賣出一定數量與品質的商品，而為了確保交易能夠安全執行，買賣雙方均要繳交保證金，這種契約便是所謂的期貨。
3. 選擇權：當契約的買方付出權利金後，即享有權利在特定期間內向契約的賣方依履約價格買入或賣出一定數量的標的物，如為買進標的物的權利，稱為買權，如為賣出標的物的權利，稱為賣權。
4. 金融交換：交換是一種以物易物的互利行為，運用在金融工具的操作上，乃是指兩個或兩個以上的經濟個體(銀行或企業) 在相互約定的條件 (包括幣別、金額、期間、計息方式、利率及匯率) 下，將握有的資產或負債與對方交換的契約。目前台灣開放的金融交換有利率交換、貨幣交換及股權交換等。

金融工具的風險高低：政府債券＜公司債＜特別股＜普通股＜衍生性商品。

十一、銀行

運用本身的信用與地位，吸收多方面的貨幣存款，接受社會所給與的信用，且將所收存款加息貸出，向社會各方面供給信用。

銀行除以受授信用的方法，溝通資金的供需外，並在可能範圍內創造信用，以助社會的經濟發展，而謀求本身的利益。所謂銀行，為信用創造，溝通資金，助長經濟發展的金融機構。

銀行的種類

1. 商業銀行：以收受支票存款，供給短期信用為主業務之銀行。
2. 儲蓄銀行：以收受存款及發行金融債券方式吸收國民儲蓄，供給中期及長期信用為主要任務之銀行。
3. 專業銀行：以便利專業信用供給而設立的銀行。
4. 信託投資公司：以受託人之地位，按照特定目的，收受、經理及運用信託資金與經營信託財產及從事投資的金融機構。

中央銀行

中央銀行是全國金融的控制中心，各國成立中央銀行的主要目的在於提供有利的貨幣環境，以協助高度就業，物價穩定，經濟成長與國際收支平衡等經濟目標的達成。中央銀行並不對個人進行存放款業務，而只是對商業銀行進行存放款業務，是故稱之為銀行的銀行，中央銀行對商業銀行是控制、監督與協助的關係。

中央銀行貨幣政策

貨幣政策是指當經濟社會面臨總需求不足而造成失業問題時，政府設法增加貨幣供給以提高總合需求。此種政策，稱為**擴張性的貨幣政策**。

反之，中央銀行減少貨幣供給以降低總合需求之政策，稱為**緊縮性的貨幣政策**。

1. **總合供給**：整個經濟社會的所有需求者(包括國內的家戶、廠商、政府及國外部門)，在各個不同物價水準下，對此經濟社會所生產的產品願意且能夠購買的商品數量。
2. **總合需求**：對應於各個不同的物價水準，整個經濟社會所願意且能夠生產的商品數量。

貨幣機構

1. 中央銀行。
2. 存款貨幣機構(本國一般銀行、外國銀行在台分行、中小企業銀行、信用合作社、農會信用部、漁會信用部)。

其他金融機構(非貨幣機構)

1. 中華郵政公司儲匯處。
2. 貨幣市場共同基金。
3. 信託投資公司。

4. 人壽保險公司。

至於產物保險公司、票券金融公司及證券金融公司，雖亦經營金融業務，惟其所供之金融性負債與其他一般金融機構差異甚大，視為民營事業部門處理。

初級市場(Primary Market)

是指資金需求者(包括政府單位、金融機構及公民營企業)為籌集資金，委託「證券承銷機構」銷售「首次公開發行」股票或債務等有價證券，所形成的市場。

次級市場(Secondary Market)

是投資人透過「證券交易機構」買賣「已發行」的有價證券，所形成的市場。

應付通貨膨脹的對策

1. 需要管理政策：採行緊縮性貨幣政策，據以抑制總合需求的過度擴張。
2. 所得政策：對構成所得組成分子之薪資或利潤等項目，直接去管制其價格，或者提供誘因去限制其價格的上漲。
3. 指數連動政策：採行依物價指數對貨幣性契約訂定物價指數條款的政策，其旨在切斷一般大眾的通貨膨脹預期心理與實際通貨膨脹的關係、恢復市場機能，達成低通貨膨脹率的目的。

財政盈餘

實現財政盈餘，一方面要增加稅收，另一方面要儘量壓縮支出。

如果增加稅收的同時支出也相應地增加，就不可能有財政盈餘，增加稅收得以壓縮社會總需求的效應，就會被增加支出的擴張社會總需求的效應所抵消。

十二、國際貿易

國際貿易

國與國間有關商品與勞務的交易。

國際貿易的內容

1. 有形貿易：指國與國間商品、財貨之換。
2. 無形貿易：指國與國間運輸、銀行、保險等服務的移轉。

國際貿易發生的原因

世界各國，由於自然資源稟賦、人力資源素質、資本累積數量技術水準、經濟發展階段之不同，使用一產品在不同國家的生產條件也不相同，為滿足彼此的需要，自有互有無的必要。

國際貿易的利益

1. 促進資源的重分配。
2. 提高生產效率。
3. 增加國內就業機會，提高國民所得。
4. 促進國際分工，提高人民生活水準。
5. 促使國際間商品之生產成本價格趨於相等。

國際貿易的政策

1. 自由貿易政策：指國與國之間商品的交換不受政府的干涉，亦無關稅的礙，聽由各國國民按經濟法則，自由進行的貿易方式。
2. 保護貿易政策：指政府所採取的各種政治上、經濟上的種種措施，尤其是以關稅政策為主，來干涉貿易的進行，以保護本國工商業及全體國民經濟利益之措施。

十三、經濟波動

景氣動向指標

1. 「領先指標」：能反映「未來」景氣變動，可預測未來 3-6 個月的指標。
2. 「同時指標」：可以用以瞭解「當期」的經濟實況。
3. 「落後指標」：該資料可以用來衡量「過去」的經濟狀況。

景氣循環理論

經濟活動過程中，會出現週而復始的循環現象。一般而言，景氣循環可分為兩類：

- 外生因素：景氣循環是因「創新活動」引起投資活動變化所造成。
- 內生因素：景氣衰退是因「消費不足」所引起，認為民間儲蓄過多會造成有效需求不足，造成景氣衰退。景氣循環是因「廠商預期心理改變」所引起，認為廠商對未來預期「樂觀」，投資會增加，產出及就業亦會增加，造成景氣繁榮。

	外生因素	內生因素
例如	例如人口的變動、技術的創新、新資源的發現、戰爭、瘟疫或是全球氣候變遷等因素。	例如消費、投資、利率、物價、所的水準或企業預期心理等因素。
學說論點	創新說、實質景氣循環理論、政治景氣循環理論、太陽黑子說。	消費不足說、心理論、乘數—加速原理、政治景氣循環理論。

失業者

凡在調查資料標準週(每個月含 15 日那一週)內，年滿 15 歲且同時符合「無工作、想工作」、「正在找工作或已找工作正在等待結果」及「隨時可以開始工作」等 3 項條件，視為失業者。

就業者

即凡在調查資料標準週內，年滿 15 歲且符合下列情形之一者：

1. 從事有酬工作(不論時數多寡)，或 每週工作 15 小時以上之無酬家屬工作。
2. 有工作而未做之有酬工作者。
3. 已受僱用領有報酬但因故未開始工作者，均視為就業者。

凡在調查資料標準週內確實幫忙家中其他成員(為求利潤之自營作業者或雇主)工作而未領取任何酬勞之「無酬家屬工作者」，若其工時已達 15 小時以上者，即按國際慣例認定為「就業者」；反之工時未滿 15 小時者則歸為「非勞動力」。

無論是流動攤販或固定位置之攤商，皆視為就業者，因為他們有工作有所得，儘管工作時間與所得收入有時並不穩定。

凡從事有酬工作的宗教工作人員，如幫人做法事或收驚的道士，一律歸從事工作之「就業者」。除自己付錢至寺廟中修行之和尚、尼姑歸「非勞動力」外，其餘純為修行或宣揚教義之宗教工作者，因其吃住免費可視為一種報酬，故視為「就業者」。

失業的型態

在現行的工資率水準下，有工作能力但無工作意願所形成的失業。此種失業在經濟學上 不 列入失業的統計範圍內，而視其為非勞動力。

現行的工資率水準下，有工作能力及工作意願，但卻找不到工作所形成的失業。

1. **摩擦性失業**。又稱過渡性失業或短暫性失業。是指勞動者**初次求職**或**轉換工作**時，由於缺乏充分的市場訊息或勞動市場缺乏流動性而尚未找到工作。

   加強就業輔導機構，使得就業資訊充分流通。

2. **結構性失業**。又稱無法配對的失業。是指因**產業結構**的轉變或生產技術提升，使部分原有員工的技能無法因應新工作，所造成之失業。

   廣增職業訓練或加強第二專長的訓練，提高其轉業能力。

3. **循環性失業**。又稱不景氣的失業。隨著經濟景氣循環的衰退與蕭條所造成的失業。設法刺激景氣復甦，使社會有效需要增加，進而提高對勞動的需要以降低失業率。

4. **隱藏性失業**。勞動者表面上有工作，但工作性質並不適合本身所受的專業訓練與教育，以致造成生產力低落幾近於零(MP=0)，一種看不見、潛在性的失業，列為就業人口。

5. **季節性失業**。因季節關係而無工作者，在臺灣的勞動統計中並不算失業，列為就業人口。

1
2
3
4
5
6
7
A

自然失業與充分就業

自然失業率必然存在，因此失業率在某一範圍內即被認定為處在充分就業狀態。以臺灣目前的勞動市場結構與社會制度而言，應以 1.5%~2%之間的失業率為充分就業指標。但這個指標會隨著福利政策與社會制度變遷而改變，且各國亦不相同，如美國的自然失業率為 5%~6%之間。

充分就業意指當一個社會在現行的工資率下，有工作能力及工作意願的人皆能就業，使社會上的人力及生產資源都被充分利用。

當社會上僅存在自然失業率時，亦即僅存有摩擦性失業及結構性失業時，稱此社會達到充分就業，所以充分就業不代表失業率=0，而是當失業率=自然失業率時的狀態。

自然失業＝摩擦性失業＋結構性失業

無薪假

根據行政院主計處的失業人口統計是：一個月都沒有上班、也未領薪水、且正在等待就業者，才會被列入計算。除非連續放一個月的無薪假，否則只要有領到薪水就不列入失業人口。

節儉的矛盾

在未達充分就業的經濟社會中，若整體儲蓄意願增加，如同總需求的漏損面，將使均衡所得減少、失業增加，使社會實際的儲蓄總量未必增加(不變或減少)。

凱因斯認為，在未達充分就業的經濟社會中，儲蓄的結果會產生「節儉的矛盾」，因此節儉是一種罪惡。

- 自發性消費：消費支出不受可支配所得影響的部分。
- 誘發性消費：會隨著可支配所得的改變而變動的支出。
- 自發性儲蓄：儲蓄不受可支配所得影響的部分。
- 誘發性儲蓄：會隨著可支配所得的改變而變動的儲蓄。

節儉的矛盾是指：

1. 誘發性儲蓄下降的幅度會大於自發性儲蓄增加的幅度。
2. 當自發性儲蓄提高時，其實際達成的儲蓄反而下降。
3. 儲蓄意願提高時，透過乘數效果會使均衡產出下降。

十四、物價膨脹

物價膨脹

經濟社會在一定期間，一般物價水準呈相當程度持續上漲的現象。

1. 一國的通貨量雖有增加，但物價並未上漲，不能稱為物價膨脹。
2. 如果物價水準只是暫時性的上漲，隨後即回跌，不能稱為物價膨脹。
3. 物價膨脹不是社會上每一種財貨與勞務的價格均上升，有些漲、有些跌，只要社會一般物價指數上升，即為物價膨脹。

一般常以消費者物價指數(*CPI*)年增率來衡量通貨膨脹率。

((今年的物價指數 – 去年的物價指數)/ 去年的物價指數) ×100%

停滯性通膨

產出下降、物價上揚並存的現象稱為停滯性通膨，亦有稱物價與失業率同時上升的現象。

- **預期心理**：當政府為抑制通貨膨脹而採取緊縮貨幣政策，雖使失業率大幅提高，但社會大眾已事先預期通貨膨漲會持續下去，故將通膨因素考慮在公司未來成本中，因此，物價不但無法下降，失業率仍然居高不下。
- **供給面**：在 1973~1974 年，因中東戰爭影響，世界各國物價受到石油價格上漲的壓力而大幅躍升，廠商在無法即時調整、適時適應之下，進入衰退期，失業率大幅提高。美國 1970 年代歷經失業率、物價年增率高達兩位數，即為停滯性通膨。

痛苦指數

痛苦指數(misery index)是由經濟學家歐肯所提出，但真正將其發揚光大的則是**雷根**，雷根以七十歲高齡角逐總統大位，在 1980 年參選演說中一再問民眾：「**你們的生活是否比四年前過得更好？**」

是否比四年前過得更好，原本有點抽象，但雷根以痛苦指數把民眾的苦悶、失望化成了數字，讓時任美國總統卡特百口莫辯，1980 年美國通膨率 13.5%，失業率 7.1%，合計痛苦指數高達 20.6，確實比四年前高出許多。雷根演講打響痛苦指數，當痛苦被量化成數字之後，雷根便理直氣壯地向選民說：「過去三年八個月可以用一句話來描述，那是一場美國悲劇。」感人的演說讓雷根勢如破竹，獲得壓倒性勝利，痛苦指數從此家喻戶曉。

痛苦指數：物價上漲率 + 失業率

解決停滯性通膨的方法

供給面經濟學派**拉弗爾**主張利用**減稅**來解決停滯性通貨膨脹的問題。

降低稅率→提高生產力→增加產量→增加稅收

年代	1930 代	1970 年代
經濟現象	經濟大恐慌	停滯性通貨膨脹
	物價↓ 失業率↑	物價↑ 失業率↑
解決的學者	凱因斯學派	供給面學派
	凱因斯	拉弗爾
解決的方法	增加 需求	增加 供給
	▪ 加強政府職能 ▪ 增加政府支出 ▪ 採取赤字的財政政策	▪ 削減政府支出 ▪ 降低稅率 ▪ 減少政府管制 ▪ 提高利率

財富重分配

物價膨脹對債權人不利，對債務人有利。

固定收入者：軍、公、教

無法隨物價變動而調整薪資，因此物價上漲對固定收入者不利。

非固定收入者：地主、企業家

由於收入常可依實際物價水準調整，因此受物價膨脹的影響較小，對非固定收入者有利。

物價上漲將使出口品的售價必須調漲，因此對出口不利，相對進口品較為便宜，因此有利進口，整體而言，容易造成貿易逆差。

在物價膨脹期間，許多廠商囤積以謀取暴利，容易扭曲資源的使用，降低生產效率。溫和的物價膨脹(通貨膨脹率 3%以下)可刺激廠商投資增加，但惡性的物價膨脹，最後會導致社會大眾對貨幣失去信心。

當物價膨脹發生時，即使個人的實所得並未增加，但名目所得會因薪資、租金等上漲而提高。目前政府採累進稅率的所得稅制下，會造成個人所得稅平均稅率提高，使實質稅賦因此加重。

十五、經濟成長

「經濟成長」意指長期社會實質總產出或平均每人實質所得呈現增加的過程。

對於已開發國家而言，經濟體制已臻完整，所以追求經濟成長是成熟先進國家關心的重點。經濟發展除了長期間社會實質總產出或平均每人實質所得呈現增加的過程以外，還包括一個經濟社會在法律、文化、人文教育與政治的進步。對於一個開發程度較低的國家，經濟發展是關心的重點。

經濟成長強調透過資源開發、資本累積、技術進步，以增加實質產出；經濟發展著重於國家整體結構的改變與進步，除了實質產出的增加以外，也包括人口、教育、所得分配、產業結構及其他相關社會指標變化的領域。

經濟發展的定義比經濟成長更為廣泛。

貧窮國家的惡性循環

有些落後國家由於戰爭、饑荒或人口快速增加，在低所得的情況下，儲蓄相對較少，因而影響投資的意願及數量；資本嚴重不足、導致生產力低落，所得無法提高，如此週而復始不斷的循環，將使經濟深陷谷底而難以翻身。

經濟成長的衡量

經濟成長率又稱「實質總產出的年增加率」。指一國所生產之最終財貨與勞務的年增率，用以衡量一國生產力的增加。

70 法則

70 法則的公式，用以說明需要幾年才能使任何變數成長為兩倍。這個公式說明使一個變數成為原來初始值兩倍的時間，約等於 70 除以該變數每年的成長率。「70 法則」可用於任何變數，所以可以用在每人實質國內生產毛額上。下表列出每年成長率 1%到成長率 12%時，使每人實質國內生產毛額加倍所需花的時間。

每年經濟成長率(%)	1	2	3	4	5	6	7	8	9	10	11	12
需多少年可使所得加倍	70	35	23.3	17.5	14	11.7	10	8.8	7.8	7	6.4	5.8

4-2 財務管理

一、財務管理

資本預算

資本預算就是有關規劃和管理公司長期投資的過程。

在資本預算過程中，財務經理應找出那些物超所值的投資機會，就是資產所帶來現金流量的價值超過資產的投資成本。資本預算的本質在於評估未來現金流量的大小(size)、發生時點(timing)和風險(risk)。

資本結構

也稱為財務結構。探討公司採取何種型態的長期負債和股東權益的資金組合以支援公司所需的資金。

財務管理的目標

財務管理的目標是使公司股票的目前價值極大化。

股東權益

指股東對資產清償所有負債後剩餘價值的所有權。它出現在財務報表的資產負債表裡，並等於資產減去負債。股東權益可分三大類：

1. 投入資本(或繳入資本)：股本(特別股、普通股)、資本公積(股票發行溢價、庫藏股票交易利益、股票收回註銷利益、受贈資本)。
2. 未實現資本增值或損失：資產重估增值、長期股權投資未實現跌價損失。
3. 保留盈餘：指撥的保留盈餘：法定盈餘公積、特別盈餘公積、未指撥的保留盈餘。

二、財務報表

主要財務報表

1. 資產負債表。為企業在會計年度結束時，所有的資產、負債及股東出資量化的清單，為一存量的觀念。
2. 損益表。是將企業在某一特定期間的營運收支統計整理，以瞭解營運成果究竟是盈是虧，為一流量的觀念。
3. 現金流量表。為一瞭解現金數額變化的財務報表，包括營運活動、投資活動及融資活動所產生的現金流量變動，以分析非現金科目餘額的增減來瞭解現金數額變化。

資產管理比率

說明一個企業的資產結構是否合理，包括流動資產與固定資產的數量與比例。

市場價值比率

市場價值比率與其他類型比率最大的不同，在於其以「每股市價」來說明企業的營運績效。

會計

會計(Accounting)是一門研究如何提供與決策相關之財務資訊的學問，透過辨認、衡量、記錄、分類、彙總、分析與溝通等程序，提供財務資訊，進而以提昇決策之品質。

會計原則

一般公認會計原則(Generally Accepted Accounting Principles，簡稱 GAAP)指因應會計事項所制定的全球性原則，會計個體之資產、負債、資本、費用、收入等任何一環都必須遵守。

會計原則為一種跨國語言。使用會計原則處理事務的會計師與醫師或護士一般，在異國處理事務上，並毋須絕對上的語言溝通。此原則為資本主義世界所公認，各企業個體可依照實際其行業的環境，選定會計政策記帳。

會計五大要素

資產(Assets)、負債(Liabilities)、股東權益(Owner's Equity)、收入(Revenue)、費用(Expenses)。

三、財報與財報分析

財務報表

財務報表簡稱財報，財務報表是指在日常會計核算資料的基礎上，按照規定的格式、內容和方法定期編製的，綜合反映企業某一特定日期財務狀況和某一特定時期經營成果、現金流量狀況的書面文件。

財務報表是財務報告的主要組成部分，它所提供的會計信息具有重要作用，主要體現在以下幾個方面：

1. 全面系統地揭示企業一定時期的財務狀況、經營成果和現金流量，有利於經營管理人員瞭解本單位各項任務指標的完成情況，評價管理人員的經營業績，以便及時發現問題，調整經營方向，制定措施改善經營管理水平，提高經濟效益，為經濟預測和決策提供依據。
2. 有利於國家經濟管理部門瞭解國民經濟的運行狀況。通過對各單位提供的財務報表資料進行彙總和分析，瞭解和掌握各行業、各地區的經濟發展情況，以便巨觀調控經濟運行，優化資源配置，保證國民經濟穩定持續發展。
3. 有利於投資者、債權人和其他有關各方掌握企業的財務狀況、經營成果和現金流量情況，進而分析企業的盈利能力、償債能力、投資收益、發展前景等，為他們投資、貸款和貿易提供決策依據。
4. 有利於滿足財政、稅務、工商、審計等部門監督企業經營管理。通過財務報表可以檢查、監督各企業是否遵守國家的各項法律、法規和制度，有無偷稅漏稅的行為。

一套完整的財務報表包括資產負債表、利潤表、現金流量表、所有者權益變動表(或股東權益變動表)和財務報表附註。

企業獲利能力之分析為財務報表分析中之一項重要之工具，所謂獲利能力係指企業產生盈餘之能力。分析企業營業活動之獲利能力時，利潤為最主要之關鍵；而損益表又是財務報表分析中分析利潤之最主要的報表。

損益表一般報告三種替代性收益指標：(1) 淨收益；(2) 綜合收益；(3) 持續收益。

損益表中所表達之每股盈餘，即為獲利能力之主要指標。當企業有特殊損益項目存在時，於損益表中須單獨地揭露其受所得稅影響後之淨額，並按繼續營業部門損益、停業部門損益、非常損益以及變動會計原則累積影響數等順序予以列示。

財報分析的意義

從財務報表中，分析整理出有用的資訊，以評估企業目前的績效，並從財務分析之結果，發掘問題之所在，據此推斷發生問題之原因，進行企業之改革，例如調整經營策略或管理措施，改善營運，以維持企業長期競爭之優勢，據此以預測未來的財務狀況及經營成果，以幫助決策的過程。

財報分析的目的

協助使用者(投資人、債權人與企業內部使用者)作決策之用。財務報表之**一般目的**有下列三項：

1. 了解企業經營績效的好壞。
2. 知悉企業目前的財務狀況。
3. 預測企業未來的發展趨勢。

分析財務報表時，債權人的**最終目的**為瞭解債務人是否有能力償還本息。

總資產報酬率(ROA)

總資產報酬率 = (稅後淨利+利息費用 × (1-稅率)) / 總資產(平均)

稅後淨利

顧名思義就是公司今年所賺的錢減掉營利事業所得稅。

總資產

就是股東權益(資本)+負債，簡單的解釋就是，公司當下決定解散，變賣所有財產所可以獲得的資金，我們叫總資產。這兒的總資產通常是用年初及年底的平均來使用。

無形資產

無形資產指由特定主體所擁有，無一定型態，不具實體，但可構成競爭優勢或對生產經營發揮作用的非貨幣性資產，如知識產權、品牌、人力資源、企業文化等都可以算是無形資產。無形資產一般可分為二種：

- 法定無形資產是指受法律保護的無形資產(智慧財產權)，如營業秘密、版權、專利、商標及商譽等。
- 另一種則為無法律保護的收益性無形資產，如非專利技術、技術秘訣、人力資源等。

負債

簡單的說就是公司向別人借的錢或是欠的貨款等等，或是未來必須增加勞務的付出或費用的支出，我們總稱為負債的總額。

股東權益

(資本)=總資產-總負債，簡單的說就是公司當下決定解散，在變賣所有財產及還清所有負債後，剩下所可以分給股東的資金額度。

資產報酬率簡單的說就是此公司運用公司的資金及運用貸款(負債)，能創造多少的獲利回報比率，用以衡量公司運用資產的獲利能力。**資產報酬率太低，可能代表公司運用資產的能力太差**。當然這還要在同時間跟相同類型的企業比較才較為正確。

稅後純益率(淨利率) 衡量企業最終的獲利能力

稅後純益率 =稅後純益率/營業收入

稅後純益率長期維持高水準，代表企業產品佳、經營能力強。

EPS (本益比)是指普通股股東投資於某一段期間內，每一股所能獲得之盈餘。EPS (本益比)為企業獲利能力之一項重要之指標，當本益比愈高，表示投資者對市場未來成長與利潤期待愈高

EPS = (本期淨利 - 特別股股利) /流通在外普通股之加權平均股數

資本周轉率

資本周轉率又稱淨值周轉率，其為可變現的流動資產與長期負債的比例。也就是在一定期間內，投入資本額對銷售活動之利用程度。

資本周轉率的高低反映公司清償長期債務的能力。資本周轉率的公式：

資本周轉率＝(銷售收入/股東權益平均金額) × 100%(通常以 300%以上為佳)

運用這一比率，可以分析相對於銷售營業額而言，股東所投入的資金是否得到充分利用。

比率越高，表明資本周轉速度越快，運用效率越高。

比率過高則表示公司過份依賴舉債經營，即自有資本少。.

資本周轉率越低，則表明公司的資本運用效率越差。

會計師五種意見

投資人與公司管理當局存在資訊不對稱，投資人無法確認公司發佈的財報是否可信，故由會計師擔任中介角色，會計師的主要責任在確認財報的允當表達。會計師針對「財務報表是否允當表達」一事表示意見，可以分為五種：

1. 無保留意見(unqualified option)或欠當表達：是指企業處於正常狀況時，此時股價無影響。
2. 修正式無保留意見(unqualified with explanatory option)：是指當會計師對受查者之繼續經營存有疑慮或想要強調某一重大事項時。
3. 保留意見(qualified option)：是指財務報表大部份有按照會計準則編製，但是有少部份未遵守，或是對財務報表某些項目或數字有疑慮，這些項目包含：
   (1) 財務報表未依前後一致的基礎編製。
   (2) 財務報表未作適當的揭露。
   (3) 會計師查帳時範圍受限，以致無法完全蒐證，及無法判斷會計科目的數字是否有欠表達。
   (4) 公司面臨重大未確定事件或期後事件，面對財務報表的影響無法確定。
4. 否定意見(adverse option)：是指公司編製的財務報表沒有按照會計準 則編製，且情節重大者。
5. 無法表示意見(disclaimer of option)：是指當會計師查核範圍受限制，可獲得之證據嚴重不足，且情節重大，不知是否按會計準則編製，若是出具保留意見，仍有不足者。

財報分析的步驟

1. 制定分析的目標。
2. 選擇適當的分析方法。
3. 蒐集各項與分析決策攸關之資訊。
4. 整理各項資訊予以適當評估。
5. 研究分析結果，俾作為決策執行之依據。

四、風險與報酬

風險(Risk)主要源自於對未來事件結果的不確定性所造成的影響。舉例來說，若將資金投入股票市場，則未來所獲得的投資報酬率可能為 100%，亦可能為-100%，當預期報酬率不一定等於實際報酬率時，其間的差異必存在著**風險**的狀況。

風險的來源

1. 利率風險。
2. 購買力風險。
3. 營運風險。
4. 財務(違約)風險。
5. 流動性風險。
6. 市場風險。

   系統風險 (systematic risk)：指資產在市場中交易時所隱含的風險，如經濟不景氣、利率水準的變動、政治與社會環境改變及通貨膨脹等與市場相關聯的因素等。由於是個別公司所無法掌控的變數，且此風險將影響整個市場，投資人無法透過分散投資標的組合的方式來降低風險，故又稱為不可分散風險或市場風險。

   非系統風險 (unsystematic risk)：指個別股票本身所持有的特定風險，屬於公司或產業獨有的部分，主要包括公司內部的管理、營運的狀況、勞工罷工、管理的不善、火災、法律訴訟、消費者嗜好變動及資產結構的改變等因素，投資人可投資於多家公司藉以降低其中幾家公司的影響變數，因此，又稱為可分散風險或個別公司風險。

報酬

期間報酬率：投資人在給定的一段期間內，因擁有證券而獲取的報酬即。

稅後報酬率：稅後期間報酬率，與現實生活更為符合。

調整通貨膨脹後之報酬率：名目報酬率指未扣除通貨膨脹因素所獲得之報酬率，實質報酬率指已扣除通貨膨脹因素所獲得之報酬率。

計算報酬率的方法：大部分人使用「算術平均法」，其方法係指累積多期期間報酬率後，再除以期數所獲得的報酬率。

投資報酬率

投資報酬率：投資報酬率 = (期末淨值 - 期初投資) / 期初投資

其實就是投資標的賺了(或賠了)相當於投資金額的百分比。

相對報酬

基金經理人的績效高於「相對應」的指數(大盤)，取得的報酬，即為：相對報酬。

相對報酬的盲點：基金的報酬率為-10%，大盤報酬率為-30 %，投資人沒賺到錢！

絕對報酬

基金經理人保證「賺到錢」，不管大盤漲跌！

例：基金保證賺 10 % ，不管大盤漲 20 %或跌 30 %

絕對報酬的盲點：股市多頭，大盤漲 20 %，基金只賺 5 %。

必要報酬率：必要收益率(又稱：最低必要報酬率或最低要求的收益率)，表示投資者對某資產合理要求的最低收益率。其應與投資計畫的風險成正比關係。

內部報酬率法

內部報酬率法定義為一折現率，該折現率能使一投資案之投入成本之現值等於投資案所產出之現金流量之現值，即使投資計畫淨利益現值等於零的折現率。

IRR(內部報酬率)：內部成本與利潤打平的報酬率(因 NPV =0 表示：損益兩平)

1. 定義：使 NPV =0 的折現率。
2. 應用：(投資決策：IRR 值愈大愈好)

IRR＞資金成本，有利可圖，此方案可投資。

IRR＜資金成本，無利可圖，此方案不投資。

IRR 的缺點在於評估互斥方案時可能會產生錯誤的決策、再投資報酬率假設不合理、存在多重 IRR 的問題，不符合價值相加法則。

五、資金成本與融資

資金成本的多樣性

公司在進行長期投資決策或是維持日常營運時，都會產生現金流出，前者如廠房擴建與機器設備重置，後者如購料貨款、各種負債的利息費用等。為了支應這些現金流出的需求，企業可從各種融資來源取得必要的資金。

資金本身也是一種經濟資源，具有所謂的「稀少性」特質，故企業取得資金就像購買東西一樣，也需要支付成本。

資金成本與投資決策

對一個投資決策者而言，除決策本身的現金流量外，資金成本的大小也將是影響決策結果的重要變數。資金成本也代表投資活動必須賺取的必要報酬率。

資金成本與融資決策

企業在面臨既定的投資決策時，如何有效地降低資金成本為財務經理人的首要任務；在計畫非採行不可的情況下，應設法尋求更低資金成本的融資方式。

資金成本並不可能無限制地降低，因此公司降低資金成本有其先天上的限度。

長期融資

企業籌措長期資金的管道日趨多元化，考量不同的資金需求、融資目的、所需金額、資金成本及其他因素，如何選擇最有利的長期融資方式。

1. 普通股(有限責任、永久資金、公司管理權、享受經營成果、剩餘財產分配權)。
2. 特別股：兼具普通股與債券的特性。
3. 長期債券(由公司發行，期間在一年以上的債券，在未來一段時間內的特定日期支付一系列的利息，並在債券到期時償還本金給債券持有人)。求償順序：債券→特別股→普通股。
4. 定期貸款：定期貸款是借款人與貸款人之間的負債契約，借款人同意於未來特定期間支付一系列的利息給貸款人，在貸款到期日時償還本金給貸款人，定期貸款通常與金融機構訂定。
5. 可轉換公司債：可轉換公司債指公司債附有可轉換為普通股的權利。特定期間內，以事先約定好的比率，將公司債券轉為發行公司的普通股。若未來發行公司的股價越高，則投資者就有誘因將手中的公司債轉換為普通股。
6. 租賃：租賃指經由契約協議，出租人提供其資產與承租人使用，而承租人支付租金給出租人的交易行為。常見的有：土地、廠房、機器、設備…。

短期融資

短期資金調度不健全，可能導致公司黑字倒閉(雖然公司處於獲利狀態，卻因為短期資金管理不善導致現金流量不足而破產)。

良好的短期資金管理能使融資管道暢通，資金來源不虞匱乏，也可取得較低的融資成本，透過適當理財，使資金運用達到最大功效。

公司資產可分為流動資產和長期資產。

公司日常的營運仰賴短期投資，以及短期負債的頻繁流通來維繫。

營運資金(包括有現金、有價證券、存貨、應收帳款)有兩種表示方法。

毛營運資金：流動資產的總額：現金、應收帳款、存貨…等。

淨營運資金：流動資產減去負債：流動資產減去應付帳款，及其他應付項目。

流動負債

流動負債(Current Liabilities)是指一份資產負債表內，一年內到期的負債。典型的流動負債有：短期銀行借款，應付商業本票，應付票據，應付帳款，應付費用，長期借款於一年到期的部分，付給債權人的款項。

以資金的觀點，可將其分為兩類：

- 自發性的融資：應付票據，應付帳款，應付費用，這些都是營運上自然產生的企業付款義務，大多數情況企業針對這類融資是不需額外支付利息，其中應付票據與帳款為供應商的融通，而應付費用如應付薪資，應付租金，應付利息，則是企業對於取得資產或享受服務而產生的未來支付義務。
- 非自發性的融資：與企業營業活動無關，屬於外部融資的一種，如銀行借款，應付商業本票，這些都是企業為籌措資金而主動取得，其特性為支應短期的資金需求，這類融資是需要支付資金成本(利息)。長期借款將於一年內到期的部分，也應轉列為流動負債。

營運資金分類

固定營運資金：

1. 創業營運資金：為企業在創業籌備階段所需準備之營運資金。
2. 經常營運資金：為備供企業維持業務正常營運所需資金數額。

變動營運資金：

1. 季節性營運資金：企業在正常營運中，為因應季節性變動所需之資金。
2. 特殊性營運資金：為因應特殊額外需要而準備之營運資金。

短期融資的方式主要有四種，即商業信貸、銀行借款、商業票據和短期融資券。

1. 商業信貸：應付帳款。
2. 銀行借款：企業向銀行或非金融機構借入的，期限在一年以內的借款。
3. 商業票據：融資成本低和手續簡便。
4. 短期融資券：由企業發行的無擔保短期本票。

無論從投資或是融資的角度來看，資金成本即便只是使用資金所支付的代價，但其與公司價值間的關係卻是十分密切的。因此，如何估計不同資金來源的資金成本，便成了每個財務決策者的重要課題。

重點回顧

1. 「需要」的定義：假設「其他情況不變」，在某一特定時間、場所內，消費者對某一特定財貨，在各種不同價格下，所願意而且有能力購買的數量。
2. 「供給」的定義：假設「其他情況不變」時，在一定時間內，特定的場所，銷售者或生產者所願意而且有能力在不同價格下，銷售或生產某種財貨的數量。
3. 各種財貨
   (1) 正常財(Normal Goods)：當所得增加時，會增加對這類產品的消費。例如電腦、房子。正常財分成必需品與奢侈品。
   (2) 炫耀財：價格越高，需求越大，需求曲線變成奇怪的正斜率。例如鑽石、超跑、貂皮大衣。
   (3) 劣等財：所得增加時，消費反而減少(例如泡麵、公車票)，但不會減少太多。
   (4) 季芬財(Giffen goods)：馬鈴薯價格上升時，窮人對馬鈴薯的需求反而上升，需求曲線變成奇怪的正斜率。
4. 完全競爭市場的長期均衡：指在長期中，廠商通過改變所有要素的投入數量，從而實現利潤最大化的目的而達到的一種均衡。

   長期利潤為零，長期虧損為零。長期總平均成本達到最低。生產於長期總平均成本線最低點。

P = AR = MR = SMC = LMC = SAC = LAC

價格=平均收益=邊際收益=短期邊際成本=長期邊際成本=短期平均成本=長期平均成本。

5. 資本：(1)流動資本：即流動資產減去流動負債的餘額，乃可供企業經營運用資金。如支付工資、原料、物料的資金。(2)固定資本：投資於土地、廠房、機器設備等固定資產的資本支出。

   依「有無形體」區分，可以分為：(1)有形資本：具有形體的資本，如機器設備、廠房等。(2)無形資本：不具形體的資本，亦即智慧財產權，如商標權、專利權、著作權。
6. 國內生產毛額(GDP)：在一定期間內，一國所生產供最終使用的財貨與勞務的市場價值總和。屬地主義。

   國民生產毛額(GNP)：在一定期間內，一國的全體國民所生產出來的供最終使用之財貨與勞務的市場價值總和。屬人主義。

   GNP＝GDP＋(本國國民在國外的所得)－(外國國民在國內的所得)。

7. M1A 貨幣總計數。表示金融機構以外的各行各業目前流通所持有的通貨淨額、支票存款及活期存款的總合。

   M1B 貨幣總計數 (狹義的貨幣供給)。包括通貨淨額、支票存款以及活期存款與活期儲蓄存款 3 大項。

   M1B＝通貨淨額+存款貨幣＝M1A+個人企業及個人(含非營利團體)在貨幣機構的活期儲蓄存款。

   M2 廣義貨幣供給額。M2＝M1B+準貨幣。

8. 國際貿易分成：(1)自由貿易政策：指國與國之間商品的交換不受政府的干涉，亦無關稅的礙，聽由各國國民按經濟法則，自由進行的貿易方式。(2)保護貿易政策：指政府所採取的各種政治上、經濟上的種種措施，尤其是以關稅政策為主，來干涉貿易的進行，以保護本國工商業及全體國民經濟利益之措施。

9. 政府債券＜公司債＜特別股＜普通股＜衍生性商品

10. 內部報酬率法：折現率能使一投資案之投入成本之現值等於投資案所產出之現金流量之現值，即使投資計畫淨利益現值等於零。

    IRR(內部報酬率)：內部成本與利潤打平的報酬率(NPV =0：損益兩平)

11. 長期融資：普通股、特別股、長期債券、定期貸款、可轉換公司債、租賃。

12. 短期融資主要有四種，即商業信貸、銀行借款、商業票據和短期融資券。

13. 流動負債：是指一份資產負債表內，一年內到期的負債。典型的流動負債有：短期銀行借款、應付商業本票、應付票據、應付帳款、應付費用、長期借款於一年到期的部分、付給債權人的款項。

14. 貨幣機構：(1)中央銀行。(2)存款貨幣機構(本國一般銀行、外國銀行在台分行、中小企業銀行、信用合作社、農會信用部、漁會信用部)。

    其他金融機構(非貨幣機構)：(1)中華郵政公司儲匯處。(2)貨幣市場共同基金。(3)信託投資公司。(4)人壽保險公司。

14. 貨幣市場工具是指期限小於或等於 1 年的債務工具，具有很高的流動性。如：短期國債、大額可轉讓存單、商業票據、銀行承兌匯票、回購協議、其他貨幣市場工具。

15. 資本市場工具是指 1 年期以上的中長期金融工具，主要是股票、債券和投資基金等有價證券，這些有價證券是在資本市場上發行和流通轉讓的，故稱資本市場工具。

16. 衍生性金融商品：衍生性商品的種類相當多，基本上分成四類：遠期契約、期貨、選擇權及金融交換。

模擬測驗

(　) 1. 依據消費者的態度與該產品的售價在消費者的所得中所佔的比例來區分，只要人們認為是必須的商品，即可視為？

A.替代品　B.互補品　C.奢侈品　D.必需品

(　) 2. 下列哪一項物品最可能是劣等財？

A.鑽石　B.名畫　C.高鐵車票　D.公車票

(　) 3. 有正的所得效果是指下列哪一項物品？

A.劣等財　B.正常品　C.季芬財　D.以上皆是

(　) 4. 必需品的需求價格彈性是？

A.小於一　B.小於零　C.大於一　D.大於二

(　) 5. 對於「廠商」的敘述何者為正確？

A.廠商的功能是組合生產要素來生產產品，並將產品賣出去

B.在經濟學上廠商的成本是指機會成本

C.寇斯認為廠商的形成可以節省交易成本

D.以上皆是

(　) 6. 有關完全競爭廠商長期均衡的敘述何者有正確？

A.長期利潤為零　B.長期總平均成本達到最低

C.生產於長期總平均成本線最低點　D.以上皆是

(　) 7. 某企業面對的是一個完全競爭的產品及勞動市場，當達到利潤最大化時，下列何者為正確？

A.勞工的邊際產值(VMP)=產品價格(P)*邊際產量(MP)

B.產品價格(P)=工資率(W)/邊際產量(MP)

C.勞工的邊際產值(VMP)=工資率(W)

D.以上皆是

(　) 8. 哪些項目屬於「流動資產」？【複選題】

A.現金　B.有價證券　C.應付帳款　D.存貨

E.以上皆是　F.以上皆非

(　) 9. 哪些項目屬於「固定資產」？【複選題】
A.土地　B.存貨　C.股本　D.廠房
E.以上皆是　F.以上皆非

(　) 10. 一國的 GNP 等於其 GDP？
A.加上外國國民在該國的所得，並減去該國國民在國外的所得
B.加上該國國民在外國的所得，並減去外國國民在該國的所得
C.加上居住在本國的外國國民所有所得
D.以上皆非

(　) 11. 下列哪些為「貨幣機構」？【複選題】
A.本國一般銀行　B.保險公司
C.國際金融業務分行　D.基層金融機構
E.以上皆是　F.以上皆非

(　) 12. 下列哪些為「非貨幣機構」？【複選題】
A.中小企業銀行　B.郵政儲金匯業局　C.信託投資公司　D.證券金融公司
E.以上皆是　F.以上皆非

(　) 13. 下列哪些屬於資本市場之交易工具？【複選題】
A.可轉讓公司債　B.銀行承兌匯票　C.可轉讓定期存單　D.特別股
E.以上皆是　F.以上皆非

(　) 14. 關於節儉的矛盾，下列敘述何者正確？
A.誘發性儲蓄下降的幅度會大於自發性儲蓄增加的幅度
B.當自發性儲蓄提高時，其實際達成的儲蓄反而下降
C.儲蓄意願提高時，透過乘數效果會使均衡產出下降
D.以上皆是

(　) 15. 下列金融工具的風險高低請排出正確順序？
A.政府債券＜特別股＜普通股＜公司債＜衍生性商品
B.公司債＜政府債券＜特別股＜普通股＜衍生性商品
C.政府債券＜公司債＜普通股＜特別股＜衍生性商品
D.政府債券＜公司債＜特別股＜普通股＜衍生性商品

(　) 16. 緊縮性的財政政策是指？

A.增加政府支出及減稅　B.增加貨幣供給及降低利率

C.減少政府支出及減稅　D.減少政府支出及增稅

(　) 17. 失業率指標包含了哪些失業？【複選題】

A.摩擦性失業　B.隱藏性失業　C.結構性失業　D.循環性失業

E.以上皆是　F.以上皆非

(　) 18. 財務報表分析的第一個步驟為何？

A.制定分析目標　B.從事共同比分析　C.分析產業環境　D.查閱會計報告

(　) 19. 下列哪些屬於無形資產？【複選題】

A.專利權　B.商譽　C.股票　D.不動產抵押證券

E.以上皆是　F.以上皆非

(　) 20. 經濟學中所謂的短期，是指？

A.一天內

B.一個月內

C.一年以內

D.廠商調整固定生產要素雇用量所需的時間

(　) 21. 哪些項目屬於「流動負債」？【複選題】

A.機器設備　B.應收帳款　C.應付票據　D.短期借款

E.以上皆是　F.以上皆非

(　) 22. 下列哪一項物品有正斜率的需求曲線？

A.互補品　B.劣等財　C.替代品　D.季芬財

(　) 23. 中央銀行宣布調高存款準備率，如此一來會使廠商？

A.增加投資　B.減少投資　C.無影響　D.調高售價

(　) 24. 企業短期資金的來源是交易信用及應計未付費用，這是屬於_______融資。

A.自發性　B.誘發性　C.突發性　D.短期外部

題目	1	2	3	4	5	6	7	8	9	10
答案	D	D	B	A	D	D	D	ABD	AD	B
題目	11	12	13	14	15	16	17	18	19	20
答案	ACD	BCD	AD	D	D	D	ACD	A	AB	D
題目	21	22	23	24						
答案	CD	D	B	A						

CHAPTER 5

職場倫理

職場猶如一個小型的社會，由不同的組織、部門及成員所組成，一個企業(或公司)的運作順利與否，與每個組織單位及員工是否認同其所屬企業的經營方針、企業文化等有密切的關係。在工作的場合中，免不了和各個單位及不同的群體互動，無論是上對下、下對上或是與同儕之間、與客戶的往來，都有其應遵守的規範與道德，因此全體員工對於「職場倫理」的了解與實踐便顯得格外重要。

一般常將「倫理」與「道德」混用，若要加以區分，倫理會比較強調群體間人際互動的規範，屬於社會層面的規範系統，道德則接近個人是非善惡判定的標準，偏向個人層面的規範系統。

職場倫理隨著行業別及工作屬性而有所差異，然從中仍可求得基本倫理的共通性，本章就辦公室常見的基本倫理、與同事及主管的相處之道及職場專業態度等層面進行說明。

5-1 辦公室的基本倫理

一、尊重他人

當我們進入一個環境，最先感受到的就是所處環境的氛圍，有些地方讓人感到輕鬆自在，有些則顯得莊嚴肅穆，無論處在何種環境，我們可以透過觀察他人，展現合宜的行為舉止，進而融入所處的環境，在辦公室與人相處，最重要的是能表現出尊重他人的態度，包括對長官、同事及部屬，甚至是客戶都應該如此，有道是：「人必自重而他人重之，不重他人人必侮之。」與人相互尊重，才能共同為辦公室營造舒適和諧的氣氛，以下：

控制音量

想像你正集中精神在辦公室的座位上構思一個企劃案，此時，旁邊的同事激動的和客戶在電話中討論工作上的問題，雖然彼此的座位格著隔板，但你仍可以清楚的聽見他正大聲的表達他的不滿；此外，從遠方茶水間也傳來幾位同事的嘻笑聲，你的環境受到各種聲音的干擾，進而影響到預定要完成的工作進度，這是在一般辦公室經常發生的情境，但礙於同事之間平日的和諧，你不便要求對方降低音量，反而選擇不斷忍耐，進而影響到工作的情緒。

一般辦公室大多會有公共區域和私人的空間，公共區域像是如：茶水間、走道、會議室、餐廳、廁所等，雖然是大家共用的空間，但因設置的目的不同而有特定的功能，員工在使用上應遵守既定的規範，例如：茶水間是供應茶水及進行物品簡單清理的地方，並不適合做為閒聊交誼的場所；而個人辦公座位雖然屬於私人的空間，但因為辦公室本身就是開放的場域，過大的音量會影響到他人的工作，因此與人交談時的音量，應盡量控制在彼此都聽的到的範圍即可。

維持環境整潔

除了控制音量，維護辦公環境的整潔舒適也是公德心的展現，有些人認為在辦公室，只要把自己的座位整理好就好，其他都不關自己的事情，或是交給清潔人員處理即可，例如：將泡過的茶葉殘渣直接倒在流理台的出水口就不與理會，或看到滿出來的垃圾仍繼續堆疊，印壞的紙張直接棄置一旁等，都是自私的行為，雖然這些行為並不會直接造成工作上的問題，但對後面的使用者而言，便形成困擾。

辦公室的共用表單、影印紙或文具等，一般會放在公共區或公用櫃，在取用時應從上一個使用者用畢之處開始用起，以免同一種表單有很多都是用一半的，或同一種品項文具還未用完就拆新的，造成管理上的麻煩，用完的表單或物品，應物歸原處，切勿隨意擺放，以免下一個使用者找不到。

至於個人的座位及相關設備的使用與維護也必須要有正確的認知，雖然個人的辦公區具有隱私性，然除非公司允許，否則在隔板、櫃子吊掛與工作無關的宣傳品或海報，或在桌上置放各種裝飾或擺設都應盡量避免。有些人因為工作忙碌，桌上的文件堆積如山、雜亂不堪，或將吃剩的食物放在桌上，幾天都不處理，甚至連個人垃圾也不倒，都會影響在同一個場域工作的同事，並讓人產生不好的觀感。

避免製造特殊的氣味

清新或芳香的氣味使人心曠神怡，有些人因為個人喜好，會在座位上使用產生香氣的薰香設備或購買芳香劑物品來營造個人的工作氛圍，然而氣味是屬於較為主觀的感知，有些對氣味敏感的人，可能無法長時間接受來自非自然環境所產生的氣味，進而發生身體不適的情形，因此除非特殊情況，必須使用到類似的物品，否則應事先徵得周遭同事的同意。

注重個人隱私

每個人都希望被尊重，尤其是隱私的部份，都希望在他人面前保持一定的隱密性，因此對於個人隱私必須保持高度的敏感度，沒有必要絕不談論私領域的事情。個人的隱私包括自己或是他人的生活及與工作無關的資訊，有時我們不經意與人談起，例如：個人的私生活(婚姻生活、感情生活、下班後的活動…等)、自己與辦公室其他人的交情或關係超越應有的份際，自己或他人的薪資、對他人的評價等，這些不但違反基本的倫理，也可能侵害到他人的隱私。此外，在他人的工作範圍，若需借用物品，務必事先徵得本人同意，才可以使用，用完也要物歸原處，切忌自行翻動他人桌上的物品或開啟抽屜、櫃子，或使用他人的電腦及電話等，以免造成不必要的誤會。

二、職場語言與溝通

說話是一種藝術，無論在任何場合，與人交談時都應盡量使用他人能解理解的語言進行溝通，目的是要讓對方了解彼此的想法或進行意見交換，有效的溝通不但能節省彼此的時間，更能讓對方留下良好的印象，因此在不同場合或面對不同的對象，都應盡量注意下列事項。

1. **適當的使用行話**。各種行業都有屬於自己的專業術語，俗稱「行話」(jargon)，目的是在簡化溝通的時間，因此在同一家公司內或和相關行業的人進行對話，難免會使用行話，若是新進人員，應將不懂的行話加以記錄，並利用機會了解，甚至能很快的運用在後續的溝通上，讓人感覺你相當進入狀況，而非外行。相對的，若不是和相關行業的人說話，就要謹慎的使用行話，若要使用專業術語，應解釋該用語的內涵，避免讓人感覺你是在賣弄專業，反而容易引起反效果。

2. **簡單扼要說明重點**。“Make a long story short”，無論是在報告或是陳述事件時，必須先想好要說明的主軸或重點，才能在短時間完整陳述。在職場與人洽談公事並非閒話家常，除非對方要求更多的細節或解釋，否則應盡量將不重要的部分快速帶過，甚至省略，避免滔滔不絕，以免過多的資訊或錯誤的內容造成聆聽者的不耐煩或混淆，甚至造成決策錯誤的情形。

3. **避免情緒性的語言**。工作時難免會遇到不如意的時候，有些當事者在當下會因為受到委屈或憤怒而用情緒性的字眼向人表達心中的不滿，類似的舉動不但無助於問題的解決，反而容易讓人覺得是在發洩情緒。若是遇到不合理的事情，應先靜下心，讓情緒沈澱，並將問題寫下來，逐一思考解決之道，再將問題有條理的呈報給主管，理性的陳述問題，才能讓聆聽者快速的協助解決問題，而不是得花時間安撫當事者的情緒。

4. **避免不當的用語或談話內容**。在職場上總會遇到特別聊得來的同事，或是具有親和力的主管，雖然彼此在溝通上順暢無礙，默契十足，但仍要注意說話時的分際，避免因為彼此熟識而態度輕挑，或以使喚的口氣對待他人，例如：「這樣說你聽不懂嗎？」、「某某某，幫我拿筆來！」，類似的口氣或說法都讓人有不受尊重的感覺。另一種不恰當的行為是用綽號或代號來稱呼他人或影射他人，例如對方的姓名和某種水果或動物的名稱很接近，或對方的長相或身材很像某些藝人，除非對方自動提出可以用特定的綽號或代號來稱呼他，否則仍要避免用姓名以外的名稱來稱呼他人。

近年來「職場性騷擾」也逐漸受到重視，包括：言語上的性騷擾(開黃腔、不當隱喻)、非言語性騷擾(散發不堪入目的照片或影片、衣照暴露)與及行為上的性騷擾(毛手毛腳、假意靠近或貼近他人)等，在與人交談時，應避免針對性的言論，尤其現在職場講求兩性平權，若以他人的性別、身材或背景作為談話的內容，容易引起不必要的誤會或讓人感覺隱私受到侵犯。

5. **注意與人互動的態度與禮節**。我們都知道與人溝通交流，必須注重禮節，自然合宜的態度，能讓彼此的溝通更加順暢，隨著進入社會的時間漸長、愈資深，愈容易忽略禮節的重要性，因此要時時提醒自己讓「有禮」成為一種習慣，當習慣養成便顯得自然。「請」、「謝謝」、「對不起」，是與我們最常使用的禮貌用語，請別人幫忙、接受別人的幫助及自己犯了錯，都必須誠懇的表達自己的心意，過於浮濫或輕率的態度，會讓人覺得是在敷衍、沒有誠意，唯有誠實的檢視自己的行為，才能獲得他人的認同。

   當他人在說話時，應避免出現中途打斷或干擾的行為，像是直接插話或不斷的提問，都會讓人感到不受尊重，除非對方情緒過度激動或偏離主題，必須適度的提醒對方，否則仍要尊重他人發言的權利。倘若在與人交談時有電話進來，必須請對方稍作等待，若是行動電話，也要到適合的地方通話，避免直接在他人面前講電話。

6. **避免不合宜的聲音或舉止**。有些人在談過的過程常不自覺發出讓人感到不舒服的聲音或口氣，例如：尖銳的笑聲、總是上揚的語調或刻意偽裝的聲調等，而談話過程使用過多的語助詞或不斷尋求他人的附和，也會讓人感到不耐煩，說話的人應該注意聆聽者是否對自己的言論感興趣，若發現對方顯得不耐心，或已經無法專心的聆聽，應試著調整自己的談話內容，或事後私下請教對方自己是否有需要加強的地方。做為聆聽者，若覺得說話的人內容無趣而頻頻打哈欠、摳指甲、發出奇怪的聲音等，都是不恰當的行為，應盡量避免。

三、妥善運用公司資源

開源的同時也必須節流，公司在追求獲利時，對於各種有形或無形的成本支出，例如：原料、設備、水電、租金及人力等，皆應妥善運用，尤其是公司的老闆或主管，大多會期待員工能發揮節約的美德，「大處著眼，小處著手」，無論在公司任何角落、使用任何資源都要避免無謂的浪費，身為員工，千萬不可抱持著「反正又不是花我的錢」的心態，任意浪費公司資源，而是要將心比心，把每一筆支出或花費做最有效的運用。

1. **不用的電源要隨手關閉**。近年政府機構大力推動「節能減碳」計畫，以因應全球氣候變遷，不少中小企業也隨之響應，因此對於辦公室常被忽略的地方進行宣導與提醒，像是公共區域(會議室、茶水間、影印區、廁所等)的水電、空調在沒有人使用的時候應隨手關閉。夏天冷氣控溫，控制在 26～28°C，並避免冷氣外洩。
2. **耗材及備品的運用應適度**。除了經常性的成本，公司也會供應辦公文具、茶包、咖啡等物品或茶點，有些人常因為是免費供應，便毫無節制的取用，此舉不但容易讓人產生不好的觀感，對公司資源的利用過於隨性，因此類似的行為都應該避免。影印資料的規範也要特別注意，有些公司會規定必須雙面影印，或單面影印的紙張及印壞的文件若非機密文件，必須回收，都應配合公司的政策執行。
3. **無謂的加班也是資源的浪費**。有些員工會以加班來表現自己對工作的重視，然而加班除了增加水、電等支出，長時間習慣性的加班，也容易疲勞，降低工作效率，造成人力資源的浪費，除非加班是公司的常態或不成文的規定，在這樣的環境之下，也應該盡量在加班時有效率的完成工作，否則可透過觀察或向較資深的員工詢問公司的加班文化。

四、公私領域應分明

不可公器私用

在上班時間全心投入工作，是負責任的表現，但若是用來處理私人的事情，例如：上網購物、聊天、查詢非工作相關的資訊、講私人電話等，都是不恰當的行為。過去常有員工利用公司電子信箱發送私人信件，例如傳送笑話、故事、文章等，看起來並無洩漏商業機密，事實上卻已是公器私用，也增加公司網路流量負擔，排擠到其他人的權益。

現在聊天軟體或網路社交軟體已經十分普遍，傳遞資訊的方式更加多元，因此在使用公司網路與人聯繫或傳送檔案時，更應思考其正當性，若在上班時間用公司資源上網聊天、看新聞、影片，都是不適當的舉動。有些人認為在上班時處理私事，只要不使用公司的網路、信箱或電腦，而是用自己的行動載具(例如：手機、平板)及個人的網路就不算是公器私用，然而要特別注意的是，上班時間處理私事，一樣是公私不分的行為，因為在上班時間處理非公務的事情，多少會影響既定的工作進度，對公司而言，都是人力及資源的浪費。

勿將公司物品或公款挪做私用

公司所提供的任何物品，除非是年節禮品或有特別公告是餽贈給員工的物品，否則切勿將公司的東西挪做私用，例如：衛生紙、影印紙、信封、信紙、會議用的茶包等。另對於公務上的支出應遵循公司的規定，有些員工因職務之便，可以彈性運用公司部分款項或零用金，因此在款項的使用上缺乏警覺心，認為只要在規定的時間內補足，或事後報備皆無傷大雅，事實上這已經是將公款挪做私用的行為，應該避免。

避免將個人情緒帶到職場

有些員工容易因情緒不佳或因為私領域的問題沒解決而影響工作，像是和家人爭吵或與工作夥伴有所爭執，因此在上班時任由情緒發酵，而影響工作，或在會議時阻礙他人發言，都是不恰當的舉動。若是遇到一時無法解決的問題，例如：家人生病或需要一些時間處理的私事，應向主管報備，讓主管了解情況，或許可以做職務上的調動，避免因為個人的問題影響團隊的運作。

不可探人隱私或洩漏他人的私事

在職場上難免會在特定的場合談到私人的事情，例如在用餐時、或在特殊事件發生時，有些人免不了用自己或親友的經驗來和大家分享或互相提醒，此時便要特別小心，有些人並不喜歡和人討論私事，因此在談論時，避免詢問他人是否也有類似的經驗，或透過 A 詢問 B 的私事，更不宜直接談論同事的私事，以免讓當事者感到不受尊重。

五、守時與守信的重要

「守時」是與人相處及團體生活的重要原則，也是做人基本的態度。一般所談的守時，是準時到達的概念，小時候上學，即使公車擠滿人、路上塞車，我們仍會用盡所有的辦法，務必準時到校，否則可能受到責罰。然而上了大學、出了社會，甚至因為行動載具普遍了，守時變成「美德」，只要人有到就好，晚一點沒關係，或是到了以後再約，反正手機聯絡一下很方便，時間只是參考用。事實上，與人約定好時間，就應該在時間內到達，遲到不但會影響後續的行程，也是浪費他人的時間，就像搭火車或搭飛機，若遲到，就搭不上了；之前亦聽聞有民眾購票欣賞國際樂團表驗的演奏會，因為遲到被拒於門外，必須等到中場休息才可以入坐，該民眾認為權益受損，憤而要求退票，此舉不但不被同情，還被認為是無理取鬧。由此可知，守時其實是基本的常識，唯有重視自己的出席狀態，謹守與客戶約定好的時間，會讓人認為是對自己工作的尊重與重視，自然也容易獲得信任。

另外一種守時指的是在時間內完成對人承諾的工作或進度。在職場工作，多是團隊合作或環環相扣的，只要有其中一個人進度延遲，就會影響整個團隊的運作，甚至一個案子的成敗，其所增加的時間、成本，甚至是責任，有時是我們難以負擔或彌補的。很多公司，若發現員工總是無法在時間內完成工作，便會評估該員的適任性，畢竟時間仍是企業佔得先機的要件，很少主管可以容忍員工總是一拖再拖。

六、勿洩漏公司機密或員工資訊

公司要能爭取客戶訂單、穩健經營，除擁有超越他人的專業與技術，客戶的經營與其相關資訊的掌握也是的關鍵。當我們新的職場環境，即開始接觸關於所屬公司的業務與機密，員工必須了解有哪些資訊屬於公司機密，在與人交談往來時，必須保持高度的敏感度，切勿透漏給他人。

一般而言，公司機密包括：近期開發的新產品(品項與技術資訊)、產品規格、供應商資訊、市場行銷策略(促銷、價格、通路布局)、人事組織布局、員工薪資、客戶資訊等，所含括的範疇甚廣，因此即使大家在會議中熱烈討論的議題，一走出會議室或公司，就必須嚴守分際，禁止談論。

競業禁止條款

近年來不時聽到科技公司高層，透過跳槽而將公司機密帶到新的公司，造成原公司遭受重大損失，因而有「競業禁止條款」的產生。所謂「競業禁止條款」，依行政院勞工委員會在「簽訂競業禁止參考手冊」所下的定義為「事業單位為保護其商業機密、營業利益或維持其競爭的優勢，要求特定人與其約定在在職期間或離職後之一定期間、區域內，不得經營、受僱或經營與其相同或類似之業務工作」。簡單來說，就是「禁止」員工於離職後一定期間內，從事與原雇主「相競爭同業」之約定。

「競業禁止條款」是否有效、勞工是否應給付違約金的審查標準由以下五項標準節定：

1. 企業或雇主需有依競業禁止特約保護之利益存在。亦即雇主的固有知識和營業秘密有保護之必要。
2. 勞工或員工在原雇主或公司之職務及地位。關於沒有特別技能、技術且職位較低，並非公司之主要營業幹部，處於弱勢之勞工，縱使離職後再至相同或類似業務之公司任職，亦無妨害原雇主營業之可能，此時之競業禁止約定應認拘束勞工轉業自由，乃違反公序良俗而無效。
3. 限制勞工就業之對象、期間、區域或職業活動之範圍，應有合理之範疇。
4. 應有補償勞工因競業禁止損失之措施。此項目目前在各法院判決中，較為分歧。
5. 離職勞工之競業行為，是否具有背信或違反誠信原則之事實。

「競業禁止條款」之約定，並不一定完全有利於資方，如顯然失去公平者，則該部分是無效的。

七、適度的表現自己

多數人一生工作的時間長達二、三十年，甚至更久，要在漫長的職場生涯歷久彌新，並不是一件容易的事情，因此培養正確的工作態度，能讓我們在工作中不致因為某些與工作無關的事件，影響對工作的信念與熱情。和我們一起工作的同事裡，有些人工作態度積極，力求表現，經常獲得主管讚賞，有些人則是多一事不如少一事，最好天下無大事！面對不同心態的同事，要如何與他們合作才能更加順利，通常得稍作觀察與溝通，找到彼此的平衡點，必要時可請教前輩，可避免無謂的爭端。

新鮮人初入職場，多少會想將自己最好的一面表現出來，讓主管感受自己積極進取的態度；然而光芒太露會讓人感到刺眼，錐子太尖則會刺傷人，過於旺盛的企圖心容易遭到嫉妒，有些人為了表達以公司為家的精神，自願無限制的加班，或投入比別人更多的心力在工作上，造成同儕的壓力，若再加上盛氣凌人的態度，認為只有自己最努力，沒人比的上，連主管都壓不住，就可能恐讓自己陷入萬劫不復之地，因此初入職場表現出沉穩內斂不張揚的性格，遇事保持中立，以免因鋒芒太露而遭到排擠。

八、勿道人八卦

俗語說：「有人就有是非，有是非就有八卦」，辦公室八卦很常見，多數人卻不喜歡，認為八卦對職場有負面的影響，但有時自己卻在不知不覺中，成為八卦圈的一份子，歸咎原因，多半是別人在談論時，因為好奇心的驅使想一探究竟， 湊過去後就成為談論話題的一員，有些人不想在群體中被孤立，勉強加入討論的行列，雖不發表自己的意見，卻成為助長八卦的力量，然我們應該有所警惕，今日八卦人的人，明日可能就成為被八卦的對象了。

辦公室八卦不完全都是負面的，有些具有提醒效果，例如：公司與其他企業合作或合併的消息，若能事先得知，讓自己預先做好準備，來面對未來的變動，何嘗不是一件好事，然若是針對人的八卦，常聽到的會是比較負面的新聞，就應該用謹慎的態度來面對。

過去一項調查結果顯示，辦公室常見的八卦前三名分別是：薪資福利、人事調動及辦公室戀情，這樣的結果說明了公司的發展及穩定度與員工工作的情緒略有關連；穩定的辦公室氛圍，多少可避免員工對未來的不確定感，就像公司合併的消息、裁員的風聲都可能造成人心惶惶。有些八卦則與員工自身的修為有關，有些人就是耐不住一成不變的工作，老是利用機會到處打探八卦，與人嚼舌根，這類的人在主管眼中難登大雅之堂，易被歸類為不可信任的人，更有些喜歡興風作浪，惡意中傷他人，此舉不但害人害己，也可能構成誹謗罪，因此，和類似的人交談，不應跟著捕風捉影、隨之起舞，而是更要注意自己的言行，和他們保持適當的距離，除了不要成為辦公室八卦的跟隨者，還有以下注意事項：

1. **切勿成為八卦製造者**。人說：「眼見為憑、有幾分證據說幾分話」，然而有些時候事情的發生，即使自己目擊現場，都不見得了解整件事情的始末，因此即使看見，也不宜對所發生的事情妄下評論，有必要時須向當事者求證，畢竟只有當事人才能對事情做說明，我們無法代表任何人發言，若不慎成為八卦的製造者，反而會造成各方的困擾。

2. **面對八卦要有判斷力**。道聽塗說、以訛傳訛，常是造成誤會的開端，經過轉述的言論或事件，不見得能呈現事情的全貌。在網路發達的今日，常會收到他人轉發的流言或八卦，多數人並非故意傳遞錯的訊息，而是缺乏足夠的判斷力，才讓錯誤的訊息不斷流傳下去；所謂「謠言止於智者」，若聽到或收到任何未正式公告的消息，若欲轉發分享，應先以常理判斷其真實性，若是無法判斷，也應盡可能去求證，以免成為負面流言或八卦的幫手。

3. **勿讓自己成為八卦的受害者**。倘若發現自己成為別人八卦的對象，別急著反應自己的情緒，先保持冷靜，了解傳言的內容為何再採取行動。若是不實傳言，可以透過各種管道澄清，包括向主管說明、或利用機會把事情說清楚，在說明時，避免過於激動的情緒，事先針對說明內容擬定大綱，針對有疑慮的地方進行澄清，若涉及他人隱私或危害他人權益時，除先徵求當事人同意，否則不宜為了為自己辯解，而侵害他人的權利，有時澄清不當，反而成為他人臆測的方向，模糊了焦點。當自己成為被八卦的對象時，通常心裡並不舒服，若無法理性面對，不斷以負面情緒解讀他人傳來的訊息，反而容易影響工作，切記八卦經常只是一時的，謠言也會隨著時間不攻自破，唯有用理性真誠的態度面對每一個危機，日久便能見人心。

九、謹言慎行，少說多做

組織運作的過程難免會遇到需要調整的地方，開放的公司文化，多能接受員工的建議，以跟上市場的變化，公司給予員工表達意見的權利，是希望能夠獲得有建設性的談話或提案，然若將表達的自由變成心情的抒發或無理的抱怨，對所發生的問題並沒有幫助，很多人一旦獲得發言權，便滔滔不絕的發表自己對公司、對制度的看法，甚至批評其他單位的問題，彷彿自己才是最了解公司的人，所謂「隔行如隔山」，即使大家是在同一家公司，也會因為所處單位不同，工作內容與屬性也是大不相同，若不了解別人的工作，應避免以直覺發表評論，以免讓人感覺是外行在領導內行。

另一種人則是因為看不慣公司的某些制度而滿腹牢騷，無論是薪資、福利或工作內容都有意見，看到人就頻頻抱怨，更有些人喜歡在人後批評主管，覺得主管只會包工程、交辦工作卻不懂工作執行上的困難；事實上，公司聘請員工來上班，就是來處理事情、解決問題的，千萬別看輕自己的工作，今天公司給付給員工的薪水，大多是雙方有共識才會聘用，若認為薪資福利不佳，當初就不應該同意就職。

還有一種員工，喜歡吹捧誇大自己的能力，談到自己的資歷可以說的口沫橫飛，毫不遮掩，但請他按時交件，卻有一百個交不出來的理由，讓人感覺說一套做一套，言行不一，久了就不再有人願意再聽他的話了。

常言道「破壞容易，建設難」，面對公司及制度的不足之處，仍應多做觀察，並提出有建設性的方案，對於沒有把握的事情，不輕易提出個人見解，以免錯怪他人，發言前做好準備，所謂「言多必失」，太喜歡表達個人想法，久了就容易讓人麻痺，唯有多做事，少說話，才能成為別人眼中可靠的員工。

十、巧妙應對辦公室政治

多數上班族聽到辦公室政治都唯恐避之不及，然而公司是一個有組織的地方，有組織就有政治，有政治就很難置身事外，想要獨善其身，並不是那麼容易，與其逃避，不如好好了解辦公室政治是怎麼一回事，並適度的運用策略經營自己的關係，有時不但可以避免自己於深陷重圍而無法自救，甚至可以創造雙贏局面。

所謂的政治，原泛指政府制定法令，管理國家事務的一切行為。而辦公室政治本身是一種政治行為，出現於職場內的人事及利益競爭。辦公室政治形成的原因通常起於人的企圖與野心，受到資源的有限性、文化差異與利益分佈不平衡進而產生的衝突與角力，政治本身並非都是無益的，但若無良性的溝通、陷入惡鬥，終將導致內耗，影響公司運作。

美國南加大馬歇爾商學院管理學教授凱瑟琳．凱莉．瑞亞頓(Kathleen Kelley Reardon)即認為要應對辦公室政治，應具備所謂的辦公室政治智商(PQ，Political Intelligence Quotient)，其包括：

- 直覺力：能看出環境的瞬息變化、別人的弦外之音甚至狡詐謊言。
- 領悟力：運用「繪製心智圖」辨別主要與次要問題，找出最可行與最小副作用的方案，逐步解決所遭遇的難題。
- 臨場反應力：面對突發事件或惡意中傷時能有的適當反應，以及如何才能事前發現與防止問題的發生。
- 說服力：學會真正的說話與勸服技巧，以及說話內容該有的哪些要素條件，以及面對別人的攻擊時該作何處置。
- 權威力：如何打造自我的權威性，以及如何運用關係權力來完成自己的工作目標。

另處理辦公室政治，不外乎秉持一貫的職場處事之道，其原則如下：

1. 多做事、少說話

2. 凡事對事不對人
3. 明辨握權者，保持良好的關係

十一、辦公室惡習與善習

每個辦公室都有其特殊的文化，這些文化透過員工言行舉止展露出來，部分被視為好的行為，亦即所謂的「善習」，而部分行為不見得每個人都會去做，卻是自己應該避免的「惡習」，應透過檢視，認真檢討，除去惡習，加強對善習的培養，以增進自己的職場力。

善習

- 良好的出勤表現。
- 微笑待人。
- 展現高效率。
- 謙虛有禮。
- 良好的自制力。
- 敬業態度。

惡習

- 遲到早退。
- 做事拖延。
- 怨天尤人。
- 阿諛奉承。
- 傳播流言。
- 隨意責備他人。
- 出爾反爾。
- 傲慢無禮。

十二、把信送給加西亞

在商業界流傳著一個動人的故事—把信送給加西亞(A message to Garcia)，這是一個關於忠誠與責任的故事。

故事發生在 19 世紀美西戰爭時，美國急需與古巴命軍首領加西亞將軍取得聯繫，然沒有人知道加西亞將軍的具體位置，指知道他身處祟山峻嶺，沒有任何信件或者電報能傳到他那裡。於是有人向總統推薦一位叫安得安德魯・羅文的人來執行任務。羅文在接獲命令後，深知任務的艱鉅，卻沒有任何推諉，而是以其絕對的忠誠與責任感，完成該項不可能的任務。對羅文而言，只是服從命令，但對於當時的政府而言，他的所彰顯出來的那種軍人對完成使命的堅持，卻是難能可貴的，他的事跡為全世界廣為流傳，激勵著無數對公司表現完全的忠誠及對任何任務有所堅持的工作者。

對每一位管理者而言，他們都希望身邊能有像羅文這樣一位忠誠堅毅的員工在身邊，對於上級的託付能立刻採取行動，並全心全意的完成使命，這樣的員工雖然可遇不可求，卻也是值得期待與託付的員工。

十三、敬業是職業之本

現今的養成教育，讓學生在畢業之後的專業背景越趨接近，學歷、文憑已不再是公司挑選員工的唯一條件，而員工是否具備敬業的態度逐漸成為企業評估人才的重要指標之一。

敬業指的是對職務或應做的事情，表現認真負責的態度。職場上的工作會隨著每個人所接觸的任務或對象，而有所變化，有時工作讓我們充滿成就感，有時卻是挫敗萬分，無論是什麼樣的挑戰，若能抱持全心投入、力求做到盡善盡美的境界，便是對工作表現出尊敬的態度。

所謂的工作，其價值不應完全以薪水的高低來評斷，有時在工作上的學習以及完成一項任務後的收穫，更勝於實質的金錢，因此有些人薪水雖然微薄，卻總能在工作中獲得高度的成就感；上班對他們而言是一種成長的歷程，是自我實現的方式，因此能不計報酬，甚至付出高於報酬的心力來完成手上的每一項工作，這樣的員工，不會趕在上班時間的最後一秒才匆匆忙忙的踏進公司大門，也不會在下班前 5 分鐘已經開始收拾桌面，準備下班，他們永遠提早做好準備，隨時接手來自公司或客戶的挑戰，即便遇到挫折，也能心平氣和的找出問題，逐一克服，要能有如此的表現並非先天具備，多數仍須仰賴後天的養成，以下就培養敬業的態度提供建議：

1. **充分認識自己**。選擇適合自己的工作，仍是達成敬業的基本要素，若選擇高於自己的能力，或根本沒有興趣的工作，仍難以對工作表現出積極的態度。
2. **恪守本位，終於職守**。對自身的工作有完整的認識，了解行行出狀元的道理，不因他人的眼光或態度而輕視自己所做的每一件事情，而是抱持樂觀進取的態度，完成每一項任務，也不因對工作熟悉而掉以輕心，而是兢兢業業的堅守崗位。
3. **勇於負責**。對於主管交辦的每一項工作，從頭至尾都能全力以赴，不以敷衍的態度處之，而能按部就班有條不紊的進行每一個細節，並如期完成。
4. **崇法務實**。任何工作都有機會透過走捷徑提早完成，但有時捷徑代表的是取巧或是違法，尤其在進行高難度的任務時，更是磨練個人心志的最佳時機，唯有堅定意志，一步一腳印，才能免於誘惑，突破自我。
5. **追求成長**。無論身處在任何職位，不斷追求自我成長，可確保自己保有競爭力，不致遭到淘汰，並能有領先他人的視野，看待周遭的變化。

5-2 與同事及上司相處之道

一、察言觀色

對於初入踏入職場的新人來說，有很多事情都是需要慢慢學習的。

其一則是需具備敏銳的觀察力。在職場的人際互動過程中，懂得「看臉色」是重要的能力之一，所謂「出門看天色，入門看臉色」，想要獲得好人緣，除了長保微笑、說話體面、待人誠懇外，最重要的還是得學會察言觀色，包括：與上司的應對法則、與同儕的往來的禮貌及各種做事方法等，透過觀察他人的言行，歸納屬於自己可以遵循的規則。

例如透過觀察前輩的做事方法來瞭解團隊成員的工作方式，辨是讓自己加速進入軌道的方法之一，像是收到指派工作的信件時，可以觀察前輩如何與他人應對、如何處理事情；此外也要快速辨明自己所有工作項目的輕重緩急，切勿因為掌握不佳而耽誤他人，進而影響團隊運作。面對繁瑣的工作事務，應隨時做筆記，切勿不斷詢問，造成他人困擾。

最後，仍要強調的是與人互動的禮貌，無論是見面時主動寒暄問候、受到幫助時誠心感謝、打擾他人時虛心請教等，都應該展現應有的禮節，畢竟剛到一個新的環境，有太多未知必須向他人請教，唯有將姿態放低，保持低調較能夠獲得他人的幫助。

二、尊重上司

尊重他人是做人處事的基本道理，而尊重上司更是職場守則的第一條，只要在職場的一天，便應記得尊重自己的老闆、主管及前輩。

首先，對上司的決策能表現最有力的支持與配合，尤其是自己的直屬主管在指派任務時，能以主動積極的態度表達支持，而對於無法認同的決策或任務，應私下請教主管，了解其決定的緣由，不宜當場批評或表達不滿。

對於主管授權範圍內的工作，應謹慎為之，遇到無法確定的問題，應適度呈報，讓主管了解狀況，以協助解決。有些主管具有較高的親和力，對下屬的意見展現高度的包容性，然而，主管仍是主管，與其應對的分際仍應拿捏，應由主管決策的工作內容，不應擅自作主，以免踰越職權。

在與主管溝通討論時，應注意以下事項：

- 保持自信的笑容，音量控制適中。
- 事前預約或挑選恰當的時間與主管討論，避免臨時打擾。

- 做好準備功課，再與主管討論，以利主管做出正確的判斷。
- 交談時態度親切友善，並尊重主管的權威

在職場上，總有遇到重大問題或犯錯的時候，有時主管在面對壓力的當下，必須負起追究的責任，進而造成雙方關係緊張，倘若主管選擇由下屬承擔責任，切勿因此而對主管心懷怨恨，畢竟沒有人願意失敗發生，有時主管選擇由下屬承擔，也是經過全盤考量所做的決定，下屬犯錯總比主管犯錯所造成的傷害來的低，而多數人也總會有知道真相的一天，選擇承擔在某種層面上是以大局為重的做法，也是個人氣度的展現，應體會主管的難處。

倘若主管所交辦的工作超過自己的負荷，應私底下和主管商量，通常主管選擇由你來做，是有一定的判斷在裡面，可能該項任務推托不掉，也有可能是主管認同你的能力，若經過考慮認為真的難以勝任，應向主管反應，在與主管溝通時，態度務必委婉，但心意要堅決，果斷的態度能讓主管了解你的難處，進而思考其他的替代方案。

三、與主管的相處之道

職場的主管經常感嘆，一樣米養百種人，即使在同一個單位，員工也是百百款，每個人的能力、態度與表現各有不同，要能有效領導，並不是那麼容易。事實上，員工也認為，同樣一個公司，每一位主管的作風也大不相同，每個舉手投足都要切合主管的心意，也不是那麼容易，因此要如何與主管共處，實在是一門深遠的學問。

主管看到的是每個人不同的能力

每一位員工都希望主管能看到自己的能力，也希望能受到主管的重用，但事實上，主管然很難真正公平的對待每一位下屬，畢竟每個人的能力不同，能負責的工作也不一樣，因此主管對每位下屬的表現所做出來的反應也會有所差異。對於主管的態度應以平常心看待，在做上仍應力求表現，若沒有獲得預期的回應，也不要氣餒，或許在主管的眼中，還有進步的空間。

主管就是自己的顧客

重視自己工作的員工，會在意他人對自己工作的評價，因此在執行時，會更加謹慎，工作時，每一項任務最後的驗收官，就是主管，把主管當做最終的客戶，便懂得如何運用有限的資源，發揮最大的效益，並獲得顧客滿意，而一位善盡職守的主管，也會盡己之責，把不盡理想的地方挑出來討論，當他人願意指導你的不足，應心懷感謝，虛心領教。

了解自己的定位

常有員工抱怨「誰叫他是主管」，意思是說，今天處在同一個情境，主管所獲得的待遇可能優於自己，因此產生酸葡萄的心理。要知道，一個主管之所以能成為主管，他所經歷的過程可能不是我們所能不了解的，而主管所要扛的責任，也不見得是自己所能扛的，因此，對主管仍要心存敬重，充分了解自己所處的位置，也尊重他人的高度，才是應有的氣度。

四、好人、壞人，都是身邊的貴人

人生如果是搭乘一列火車，那出現在周圍的人，必定是自己成長過程中，幫助自己的人，無論對方是好人還是壞人。好的人讓自己更有自信，不好的人則是讓自己認清事實，往更好的方向前進。

一般人認為職場中的貴人，是手邊資源最多、權力最高的人，有他們的信任與提拔，才有機會獲得今日的成就，因此汲汲營營的守著這些貴人，希望獲得更多的關注。事實上，很多事業有成的人，在提及自己生命中或職場中的「貴人」時，經常語出驚人的說，要感謝那些給他失敗與挫折的競爭對手，這些人不是在旁支持自己的人，反而是讓自己跌倒、認清自己底線的人，讓他們跌得夠深，也跳得更高，這些人在當時可能是惡魔，但當自己獲得成就時，仔細回顧會發現，若沒有來自他們考驗，自己何來今日得成功？原來這些人才是天使。因此，「好人，不一定都是貴人！」，關鍵在於他們是否能幫助你「提升人生的高度」。

因此，認識這些對自己有影響力的人，都有助於自己在職場的發揮與成長。

1. **競爭對手**。只有實力相當的兩個人，才能讓自己發揮最大的潛力。職場的現實就是一翻兩瞪眼的無有定律，今日的敵人可能是明日的朋友，雖然兩方在當下殺紅眼，誰也不讓誰，但也因為相互砥礪，而為彼此的激發更耀眼的能量。

2. **資深前輩**。在職場，每個人都希望留自己的一招半式，以免優勢被他人取代。因此新人初入職場，總得經過漫長的摸索期，有些人無法承受他人的冷漠，很快就宣告放棄，而真正能留下來的，大多具備一定的敏銳度與實力，這些人經過時間與各種困難的磨練，大多練就一身功夫，若這些前輩願意傾囊相受，必能減少自己受挫的經驗。

3. **至交之友**。在職場上，很難遇到可以讓人信任的夥伴，畢竟人都有自私的一面，但若真正能遇到，可說是人生最大的祝福。至交之友不會說好聽的話、也不會拍馬屁，但在你遇到挫折時，會已行動支持你，幫助你度過難關，是穩定自己不可或缺的一股力量。

4. **失敗者**。願意將失敗的經驗提出來和大家分享的人，是無私且偉大的人，他們願意讓後來者踩在自己肩膀上往上爬，目的是為了讓更多人減少犯錯，並追求更美好的結果，因此，對於擁有失敗經驗的人，是我們學習與感念謝的對象，沒有他們的無私分享，我們離成功將更加遙遠。

5. **魔鬼教練**。人都是有惰性的，有時難免會想要取巧一下，或在不影響大局的情況之下，抄點近路。然而一個嚴格的師父，是不會允許自己的徒弟偷懶，他只會採取更高規格的訓練，讓弟子磨練耐性與心志。有些人會對嚴厲的主管或同事感到憤怒，認為對方一點彈性都沒有，但，通常這些堅持品質或要求的人，才是造就自己成就的人，千萬別急著否定對方。

五、與小人相處之道

在職場很難杜絕小人的存在，畢竟只要有利益衝突，就會有構陷、摩擦等情事產生，所謂明刀易躲，暗箭難防，辦公室最難防的，就是小人，這些人總是在暗地裡，籌劃著屬於自己的好處，藉由各種關係，讓自己處於最佳的位置，立於不敗之地。多數人雖然都知道有這樣的人存在，也不願與其過多的接觸，甚至認為只要獨善其身應可避免池魚之殃，然而，沒有人知道自己哪一天會擋到屬於這些小人的好處，進而被列入攻擊的目標，因此，平時仍要有所防備，對於小人的特質有所警覺，適度的保護自己，才能避免被陷害。

面對職場的小人，進可攻、退可守，最重要的仍要與其和平共處，畢竟無論在什麼環境，小人是不會消失的，唯有習慣他們的存在，並讓他們無法發揮影響力，才能讓自己更安全、平順的工作。如何與小人相處：

(1) 和小人保持距離。

(2) 避免得罪小人。

(3) 談話僅止於寒暄。

(4) 避免與其發生利益衝突。

(5) 吃虧也能保護自己。

六、高調做事，低調做人

一個人擁有他人所沒有的優勢，就像擁有一把雙刃劍，運用得宜可以讓自己在職場上游刃有餘，成為人見人愛的萬人迷；若有所差池，則可能變成能幹的討厭鬼，讓大家唯恐避之不及。

在求職面談的過程中，表現積極的態度，能讓主考官看見自己的企圖心，便有較高的機率被錄取；然而，一旦進入職場，積極的態度便應從表象的行為移轉至實際的工作表現，也就是寧可多做事，也不要急著展現自己的能力，觀察所屬職場多數人的做事風格，讓自己熟悉基本的工作方法與處事態度，再從中加以變化，展現創意。一且自己的能力獲得肯定，應以低調、謙虛的態度回應大家，少談自己的努力有，多談他人對自己的幫助，不搶功也不怪罪，是較成熟的應對之道。

反之，若求急求快強出頭，不但容易遭嫉妒，也會讓人感覺鋒芒畢露，雖然多數人可能冷眼旁觀，但職場永遠不缺愛看熱鬧的小人，他們等著你犯錯，然後放大你的缺點，後果就是讓人發現自己的能力不過爾爾，因此還是要避免鋒芒太顯露。

如何適度展現自己而不鋒芒畢露？

循序漸進的表現自己

俗語說：「友情，是細水長流來得好。」其實工作也是，來得快、去得快，容易讓自己在短時間便消耗殆盡，失去熱情。人的一生在職場有很長的時間，無論是順境或逆境，都是磨練與成長的機會，凡事為自己留一點餘地，讓自己有成長的空間，慢慢展現自己，也能降低對他人威脅，較能獲得他人的認同與肯定。

適度隱身，甘居第二

在職場最難受的，莫過於自己的努力被主管或他人拿去當做自己功勞，即使旁人為自己打抱不平，卻也只能沉默以對。事實上，凡走過必留下痕跡，努力過的，定成為自己的實力，與其站在高處接受他人的掌聲，不如退一步累積自己的能量，別讓自己光芒遮住主管，真正有實力的人，總有一天會被看見，因此，懂得低調，樂當老二，讓自己更優雅的收藏在主管的珠寶盒裡，讓主管更珍惜你的價值。

不間斷的充實自己

很多人一旦從學校進入職場，學習就此停止，畢竟經過多年來不斷的學習、競爭與考試，終於達到終點，獲得一張得以溫飽的門票。然而，進入職場，就像是踏入另一所沒有邊界的學校，有更多的未知與磨練等待著我們，若去在學校所學的只是一張社會大學的基本條件，真正的考驗才剛開始，因此學習不要間斷，應把握時間充實個人的專業、態度與技能，唯有不斷的成長，才不致被淘汰。

七、避免性騷擾

台灣於 2002 年 1 月 16 日公佈「兩性工作平等法」，並於 2008 年更名為「性別工作平等法」。總則中說明此法的目的為：「為保障兩性工作權之平等，貫徹憲法消除性別歧視、促進兩性地位實質平等之精神」。「性別工作平等法」並於 2014 年有最新修正。

現在雖已是兩性平權的時代，然對於「職場性騷擾」等情事亦仍時有所聞，多數的受害者常會怕丟了飯碗而選擇隱忍，卻是縱容相關的惡行繼續存在於職場中，進而影響員工相處的氣氛、兩性的互動，甚至是整體績效。

何謂性騷擾

性騷擾依法源的不同而有不同的敘述，若發生於職場，依據「性別工作平等法」第 12 條，有下述兩款情形，即構成性騷擾。

- 受僱者於執行職務時，任何人以性要求、具有性意味或性別歧視之言詞或行為，對其造成敵意性、脅迫性或冒犯性之工作環境，致侵犯或干擾其人格尊嚴、人身自由或影響其工作表現。
- 雇主對受僱者或求職者為明示或暗示之性要求、具有性意味或性別歧視之言詞或行為，作為勞務契約成立、存續、變更或分發、配置、報酬、考績、陞遷、降調、獎懲等之交換條件。」

因此，性騷擾是性侵害犯罪以外的罪行，任何於同性或異性間所為與性、性別有關的語言、行為，而使對方感受到不自在、不舒服，甚至影響到正常生活者，便構成性騷擾。

職場上常見性騷擾的樣摘

(1) 不受歡迎且違反對方意願之言詞

- 開黃腔、評論他人身材、長相並給予不當稱呼，如「波霸」、「洗衣板」等。
- 嘲笑性別特質，如「娘娘腔」、「男人婆」等稱謂。
- 探尋他人之性隱私、性傾向、性生活等。
- 發表歧視同性戀之言語。
- 將一般談話內容「情色化」。

(2) 不受歡迎且違反對方意願之行為

- 在擁擠的公車或捷運上，故意摩擦下體。
- 趁人不備時，襲胸或摸臀。
- 故意碰觸、撫摸對方身體。
- 色瞇瞇盯視對方身體、偷窺、偷拍、獻寶(暴露狂)、展示色情圖片、利用職權或機會，脅迫對方提供性服務。
- 因對方拒絕提供性服務，阻擾或剝奪對方取得應有權益。

(3) 利用各種媒體，散播他人與「性」有關之私密資訊。

- 散發黑函，傳述有關他人之性器特徵。
- 於網路討論板，討論他人之性偏好。

- 利用手機，散發有關他人性生活之訊息。
- 於廁所、黑板、佈告欄塗鴉，描述他人之性隱私。

(4) 不受歡迎且違反對方意願之過度追求或暴力分手

- 過分追求或不當追求，如：死纏爛打、跟蹤糾纏、持續以電話或電子郵件追求。
- 分手暴力，如：以自殺威脅、脅迫同歸於盡。

如何避免職場性騷擾之發生

(1) 同事之間彼此互相尊重，避免肢體上的接觸，如：未經他人同意而勾肩搭背也可能造成他人的不舒服。

(2) 無論是男性或女性同事在場，與其閒聊有時言者無心，但聽者有意，尤其是講黃色笑話，對方可能覺得尷尬或受侵犯，應特別留意。

(3) 若對同事有好感，應給予對方適度的空間，過度追求，可能使對方感到困擾或不舒服。

(4) 勿探尋他人的性隱私、性生活，會讓人感覺被冒犯。

(5) 勿接受主管單獨的邀約，如進入對方的單身宿舍或無人的辦公室，任何可能落單的情形，盡量安排其他同事出現。

(6) 不接受主管或同事以關心、算命、看手相、摸骨等藉口觸摸身體。

職場遇性騷擾因應之道

(1) 遇到他人對自己性騷擾，應明確且堅決的表達自己的感受，予以拒絕。

(2) 若遭遇性騷擾，應於 1 年內直接向加害人所屬單位提出申訴，若涉及性騷擾防治法第 25 條「性觸摸罪」，應於 6 個月內主動提出告訴。

(3) 若加害人不明或不知其所屬單位時，可直接向發生地警察機關申訴。

(4) 詳細紀錄被騷擾的相關資訊，包括：

- 日期、時間、地點
- 記下騷擾者所說的話、所做的行為，特別是讓人不舒服、無法接受、特別困擾的細節。
- 立即告知第三人，以利日後舉證。

勞動部「性別工作平等法」查詢網址：http://laws.mol.gov.tw/chi/flaw/FLAWDAT0201.asp

八、同事相處基本原則

每天與我們相處時間最長的不見得是家人，反而是同事，然在詭譎多變的職場上，和同事的關係大多不似家人般親密，反而更像是一種亦敵亦友的微妙關係，讓我們在合作中保持著競爭的態勢，有時大家在苦難中相知相惜，有時卻又發現自己入戲太深，對方不見得領情。友好的同事關係，直接影響整個辦公室的氛圍，也影響個人工作的心情與意願，一個充滿競爭、摩擦的環境，長久下來對身心也將是個折磨，更有人為此選擇捨棄自己喜歡的工作，不免讓人感到遺憾！因此如何和同事保持最美麗的距離，反成個人專業以外，更值得深入探究的議題。

1. **尊重他人**。「尊重」是為人處事的根本，要別人如何對待自己，自己就要先如何對待他人。無論是在校園、在職場、在家裡，對人尊重都能獲得他人對自己友好的回應，尊重表現在言語、行為與態度上，因此無論說任何話語，做任何事情，只要牽涉到他人，都應該站在對方的立場思考，避免傷害他人權益。

2. **和諧的關係**。與人相處和睦融洽，可營造輕鬆的工作環境，若對他人過於嚴苛，事事斤斤計較，會讓自己和他人之間形成一道高牆，難以跨越，他人看見自己，只想盡快躲避，有事情也不願意發表內心真正的想法，如此一來，大家的關係相敬如冰，工作起來也會感覺到冷漠無生氣。

3. **互相幫忙**。多數人都很怕工作量在無形中不斷增加，尤其近幾年，社會的改變相對快速許多，沒有工作可以一成不變的，加上消費意識抬頭，上班族大家難逃臨時被指派工作的命運。當工作量或工作的難度超過個人負荷時，寒中送暖不但可以讓人卸下心中的壓力，也有助於問題的解決。人的一生，沒有不需要人幫助的時刻，與其當個冰冷的陌生人，何不讓自己成為一個有溫度的人。

4. **真誠的對待**。雖然在職場上與同事之間有著微妙的競合關係，但在與他人相處時，仍應真誠以對，虛偽的態度或欺騙的行為，並不會造成他人的威脅，只會讓自己冠上小人的名義，因此，真切的表達自己，仍是與他人相處的基本道理。

5. **避免產生衝突**。無論在工作上或在處事的小細節中，難免與他人發生意見相左的時候，面對不同的看法，切勿因一時之氣爭的面紅耳赤，互不相讓，既然大家意見不同必定是有各自的道理，何不心平氣和的坐下來，聆聽彼此的想法，再做最後的決定也不遲。

6. **保護他人的隱私**。無論是有意或無意的得知他人的隱私，應保持低調，切勿談論，將他人的隱私當假想成自己的隱私，便會感受到當事人所承受的壓力，因此，選擇做個低調且值得信任的人，才是促進辦公室祥和的最佳做法。

九、適度的辦公室幽默

人人都喜歡幽默，適度的幽默能夠舒緩壓力、促進團結與激發靈感，然幽默的另一面往往都伴隨著對人或事的冒犯，因此在某種程度上，對辦公室幽默仍應有適度的控制，以避免不必要的麻煩，而幽默的原則，如下列所示，應謹慎為之。

1. **不開主管玩笑**。主管永遠都是必須尊重的對象，即使主管沒有半點架子，也經常和大家打成一片，但既是在職場，仍應遵守基本的倫理，不可開主管的玩笑。
2. **不開異性玩笑**。對於性別的尊重，在近幾年不斷的提出，可見性別議題在職場上經常被不經意的提起，甚至造成他人的困擾。每日工作固然有需要放鬆的時候，但與人交談的內容，仍盡量以輕鬆、中性的話題為主，若涉及性騷擾或性別上的隱喻，可能讓聽到的人感到不舒服。
3. **不開同事缺點玩笑**。人並非都是完美的，任何人都不希望自己的缺點成為他人的笑柄，畢竟每個人都有自己的特色，既是特色，就應該以欣賞的角度觀之，切忌冷嘲熱諷或變成人身攻擊，有時言語的殺傷力超越我們的想像，被開玩笑的人或許可以在人前偽裝，但若造成他人心中的不快，受傷的情誼恐怕就難以彌補。
4. **不開政治玩笑**。政治在當前社會是極為敏感的議題，每個人多少都有其政治立場與想法。一般而言，在職場不宜打探他人的政治立場，除非對方很明白的表現自己的政治傾向，但表達並不表示樂意與你談論，每到選舉，就會聽聞夫妻、好友、家人或同事因為政治立場不同而決裂，因此，即使不知道對方立場為何，也不應主動提到有關政治的議題或玩笑，以免無形中造成雙方的隔閡。
5. **勿把捉弄人當作是開玩笑**。從小我們就被教導不可捉弄別人，這是對他人的侵犯與不尊重，也會讓人認為是惡意的霸凌行為。若捉弄人造成他人身心上的傷害，更可能引發嚴重的後果，因此，無論在任何情況之下，絕對不能把捉弄他人當作是自己娛樂的方式，試想若自己是當事人，是否會感到難堪，因此，類似的舉動或想法，應該避免。

5-3 專業與態度的重要

職場生存的兩大要素「專業」與「態度」，兩者互為表裡，相輔相成，缺一不可。有些擁有卓越專業職能者，總能在關鍵時刻開創先機，但常卻因為缺乏應有的態度，導致自己空有一身技能卻無可發揮的舞台。相對的，有些職場工作者，在工作上並沒有出色的表現，但因為良好的工作態度而成為職場中安定人心的支柱，不但在同儕中獲得好人緣，主管也安心的將手邊的工作指派給他。一個優秀的工作者，在職場生涯中，應持續充實專業，也涵養自己的態度，讓自己成為一位才得兼備的職場達人。

一、何謂專業

專業是具有特殊專業是一種職業，此種職業能為社會帶來有價值的貢獻，也受到社會的尊重；專業的形成需要透過訓練與經驗，且其是在一個可被接受的倫理行為規章中運作。專業含括三個要件，即：專業精神、專業倫理與專業能力。

專業精神

是在專業技能的基礎上所發展起來的一種對工作極其熱愛和投入的品質，具有專業精神的人對工作有一種近乎瘋狂的熱愛，他們在工作的時候，能夠達到一種忘我的境界。專業精神在某種層次意味專業人員對自己所從事的工作有著精益求精的態度，在既有的知識架構上深入研究，向下扎根，使該工作得以超越一般的技術水準，以追求顧客的滿意。

專業倫理

是專業團體針對其專業特性發展出來的道德價值觀與行為規範，是該專業領域的工作指引，提供專業人士在遇到專業方面的倫理道德問題時做，得以做出正確抉擇的依據。每一項工作都有其必須遵守的原則與規範，有的是成文的規則，如醫生倫理、律師的倫理等；有的則是不成文的準則，有的則是工作者對自我的要求。

專業能力

是執行專業工作時所需的知識、能力、技術與價值觀等。也可以說是在求職過程中，求職公司所關注的就是求職者是否具備勝任崗位工作的專業能力。例如：一位教師在求職時，學校對其專業上的要求即包括是否具備基本的教學能力。

二、時間管理

何謂時間管理

所謂「時間管理」實際上就是「自我管理」，針對自己在時間管理上的種種困難，做詳盡的檢討，進而了解如何運用各種方式提昇自己的效率。

管理大師彼得．杜拉克曾說：「時間是世界上最短缺的資源，除非善加管理，否則一事無成。」如此可見時間之重要性，且時間管理的重點不在於如何管理自己的時間，而是在於如何善用時間的角度來管理自己。

時間管理的技巧

柏拉圖法則 (Pareto's law) 或稱 80/20 法則：其指所完成的工作裡 80%的成果，其來自於 20%的時間。這稱之為主要的成果，而耗費 80%的時間，可能卻僅獲得 20%的成果，稱之為次要成果。這代表著「多數，它們只能造成少許的影響；而少數，卻造成主要的、重大的影響。」在這樣的原則之下排定事情的先後順序。

(1) 區別優先順序

- 為每件事情設定優先順序，將事情依緊急、不緊急以及重要、不重要分四大類。
- 將歸納好的四種順序的工作區分為五類，分為：A=必須做的事情；B=應該做的事情；C=量力而為的事情；D=可以委託別人去做的事情；E=應該刪除的工作
- 將大部份的時間用在做 A 類及 B 類的事情。

(2) 擬定行動清單。擬定清單的順序為如下：

a. 收集：盤點需要做的工作。

b. 加工及組織：一次處理一件(若可立刻完成的做，則由最近的事件先做起，如閱讀電子郵件)。

c. 排程：依工作的時間性、場合及任務排定先後順序。

d 行動：執行工作。

在執行的過程中，不斷的檢視及更新行動清單內容。

(3) 避免受到外部的干擾：在執行工作的過程，難免受到他人的打擾，此時應縮短與外部互動的時間，若是沒有必要的邀請，則應適度的拒絕，以充分的利用時間。

(4) 善用零碎的時間：不要小看每天零碎的時間，所謂「積少成多，聚沙成塔」，若能運用零碎的時間完成部分可切割的工作，也能將節省不少時間。

(5) 整潔有序的環境：若工作的環境雜亂無章，會耗費太多時間在尋找與整理上，一個乾淨的環境不但讓人心情輕鬆，也能讓工作更有效率。

(5) 準時：讓所有的工作及與他人的約定都在預定的時間內達成，只要不拖延，按照表定的時間進行，便能做好時間管理。

三、如何提高工作效率

每個人一天都有 24 小時，有人可以日理萬機，有人卻老覺得時間不夠用、事情做不完，當中的差異在於對效率的了解。一般職場工作者，遇到難做、不想做的事情，就會無意識地拖延，如此一來效率就會降低，原本幾個小時可完成之事，會拖到兩、三天以後才做完，不但時間管理成效不彰，效率管理更是不良。如何提高工作效率，可朝以下幾個方向進行：

1. **不開主管玩笑**。確認目標。執行任何工作，都有其執行的目的，例如：開發特定產品或改善生產流程，不同目的，有不同的執行方向與手段，因此設定目標、確認目標是提高工作效率的第一步。

2. **制定工作時程表**。一般上班族都會利用行事曆，進行工作排成或制定工作時表，行事曆在過去多以紙本為主，現在則有數位版本的行事曆，方便個人隨時隨地確認工作的執行狀態。

   工作時程表依工作的內容有不同的呈現方式，若是每日工作內容，則是以日為單位的行事曆為主，若是專案導向的工作，則會有專案形式的行事曆，其依照工作執行的類別，分別繪製不同的時間進程，在排定工作的同時，應該思考執行時間的合理性，並適度保留彈性，以避免因特殊狀況而影響整個工作的進行。

3. **區分工作等級**。定義每項工作的輕重緩急來設定執行的優先順序，根據時間管理的原則逐一設定必須做的事情以及應該做的事情。對於被歸類為應量力而為的事情、可以委託別人去做的事情或應該刪除的工作都應該在這個步驟進行確認。

4. **充實新知彌補不足**。科技的發展一日千里，今日的技術過了明天可能就被超越，因應如此快速的演變，唯有不斷充實新知，了解產業的脈動，才能幫助自己做出正確且有效的判斷，安於現狀，裹足不前，僅以既有的知識與經驗做為判斷的依據，容易因未及時跟上潮流，而在工作的表現上大打折扣。

5. **做好情緒管理**。人們經常因為「趕」而失去耐性，對他人大發雷霆，或將情緒發洩在他人身上，追根究柢，便是因為未做好工作管理，造成心理上的壓力，所以壓抑不著心中的焦急，因此，若做任何工作，在第一步就做好時間管理，便能有效降低焦慮感。

四、如何面對挫折與失敗

每個人都有遭遇失敗或挫折的經驗，有些人從小習慣受挫，因此一路的挫折練就其不屈不撓的毅力，但有些人並無法承受挫折，一旦失敗發生，從此一蹶不振。

然而，在現實的職場環境裡，每位員工都必需具備在有限時間內做出最佳選擇的能力，同時還要能承來自各方的挑戰與質疑，若無法適度的調適自己，學習如何面對挫折與失敗，其求職的生涯，勢必走的比其他人來的辛苦，因此正視挫折發生的可能性，事前做好心理準備，可讓心裡的衝擊降到最低。

換個角度面對問題

工作久了，難免會用過去的經驗看待問題、處理問題，然而，一個新的問題產生，通常是過去沒有的經驗，或是未曾留意到的細節，才會發生問題，所謂的失敗，是為了讓我們換方向，因此，不妨給自己多一個機會，嘗試換個角度去思考，或許聽聽他人的意見，接納不同的想法，不要拘泥在自己的主觀意識當中，可以讓解決問題的機率又增加一些。

主動面對問題

很多人面臨挫折或失敗時，因為沒有面對的經驗，所以選擇逃避，甚至直接從職場逃離，拒絕接受。然而，今日發生的問題，並不能確保明天不會發生，或是往後的日子不會再遇到。可以想像的是當選擇面對問題時，需要極大的勇氣，所跨出的第一步絕對是有千斤之重！因此要相信自己，天下無難事，只怕有心人，面對失敗最糟的情況，就是承擔所有的責任，而選擇逃避，只是把責任丟給別人，問題並不會消失，唯有選擇主動出擊，坦然面對，才能讓自己處理問題的能力有所精進。

如何面對壓力？

(1) 保持樂觀開朗的人生觀。

(2) 妥善管理自我情緒。

(3) 學會放輕鬆。

(4) 學習改變認知的觀點。

五、魔鬼藏在細節裡

「The devil is in the details」(魔鬼藏在細節裡)，是西方的經典語錄，鴻海集團董事長郭台銘便引用此名言，強調計畫中經常被忽略的小事，可能是最終導致失敗的後果，因此執行力要貫徹到每個細節步驟，才能讓公司不斷成長與進步，而一個越注重細節的人，越有機會受到主管的提拔和賞識。

追求專業的人，要在自己的領域裡築起高牆，關鍵在於能否比別人更深入的研究，也就是當別人做到九十分時，應當思考自己如何做到九十五分，而當別人達到完美的境界時，就要再去想是否還有改進的空間，使結果能超越完美，這就是專業的精神。

講求細節的過程，在於看待事情是否能追根究柢，對於追求事情的真相，保持高度的好奇心，秉持打破砂鍋追到底的態度，對於沒有答案的問題，能記在心中，反覆思考，對於整個系統的運作才能融會貫通，而每次的行前計畫，越仔細的演練每一個環節，便能夠越接近計劃中的成果，將事情準備到盡善盡美，就有把握完成每一項任務。

六、職場的正確心態

面對職場的高壓環境，有些人選擇面對，有些人選擇怨懟，總有些職場工作人希望有一天「媳婦熬成婆」，在巨大的職業壓力下，調整自己的職場心態，從容面對一切，才能讓自己逐步邁向事業巔峰的不二法門。

盡力而為

很多人對職場的心態「就是一份工作」，因此以一成不變的心心去面對每天的工作，對任何改變缺乏好奇與熱忱的心，久而久之，工作缺乏創意，若發生改變也不願意面對，這樣的工作態度對公司而言，是人力與資源的浪費。一個積極的員工，對於自己的工作應抱持高度的興趣，即使每天的工作變化不大，也能以服務的心去完成，經常思考自己能為公司再多做些什麼，凡事盡己之力，做到最好，才有機會再既有的基礎上，做到創新與改變。

主動與被動的心態

很多員工在職場上缺乏主動的精神，通常只是等主管指示才辦事。這種消極、被動、過一天算一天心態，是讓人難以認同的態度。被動容易使人將自己與他人切割為兩個世界，難以同步，進而漸行漸遠；被動也使得自己無法站在主管的立場思考問題，容易加深裂痕和矛盾，因此應嘗試化被動為主動，讓自己跟上多數人的腳步，才是一個稱職的員工。

付出與回報

在職場，付出與回報不一定成正比，如果在做事前只想著獲得，斤斤計較於付出與回報的比率，不願吃虧，就很可能會不快樂。工作的回報，往往是無形的資產，像是新事物學習、對工作有新的體認，甚至是嘗試到失敗的滋味，都是付出後可能獲得的回報，唯有從各種回報中，找到自己未來努力的方向，才不會期望太高，失望太大。

自我調整

工作是一連串的自我調整，有時是對人的看法，有時是對事的做法，有時甚至是對自己的發現等。每一次的調整都是自我能力的再加值，最重要的是，在每一次新的開始時，能調整好心情，做好新出發的準備，將自己歸零，掏空再填滿，享受工作帶來的收穫與挑戰。

接受他人比改變他人容易

俗話說：「江山易改、本性難移。」想要改變他人，恐怕比改變自己來得困難，畢竟工作有時是一連串的妥協，因此與其要求他人配合自己，不如放下自己，嘗試接受他人的觀點，只要在不影響結果的情況之下，調整自己，相信自己會變得更有彈性，對事情的接受度也更加寬廣。

正確的自我定位

在職場中，要清楚自己身處何處，即使對未來有明確的目標，但在當下就應當扮演好自己的角色，盡力完成分內的工作，避免做出逾越分際的舉動，進而造成他人的困擾，一個人的工作職掌不會永遠固定，就算職位固定，工作的內容必會與時漸進，不斷改變，重視每個時期的自己，了解自己在每個進程的改變，就是最好的自我定位。

七、態度決定一切

「態度」指的是一個人的容貌舉止表現，它是一個無法量化的指標，卻往往是決定一個人在職場位置高低的重要因素。

多數人在求學的過程中，只要把課業處理好，人際關係沒有出現太多的問題，往往都能平順的度過求學階段。學校的任務，是將看得見的、可度量的知識內涵傳達給學生，學生透過各個階段標準化的測驗獲得努力的成果，最後取得學歷，再進入職場，然而，一個人的態度，其養成過程，難以透過特定的標準或具體的方式獲得評價，因此一個人的態度經常在進入職場後，才會面臨真正的考驗，因為職場只有真實的情境，沒有標準答案，考驗的是一個人定性、耐力與任受挫折的能力，許多擁有優異學歷背景的新鮮人，一旦進入職場後，卻是諸事不順，原本被看好的能力因為自己不當的態度而被掩蓋，一個擁有再多專業的人，若不得人心，最終也只能孤獨求去。身為職場的一員，必須體認良好的態度，不但可降低管理成本，也可彌補工作能力的不足，因此學習保有良好的就業態度，必能讓自己在職場中左右逢源、攻無不克。

個性主動積極，凡事認真以對

完成例行的工作是公司對每個人的基本要求，然主管評斷一個員工的良窳，通常會看該員工面對工作的積極程度與主動性，尤其在發生突發狀況時，往往會有突然冒出來的任務必須克服，這些工作勢必會打亂員工平常工作的步調。許多員工在面對突發狀況時，採取被動的心態，只有在主管指派時才願意處理，否則最好都不要落在自己的身上，這樣的態度容易讓主管感到心寒，畢竟頓一位領導者而言，還是會希望自己所管理的同仁樂意和自己共同打拼，而不是還要看對方的臉色，因此，積極主動的態度，能讓主管無後顧之憂，放心的將任務給自己信任的夥伴。

樂在工作，展現熱情

常聽人說興趣不能當飯吃，但若對自己的工作毫無興趣，那做這份工作的人在所完成的工作也必定毫無驚喜可言。我們在職場上不乏看到唉聲嘆氣的情境，畢竟工作只有愈來愈多，很少愈來愈有趣，面對繁雜的工作，若能保持高度的熱情，從中找到著力點，把每件事情愈做愈好，就像當做自己的事業在經營，每天以愉悅的心情面對每一項挑戰，相信身邊的每一個人，就能感受到你的用心與熱情。

源源不絕的學習力與求新求變的進取心

「學如逆水行舟，不進則退。」身處職場，也是相同的道理，面對瞬息萬變的社會，每個人所具備的能力並不代表十年後是否還是能力，唯有不斷學習與突破，才能不斷累積新的競爭力。現今社會存在「中年職場危機」的現象，指的是在職場中，高不成低不就的中年上班族，過去他們是創造公司營收的主力，卻也得面臨世代交替的壓力，部分中年上班族因不具備職場優勢而黯然退場的也是大有人在，因是對自己相關的工作保持高度的好奇心，與不斷往前的進取心，必能讓自己永遠處於浪頭的優勢。

展現高度的使命感，高效率的執行力

對於主管指派的任務，必須存有高度的使命感，因為一份工作會交辦到你手上，絕不是隨便交付，而是主管對你的信任與肯定，愈是有挑戰性的工作，愈能代表自己在工作上的優勢，當然，沒有一份工作是無法被取代的，但，要讓主管認同你是唯一首選，便是自己對工作的高度使命感與有效的執行力，看重自己的價值，對任何工作全力而赴，必能獲得主管的賞識。

腳踏實地，實事求是

實事求是的就是務實的面對工作中的每一項任務，我們看到太多不切實際的員工，希望能找到「錢多、事少、離家近」的工作，對薪水的要求總是高過於自己所能貢獻的。在競爭激烈的大環境裡，員工必須嚴肅的面對公司所處的態勢，公司業績要能蒸蒸日上，所要承受的必是客戶更多的要求；因此，不要計較公司指派多少多出來的工作給自己，而是告訴自己能為公司多做哪些事情。

團隊合作，力求服從與忠誠

「團隊」的力量總是大過於「個人」的力量，無論是「單位級」的團隊或是「公司級」的團隊，身處其中的成員都必須凝聚向心力，為共同的目標努力，對於不團結合作、過於本位主義、不願資源分享的員工，都不為現代大企業所接受，多數主管都希望自己的部屬能對自己的單位或公司展現忠誠，並服從公司的安排，畢竟有共同的理想與目標，公司上下一心，對於任何事物的推動，都會更加順利。

八、品德

品德就是品性道德。最缺的不是人才，是人品。

在東方社會中，最常聽到的是：「缺資源、缺技術、缺資金、缺市場、缺政府的扶植、缺低利的貸款……。」事實上，最缺的是人才，更缺的是人品；反映在企業經營上的，就是缺「企業倫理」(或「企業品德」)。

「商業道德」代表公司的品格，是最基本也是最重要的理念，也是執行業務時必須遵守的法則。所謂「高度職業道德」是：

1. 說真話。
2. 不誇張、不作秀。
3. 不輕易承諾，一旦做出承諾，必定全力以赴。
4. 在合法範圍內全力競爭，但絕不惡意中傷，完全尊重同業的智慧財產權。
5. 對供應商我們以客觀、清廉、公正的態度進行挑選及合作。

新加坡前總理李光耀對人才有嚴格的要求。他指出：除了教育程度、分析能力、實事求是、想像力、領導力、衝勁，「最重要的還是他的品德與動機，因為愈是聰明的人，對社會造成的損害可能愈大。」

台灣社會一直在力爭上游，在此同時若能注重品性道德，終將發現「好的道德等於好的生意」(Good ethics is good business)。

九、誠實

誠實是最佳策略 Honesty Is The Best Policy.

基於長期利益的考量，遵守職業倫理可以建立自身的信用。信義為立業之本，年青人面對錯誤，誠實是彌補的起點，誠實應該越早越好

只要是人都會犯錯，犯錯不要只想遮蓋掩飾，這只會使它更加顯明更難以收拾，錯了就是錯了，勇敢承擔，當下悔改，才是真正的勇者。發生錯誤若是能及時回報主管，由主管進行補救決策，及時止血，才不會造成更大損害，也不會造成主管錯判情勢。

「誠實是最好的策略」，道德和獲利目標是可以一同獲得的。

十、負責

勇於承擔責任的人，對企業有著重要的意義。一個人工作能力可以比別人差，但是一定不能缺乏責任感，凡事推三阻四、找客觀原因，一定會失去上級的信任。

負責除了表現在處理日常份內的工作外，更重要的是，在遇到突發狀況時，處理問題的應變能力與態度。員工遇到問題時，總是想找藉口迴避問題或將責任推卸給他人，但這樣不僅造成同事、主管心中的壞印象，也讓自己錯失學習的機會，更可能遭到革職。唯有勇敢面對問題，承擔自己應有的責任，尋求解決方法，才能獲得成長。即使失敗了，也將因負責任的態度受到他人的信任與尊重。

年輕人初入職場，不喜歡接受任務，就企業與其主管來說，晉用年輕人當然希望年輕人多多磨練，因此會經常賦予年輕人一些任務。在主管的眼中，願不願意接受任務，遠比能不能把這個任務做好，更為重要，年輕人所以當然應該勇敢的接受任務，更不要怕去承擔失敗的責任。

要謹記公司主管有任務要交付予，除非連一成的把握都沒有，否則，接受遠比拒絕好。而接受之後，萬一失敗了，也不要逃避，選擇去承擔責任，把責任一肩扛下來，更是會獲得主管與老闆的賞識。您也更快獲得許多寶貴的實戰經驗，這在生涯發展上，可是無比的助力。

十一、謙虛

謙虛指的是謙和與虛心，亦即待人謙和並能虛心的接受指教。「成功的人應像柳樹一樣，愈壯大枝葉就愈下垂、愈謙虛，愈不能忘本，還要有感恩和回饋社會的心。」成功者深知他的成就是集結眾人之力所努力的成果，唯有抱持謙虛的態度，才能贏得他人的尊重。

謙虛的方法

1. 懂得自我控制。
2. 重視他人的需求。
3. 將功勞歸給他人。
4. 努力追求進步。
5. 接納。

傲慢的人認為自己什麼都懂，沒有任何問題能夠難得倒他；謙虛的人則是默默做事並積極學習，從過程中吸收新知識。擁有謙虛的態度，便無懼尋求協助，也容易獲得他人的幫忙。對謙虛的工作者來說，會先以團隊為優先考量，不管多瑣碎繁雜的任務，都是對團隊貢獻自我價值的機會。

成功並非能跳得多高，而是願意把頭壓得多低，多專注埋首在眼前的工作。對於任何同事的協助及工作上的表現或稱讚，都抱持著謙虛與謙卑的態度，甚至把成功與成就，歸功於上級長官、全體部屬或其他部門的通力合作。謙卑的人，才不會樹立不必要的敵人、製造暗中陷害或爭權奪利的對象。

有些人以為領導者必須強勢、可以獲取所有的好處的、或是要刻意擺排場或是架子。其實是錯的！領導者其實是幫團隊處理問題的人！是保護大家可以在一個安穩的環境中把想做的東西做出來的人；或是提供大家成功所需要資源的人。因此，態度謙卑、服務團隊，才能讓大家一起協助你把事情做好。

謙虛的表現尤其在成功時最重要。領導者要想辦法把成功的功勞歸給團隊，把面子歸給成員，而非自己沾沾自喜當成自己的成就。若讓大家都覺得自己在團隊中是必要，讓成員感覺到自己的價值很大時，那團隊自然可以凝聚，方向也可以統一，事情才會愈來越好。

十二、可信任

「信任」是員工在職場中最珍貴的資產之一，代表其被看重的程度。能力雖然是進入公司謀求發展的敲門磚，然而，即便一個員工擁有極佳的工作能力，卻無法表現其對公司的忠誠度，其求職之路，便難以走的平順。

員工能夠獲得主管的信任，並願意將任務交付給他，背後代表意義是該員所散發出來對公司及組織的認同感與忠誠度，曾有調查顯示，比起專業及才能，主管更看重的是個人的忠誠度，對主管而言，忠誠度是其與下屬互信的基礎，忠誠並非愚忠，而是道德感的展現。因此，一個員工能力再強，如果不願意付出，他能為企業所創造出來的價值相對有限，而一個願意全身心付出的員工，即使能力略遜一籌，卻能創造出最大的價值，這也是許多企業主感嘆「用 B 級的人才辦 A 級的事情」但「用 A 級人才卻辦不成 B 級事情」。

新世代的就業觀經常受到薪酬高低欲福利優劣的影響，總想著哪裡待遇好，就往哪裡去，保持這類想法的求職者，對企業的認同度與忠誠感相對較低，殊不知要獲得主管器重，除自身所具備的長才，其表現出來的可信賴感更是成為成功職場人的必備態度，信任感的養成構築於其對工作的投入程度，因此，要獲取他人的信任，專家提出可透過下列 ABCD 等方式加以實現。

展現能力(able)

除了專業，發揮高度的工作效能並能面對問題、解決問題，便能贏得主管一半的信任，若加上積極求知，並與同儕配合得宜，對主管而言，這樣的員工必然是不可多得的人才，值得栽培。反之，對工作缺乏熱情，鮮少貢獻己力，做事拖拉推諉，便很難贏得他人的信任。因此，如果希望獲得他人的認同，最基本的就必須做好每一件事，只有當別人看到你的工作成效與表現維持在一定水準時，才會信任你。

正直的表現(believable)

一個人擁有正直的表現，便容易獲得他人的信任，這是具備專業以外的加值條件，包含信守諾言、坦承錯誤、誠實以對、不議論他人、處事客觀與尊重他人等。

以坦承錯誤為例，在職場上任何人都可能犯錯，但犯了錯卻不見得都能勇敢的站出來坦承錯誤，這和我們從小的教育方式有關，因為我們經常不被允許犯錯，因此大家就害怕犯錯。

然而，我們都知道「失敗為成功之母」，也唯有做錯，才知道必須換一條路走，若能具備認錯的勇氣，就表示有重新再起的動力，對於能夠坦然面對錯誤的人，也表示這樣的人不會將錯誤怪罪到他人身上，便也表現出其可被信賴的特質。

關心他人(connected)

和自己一起工作的人，雖不是家人，卻也是朝夕相處的夥伴，先不論同事間的情誼是否需要如此貼近，然而，一個真心誠意關心他人的人，就表示他不是個冷漠、自私的人，在他的心中還有別人需要被關注，包含願意聆聽他人、讚美他人的努力、對他人表現出興趣、擁有同理心及願意徵詢他人意見等。

關心不是口號，是一種行動，也就是願意花時間在他人身上，了解他人的需求；畢竟現在的社會講求快速與成效，對於過程以不是那重要，因此他人的付出與努力，經常不被看見，若能適時、適度的關心他人，也會贏得他人的信任。

保持可靠(dependable)

可靠的人讓人感到安全與穩重，包括：準時、守信、對他人的請求即時回應、對自己的行為負責、言行一致等。

可靠的人對自己說過的話負完全的責任，一旦承諾便全力付出，並在時間內完成，讓他人知道你不是空口說白話的人，而是遵守約定，說到做到，如此為之，必能獲得他人的信任。

重點回顧

1. 倫理是秩序與價值觀的展現，廣泛的應用在社會各個層面。一般常將「倫理」與「道德」混用，若要加以區分，倫理會比較強調群體間人際互動的規範，屬於社會層面的規範系統，道德則接近個人是非善惡判定的標準，偏向個人層面的規範系統。
2. 辦公室的基本倫理：尊重他人。茶水間是供應茶水及進行物品簡單清理的地方，並不適合做為閒聊交誼的場所。公物用畢，物歸原位，維持辦公環境的整潔。避免製造特殊的氣味，避免在辦公室飲食。並注重他人隱私。
3. 職場語言與溝通應：適當的使用行話、簡單扼要說明重點、避免情緒性的語言、避免不當的用語或談話內容、注意與人互動的態度與禮節、避免不合宜的聲音或舉止。
4. 妥善運用公司資源：不用的電源要隨手關閉、耗材及備品的運用應適度、無謂的加班也是資源的浪費。
5. 公私領域應分明：不可公器私用、勿將公司物品或公款挪做私用、避免將個人情緒帶到職場、不可探人隱私或洩漏他人的私事。
6. 「守時」是與人相處及團體生活的重要原則，也是做人基本的態度。守時是基本的常識，唯有重視自己的出席狀態，謹守與客戶約定好的時間，會讓人認為是對自己工作的尊重與重視，自然也容易獲得信任。
7. 公司機密包括：近期開發的新產品(品項與技術資訊)、產品規格、供應商資訊、市場行銷策略(促銷、價格、通路布局)、人事組織布局、員工薪資、客戶資訊等，所含括的範疇甚廣，因此即使大家在會議中熱烈討論的議題，一走出會議室或公司，就必須嚴守分際，禁止談論。
8. 勿道人八卦：切勿成為八卦製造者、面對八卦要有判斷力、勿讓自己成為八卦的受害者。
9. 巧妙應對辦公室政治：多做事、少說話。凡事對事不對人。明辨握權者，保持良好的關係。
10. 高調做事，低調做人。循序漸進的表現自己、適度隱身，甘居第二、不間斷的充實自己。
11. 職場遇性騷擾因應之道：遇到他人對自己性騷擾，應明確且堅決的表達自己的感受，予以拒絕。

12. 同事相處基本原則：尊重他人、和諧的關係、互相幫忙真誠的對待、避免產生衝突、保守他人的隱私。

13. 適度的辦公室幽默：不開主管玩笑、不開異性玩笑、不開同事缺點玩笑、不開政治玩笑、勿把捉弄人當作是開玩笑。

14. 何謂專業：專業精神、專業倫理、專業能力。

15. 行動清單：收集-->組織-->排程-->行動。

16. 職場的正確心態：盡力而為、主動與被動的心態、付出與回報、自我調整、接受他人比改變他人容易、正確的自我定位。

模擬測驗

(　　) 1. 有關「倫理」與「道德」的敘述，何者正確？
A.倫理比較強調群體間人際互動的規範
B.倫理偏向個人是非善惡判定的標準
C.道德較偏向社會層面的規範系統
D.兩者之間完全沒有差異

(　　) 2. 哪些行為是敬業的表現？【複選題】
A.對工作保持高度熱忱　B.主管在就力求表現
C.凡事專心致力，問心無愧　D.遵守紀律

(　　) 3. 各種行業都有屬於自己的專業術語，稱為
A.俚語　B.行話　C.歇後語　D.暗語

(　　) 4. 工作遇到不如意的時候，應該怎麼做？
A.向每一位同事說明事情的經過　B.向主管哭訴
C.先靜下心，讓情緒沈澱　D.馬上離職

(　　) 5. 和彼此熟識的同事說話時，應該
A.直來直往，不必客氣　B.無聲勝有聲，有事不必說清楚
C.嘻笑怒罵，反正對方不會在意　D.仍要注意說話時的分際

(　　) 6. 公共區域(如：影印區、茶水間)沒人使用時，可以怎麼做？
A.讓電燈繼續開著，方便下一位使用　B.不需要留意，自然有人會處理
C.所有電源應該開著比較像在上班　D.配合公司宣導，隨手關閉電源

(　　) 7. 辦公室的文具、影印紙可以如何使用？
A.帶回家使用　B.因為免費，所以可以送給親朋好友
C.送給客戶當做公關品　D.僅用於公務，並節約使用

(　　) 8. 若工作做完了，看到別人還在加班時
A.不應下班，假裝找事情做
B.若公司沒有加班文化，可向主管或同事打聲招呼後離開
C.找其他同事一起聊天培養感情
D.買東西到辦公室吃，陪同事加班

(　) 9. 關於守時，下列何者正確？
A.與人約定好時間，若趕不及，到時再向對方致歉即可
B.謹守與客戶約定好的時間，以獲得基本的信任
C.公司並無打卡的規定，偶而遲到沒人會發現
D.通訊軟體很方便，要約人等時間到了再說

(　) 10. 關於守信，下列何者錯誤？
A.在職場上，信用是最可貴的，千萬別失信於他人
B.任何工作都有困難，做不完是應該的
C.若必須完成多項工作，務必分清楚「輕、重、緩、急」，再逐項處理，較有可能完成
D.守時與守信是一體兩面，守時是遵守時間上的約定，守信則是做到答應他人的事情

(　) 11. 下列何者為公司機密？
A.市場行銷策略　B.人事組織布局　C.客戶資訊　D.以上皆是

(　) 12. 當自己成為八卦的對象時，應該怎麼做？
A.大聲哭鬧
B.跟談論的人辯論
C.用理性真誠的態度面對每一個危機，日久便能見人心
D.馬上澄清，把相關人都找來對大家說清楚

(　) 13. 面對辦公室政治，應如何表現？
A.多做事、少說話
B.凡事對人不對事
C.盡量靠邊站，與人畫清界線
D.盡量討好現在的主管，比較沒問題

(　) 14. 下列何者為新人的生存法則？
A.具備敏銳的觀察力　B.懂得適度向上級彙報
C.不要越俎代庖　D.以上皆是

(　) 15. 如何避免洩漏公司資訊？
A.匿名在部落格分享　B.只透漏給臉書的好友
C.必須嚴守分際，禁止談論　D.只跟隔壁的同事討論

(　　) 16. 工作超出負荷時，應如何向主管反應？
A.婉轉的向主管說明，請其協助調整工作
B.當大家的面向主管抱怨
C.直接離職
D.一定要忍耐

(　　) 17. 對於主管的不平等對待，要抱持何種心態？
A.對其表達憤怒　B.平常心對待，但仍嚴守分際
C.向他人抱怨　D.記恨在心

(　　) 18. 下列何者是與同事相處的藝術？
A.以和為貴　B.有誤會應主動說明與道歉
C.避免產生衝突　D.以上皆是

(　　) 19. 下列何者非時間管理的技巧？
A.排定優先順序　B.擬定清單
C.簡化作業　D.工作做完再整理環境

(　　) 20. 職場中面對資深員工的指導應該？
A.視而不見　B.與其爭辯
C.虛心接受　D.假意道謝

(　　) 21. 面對繁瑣的工作，應如何處理？
A.交給他人處理
B.耐心處理，不輕易降低標準
C.只要表面看起來沒問題就好，不必大驚小怪
D.關關難過關關過，先過再說，以後不一定會遇到

(　　) 22. 對於顧客能帶給自己的業績高低，應採取什麼態度？
A.只服務大訂單的客戶
B.沒貢獻業績的顧客，對其口氣不用太客氣
C.不理只貢獻少許業績的顧客
D.一視同仁，盡量做到最好

(　　) 23. 哪些是職場中受歡迎的態度？
A.對工作抱持熱情　B.對他人冷言冷語
C.把不喜歡的工作推給別人　D.看到不對的地方就指責他人

( ) 24. 對顧客的抱怨，應如何處理？

A.不干預　B.不理會　C.消極面對　D.立即採取適當作法，不推卸責任

( ) 25. 當同事提出不合理的要求時

A.委屈求全　B.先進行溝通，不成再向上級反應　C.默默接受　D.私下解決

( ) 26. 有關職場倫理的敘述，何者正確？【複選題】

A.也稱為工作倫理

B.和職場道德是一樣的意思

C.職場倫理隨著行業別及工作屬性多少有所差異

D.指個人在職場工作時應該遵循的行為準則和倫理規範

( ) 27. 下列哪些是公器私用的行為？【複選題】

A.利用公司電子信箱發送笑話給朋友　B.上網購物、聊天　C.用公司電話跟客戶討論產品問題　D.用公司配發的電腦打公司月報

( ) 28. 哪些是不受他人歡迎且違反對方意願的行為，已構成性騷擾？【複選題】

A.趁人不注意進行襲胸

B.有意無意觸碰他人的身體

C.將一般談話內容故意「色情化」

D.嘲笑性別特質，如「娘娘腔」、「男人婆」

( ) 29. 與人發生衝突時，應該如何處理？【複選題】

A.開誠布公的討論，不逃避　B.避免挑戰性的字眼　C.使用正面的語言溝通　D.從此絕交，不再往來

( ) 30. 下列哪些作為是負責的態度？【複選題】

A.不將自己的錯誤推給他人　B.完成每天應完成的工作　C.言出必行　D.承擔錯誤

題目	1	2	3	4	5	6	7	8	9	10
答案	A	ACD	B	C	D	D	D	B	B	B
題目	11	12	13	14	15	16	17	18	19	20
答案	D	C	A	D	C	A	B	D	D	C
題目	21	22	23	24	25	26	27	28	29	30
答案	B	D	A	D	B	ACD	AB	ABCD	ABC	ABCD

CHAPTER

禮儀 6

禮儀，看似是由諸多形而外的繁文縟節所集結而成，然細究其背後所代表意義，卻是個人對他人的尊重與內在態度的展現。即使科技不斷進步，人與人之間的互動方式也不斷改變，禮儀仍是與人往來不可或缺的一環，是個人修為與涵養的自然顯現。

禮儀可分為基本禮儀與應用禮儀兩大類，基本禮儀探討與食、衣、住、行等生活相關禮儀，應用禮儀則是因應社會發展而衍生出來的，其類別與內涵如表所示：

表 6-1　禮儀的類別與內涵

基本禮儀		應用禮儀	
食的禮儀	餐飲、宴會、邀請及座次等	社交的禮儀	電話禮儀、談話禮儀、宴會接待、寒暄、應酬往來等
衣的禮儀	儀容態度、男裝、女裝、配飾等	商業的禮儀	職場禮儀、名片使用禮儀、商業書信與電子郵件禮儀、人際溝通禮儀等
住的禮儀	居家、拜訪接待與做客等	接待的禮儀	訪客接待與應對等
行的禮儀	步行、行車與座次、樓梯行進、電梯搭乘等	外交的禮儀	出訪與邀訪、禮賓接待、國際會議禮儀等

在職場上，除了專業技能之外，想要從多數人中脫穎而出，待人處事應具備的禮節及應對技巧是不可或缺的基本能力，近年來從學校到企業，從與人交際、接待應對等，無不積極推展，以充實學生及在職者與人往來的軟實力，以下各節即就職場的觀點，一一解說各種常見的禮儀規範。

6-1 食、衣、行的禮儀

一、餐桌禮儀

在職場中，參加商務餐會是常有的事情，無論是公司舉辦的內部活動，或是公司與公司之間的商務交流餐會，一場成功的餐會，會令受邀的客人有賓至如歸的感受，並對邀請者留下深刻的印象，因此事先的準備功課，應盡量做足，以顯示主人對賓客的重視。

事前規劃

現代人用餐的偏好十分多樣化，若能事先打聽對方的喜好或宗教的禁忌等，可讓對方感覺受到尊重，例如：對方偏好西式餐飲或喜好清淡飲食等，類似的資訊可透過向對方熟識的朋友或助理了解，以避免用餐時，因對方的一些禁忌或偏好，影響整個餐會的進行。

重要的餐會，應事先訂好餐廳，同時確認對方如何到達用餐的地點，若對方開車，也要安排好停車的地方或提供附近停車的訊息，以免對方為了尋找而浪費彼此的時間。餐會當天也要提早到達餐廳，先和服務人員打招呼，熟悉彼此，再根據整個出菜流程及付賬事宜進行確認，以助整個餐會的進行。

入座時的注意事項

在客人尚未到達餐廳前，應在接待區等候客人，待客人抵達即可前往用餐席。若有服務人員帶位，應請賓客先隨服務人員到用餐席。到達用餐位置後，若沒有服務人員幫忙就座，男士應主動為女士拉出座椅，待對方坐下後，才回到自己的座位。

國外正式的餐會，客人的座位都是經過事先安排的，主人在餐會前將座位卡置於桌上，客人到達時，就根據座位卡入座。席次的安排以主人為尊位，尊卑順序由主人的右手邊、左手邊安排起，離主人愈近表示愈受主人重視，女賓客忌坐末座。入座時椅子應輕聲拖拉，切勿發出不悅耳的聲音，女士所攜帶的皮包可放於背部與椅背之間，要特別注意的是，有時受招待的賓客在餐後仍有其他行程，因此在其入座後，應先確認有多少用餐時間，以掌握後續用餐的節奏，並提醒服務人員上菜的速度。

點餐時機與點菜順序

一般商業餐會，若非事先訂好餐點，一旦大家就座，不妨提議先點菜，以利後續商談，若是先閒話家常，聊到一半服務生準備點餐，大家卻還沒有看過菜單，便要再等待一段時間後才能將餐點點好，已經花費不少時間，因此事先點餐，利用餐廳準備過程再聊天，可讓整個餐會的進行更有效率。

有時在點餐時，賓客不太確定可以點多少價位的餐點，可技巧性的建議菜單中各種價格的不同菜色，讓賓客心中有個底，切忌對賓客說：「盡量挑最貴的，反正公司請客」之類的不當的言論。點餐時，應請身分最尊貴的賓客點菜，接下來是女士優先，然後才是男士，主人則是最後點菜。

若是自助餐會，原則上由取盤處開始依序前進，取用順序依序為前餐(沙拉、熱湯、麵包等)、主菜(如肉類、魚類、海鮮類等)，最後拿甜點、水果等，然後是咖啡、茶等餐後飲料。取菜時一次拿一種，以免食物的風味彼此影響，並注意應適量取用，以免造成浪費，亦不宜重複使用餐盤。

用餐時的通用禮儀與注意事項

- 正式的餐會，在開始用餐時，主人會致詞歡迎，並介紹賓客，完成後才開始用餐。
- 用餐時注意坐姿端正，餐桌與身體應保持三根手指頭的距離，手臂不可張太開，以免影響鄰座用餐，要注意雙腳擺放的位置，不宜過前或分太開。
- 女士用餐前最好將口紅以紙巾抹去，切勿餐巾擦拭，也不可以餐巾擦拭餐具。
- 用餐時，可與鄰座客人適時的交談，藉此餐會時間增加彼此的認識及感情，但要控制音量，情緒過於激動或聲量過大都會影響他人用餐。
- 服務人員會從客人左方上菜，右方收盤，若需服務人員服務，應以簡單的手勢示意，不宜大聲叫嚷。
- 若輪流以大餐盤取菜，須由主人開始順取，取用時務必酌量使用，勿因個人喜好而多取用，造成後面的人無菜可取。
- 應以食物就口，勿以口就食物，部分食物可以手取用，如：麵包、生菜蝦鬆類以食材包覆散食的菜餚。
- 食用麵包時，應將麵包要撕成小片送進口中食用，一次吃一口，食物亦須切著吃。口中食物未嚥下時，勿再加東西。也不要把肉塊一次都切成小塊。
- 若餐具掉到地上，請服務生換一套新的餐具即可，切勿撿起來以餐巾擦拭；若是在別人家做客，則應該自行拾起掉落的餐具，再麻煩主人協助更換。
- 從口中取出魚骨、其他骨刺或果核時，可置於空握的拳頭內，然後放在盤子裡，勿直接吐在餐盤或桌子上。
- 欲取用遠處的調味品，應請鄰座客人幫忙傳遞，切勿越過他人取用。
- 敬酒時，必須由自己身邊的女士開始，再依序漸敬漸遠。與人碰杯時，自己的杯身比對方略低時，表示你的地位與對對方的尊重。
- 進餐時應儘量避免噴嚏、長咳、呵欠、擤鼻涕。若確有必要，應速以手帕或餐巾遮掩。
- 不宜在餐桌上化妝、補妝或使用牙籤剔牙，應到化妝室處理。
- 交談時，需暫停夾取食物、切食物或食用食物，切勿手持餐具在空中比畫，口含著食物發言。
- 若需要暫時離席，應向當時正在談話的對象打聲招呼(如：對不起)，不需要特別交代自己要去哪裡。

- 盤內食物以吃完為宜，比較合乎禮節，若真的份量過大，也不必勉強。
- 若本身是客人，應適時讚美菜餚。

二、中餐禮儀

各國飲食文化無論是餐具、吃法、菜餚呈現、桌面擺設、席次安排等皆有不同的規範與流程，因此所應遵循的禮儀也有各有不同，常見的用餐禮儀以中餐及西餐為主，本節即針對我們較為熟悉的中餐禮儀進行說明。

餐具擺放與排列

正式中餐餐桌的擺法較西餐簡單，通常包括：中式骨盤、味碟(放置調味醬)、匙筷架、湯匙、筷子、水杯、毛巾、餐巾等，其排列方式如下所示。

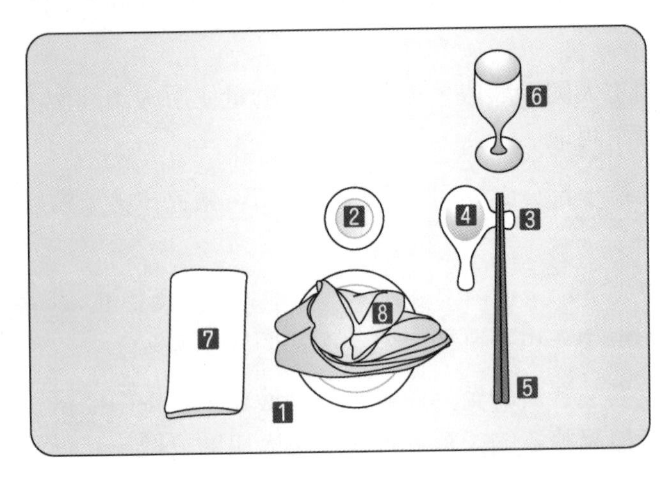

1 骨盤
2 味碟
3 匙筷架
4 湯匙
5 筷子
6 水杯
7 毛巾
8 口布

圖 6-1 中餐餐桌擺設

桌次安排

於正式宴會中，若桌次超過一桌，必須有尊卑之分，桌與桌之間也會有大小區別，有時主桌的桌面會大於其他桌，超過兩桌以上的桌次，其安排原則如下：

(1) 裡大外小：距離包廂門口最遠的桌次為主桌，例如：結婚典禮時，主桌都是在場地最裡面或餐廳包廂內。

(2) 中間最大：若同一牌桌次的數量為奇數，則中間為主桌。

(3) 右邊為大：從包廂往外看時，面向大門，右邊的桌次為主桌，若同一牌桌次的數量為偶數，則右邊為主桌。

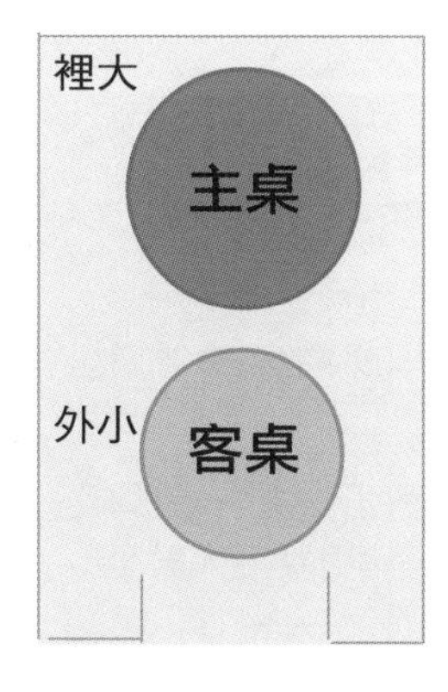

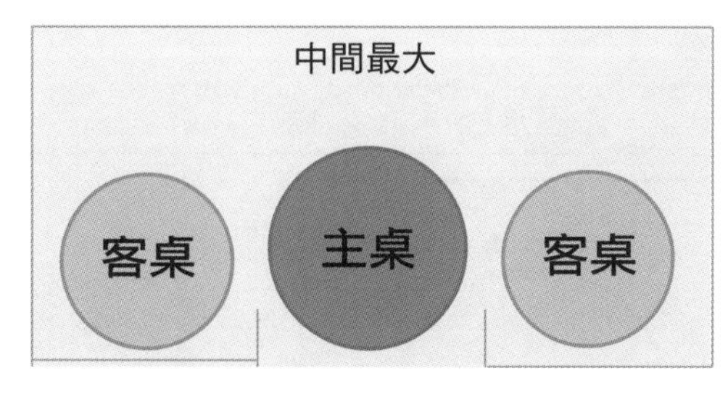

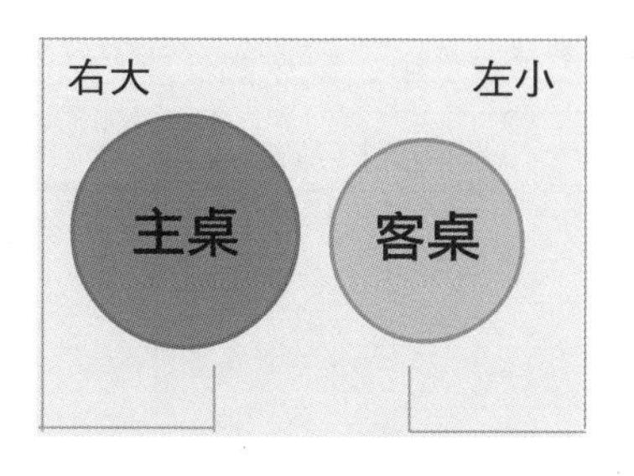

圖 6-2 中餐宴會桌次的安排

席次安排

餐會席次的安排是一門藝術，除了必須考量貴賓的社會地位、政治考量及人際關係，還要注意賓客之間是否有私交或恩怨，為使整個餐會圓滿融洽，以下列三項原則為主：

(1) 3P 原則

- 賓客地位(Position)：座次安排以長者為尊，位高者為首席；若夫婦共同出席，受邀男賓的配偶，其地位隨丈夫而定，若其地位高於丈夫，則依其本人的地位安排。
- 政治考量(Political Situation) ：以賓客的政治地位安排席次。
- 人際關係 (Personal Relationship)：依照賓客的互動關係、從屬關係來安排，另需考量賓客間的語言是否能互通。

(2) 尊右原則

- 男女主人及賓客夫婦皆並肩而坐時，女士居於右側。
- 男女主人採對坐方式時，女主人右側為首席，男主人右側次之，其次為女主人左側，其餘依此類推。

(3) 分坐原則

在西式餐宴中，男女、夫婦、華洋等以間隔而坐為原則，中式餐宴採夫婦並肩而坐。

中餐的上菜順序

一般而言，中式餐宴上菜程序為十道左右，並因地方習俗有有所差異，第一道菜常為冷盤(以拼盤為主)，最後一道常以魚為主，代表吉祥及年年有餘，然後提供甜湯及水果。當甜湯及水果上桌時，表示宴席已近尾聲。

表 6-2 中式餐宴圓桌座位安排範例

座位安排方式	圖示	說明
主人、賓客皆呈對坐	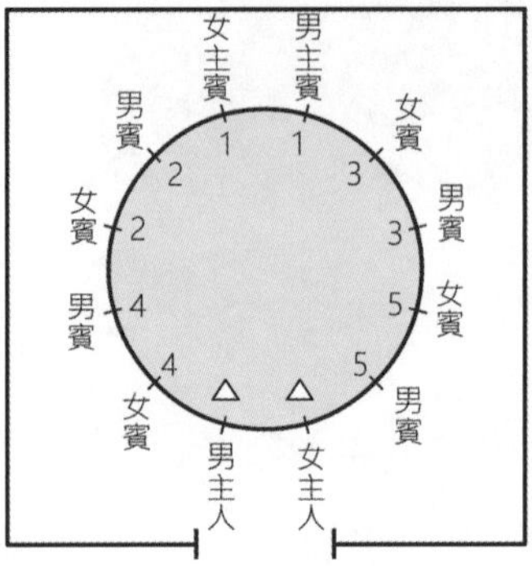 女主賓 男主賓 男賓 女賓 女賓 男賓 男賓 女賓 女賓 男賓 男主人 女主人 1 1 2 3 2 3 4 5 4 5	▪ 男女主人(男左女右)並肩坐於末席 ▪ 男女賓客(男左女右)並肩坐於首席，與男女主人對坐 ▪ 男女成對自上而下，自右而左排列。
主人 1 人、賓客 1 人，賓客不成對	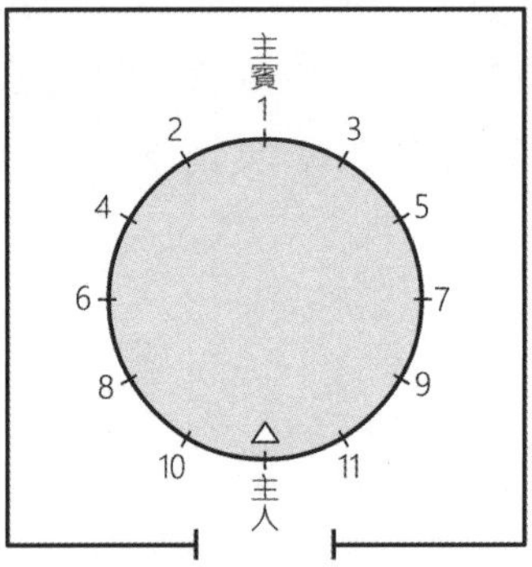 主賓 1 2 3 4 5 6 7 8 9 10 11 主人	▪ 主賓與主人相對而坐，高位 ▪ 自上而下，自右而左
主人地位高於賓客	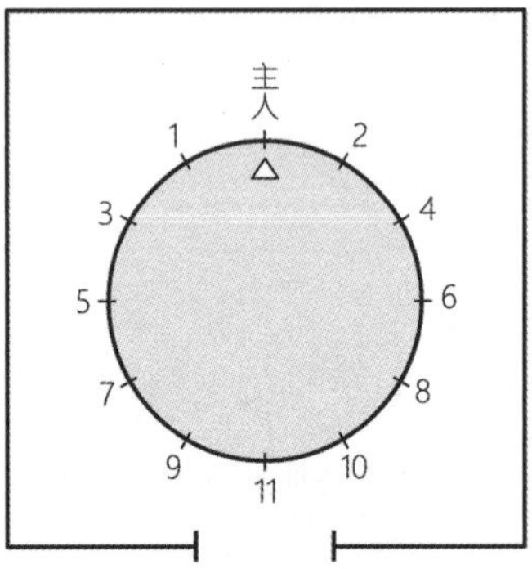 主人 1 2 3 4 5 6 7 8 9 10 11	▪ 主人地位高於與宴賓客，且無明顯主賓時，可安排主人居中，高位自上而下，自右而左
近年來兩岸交流中式餐宴圓桌座位安排	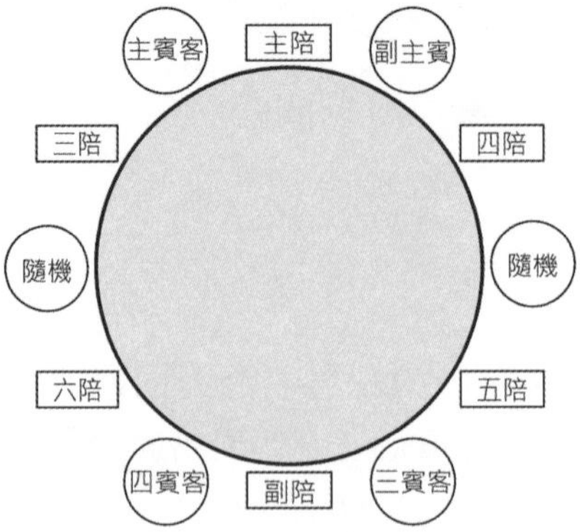 主賓客 主陪 副主賓 三陪 四陪 隨機 隨機 六陪 五陪 四賓客 副陪 三賓客	▪ 兩岸交流習慣，以主陪左右安排主副賓客，副陪與主陪相對，且副陪左右安排三四賓客。

中餐禮儀的其他注意事項

之前已介紹過較為通用的餐桌禮儀，本節則針對中餐餐桌禮儀補充如下：

- 如本身是主人，應招呼客人盡情享用，相鄰客人應互相寒暄及自我介紹。
- 入座時，自椅子左方進入，離座時，則從座椅右方出來。
- 用餐前，先將餐巾對摺平放於大腿上方，再開始用餐。
- 每道菜上桌，應由主賓先行取菜，餐桌若為有旋轉的宴會桌，轉盤需以順時鐘方向轉動，與人夾同一道菜時，若菜餚離對方較近，應先禮讓對方夾菜，不可站起來伸長手臂夾菜。
- 喝湯時，需將筷子置於桌面，使用湯匙時，湯匙由外而內傾斜舀湯飲用，勿發出聲響。
- 如果沒有服務人員，切勿在盤中翻揀菜餚，如果有公筷母匙，則應使用公筷母匙。
- 大多數人以右手拿筷子，若使用左手用餐，在用餐前，可先向隔壁朋友說明，以免吃飯時手相撞，影響彼此用餐。
- 若有魚或肉的骨頭，應以手取之，置於骨盤中，不可置於桌上或桌下。

三、西餐禮儀

西式餐宴對我們而言並不陌生，由於飲食文化的差異，其餐具的擺放與使用順序、席次安排及用餐禮儀等，都與中式餐宴有所差異，本節即針對西餐禮儀進行說明。

餐具擺放與排列

正式西餐會使用到的餐具，包括：前菜刀、前菜叉、喝湯用的湯匙、魚用刀、魚用叉、肉用刀、肉用叉、口布(餐巾)、點心用湯匙、點心用叉、白酒杯、紅酒杯、水杯、麵包盤、奶油刀等，原則上主餐刀叉(魚用刀叉或肉用刀叉)是根據所客人所點的主餐擺放，整套餐具的擺放方式如圖 6-3 所示。

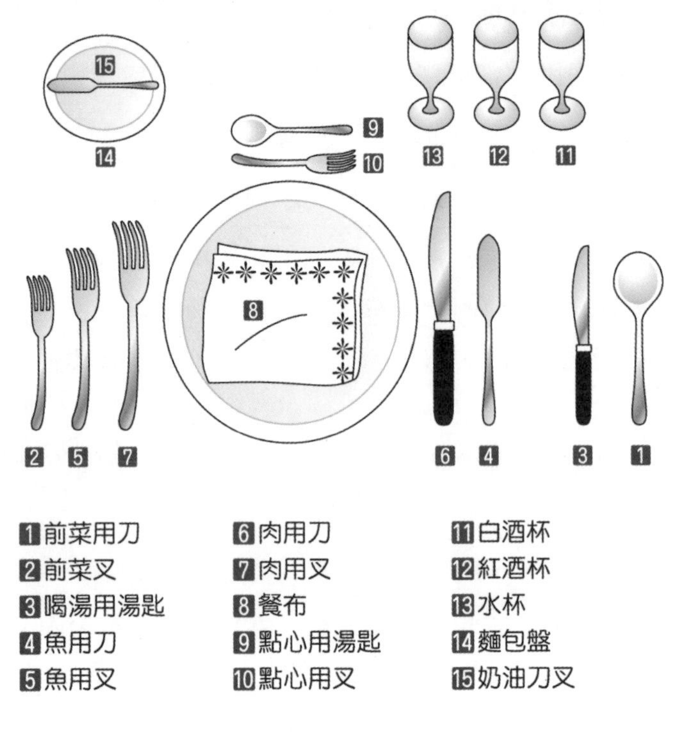

圖 6-3 西式餐具擺設

以下就各種餐具的基本使用要點進行說明：

1. **餐巾(又稱為口布)**。餐巾一般是置於裝飾盤的上面或左邊，餐巾的主要作用在防止衣服弄髒，可以餐巾的四角稍微拭嘴，不可將餐巾用來擦拭餐具或擦汗、擦臉或沾染上口紅。用餐前應將餐巾對摺平放於大腿上再開始進餐，不可掛於脖子上或繫於胸前、領口。

   正式餐會，應等女主人展開餐巾後，再自行取用。用餐中如需離席，應將餐巾對摺，置於自己座位的椅背或手把上，不可置於桌上。用餐完畢後，將餐巾略做整理，放在桌上即可。

2. **主餐刀叉的使用**。以刀叉進食時，右手拿刀，左手拿叉，若是歐洲人則習慣吃完一塊肉再切一塊，切肉方向由左向右切，美國人有時喜歡將肉全部切好，刀擺於盤子上方，再將叉子換至右手用餐。用過餐具後不離餐盤，進餐途中要休息或取麵包時，刀叉擺放在盤上略呈中文的八字形。用畢餐點要將刀叉橫放於盤子上，與桌緣約成 30 度角，握把向右，叉齒向上，刀口向自己。

3. **杯子**。酒杯及水杯置於餐盤的右前方，一個杯子只適合盛一種酒，不要先後用同一個杯子盛不同的酒，以免破壞酒的風味。西餐的佐餐酒包含：紅酒、白酒及香檳。紅酒是搭配牛排、雞排及羊排類主餐；白酒以搭配魚類、海鮮為主，香檳通常是在最後一道菜或甜點、水果上桌時，用以增添歡樂氣氛的酒類。

不同酒類應使用不同的酒杯，各式酒杯持用原則如下表所示：

表 6-3　酒杯的持用方式

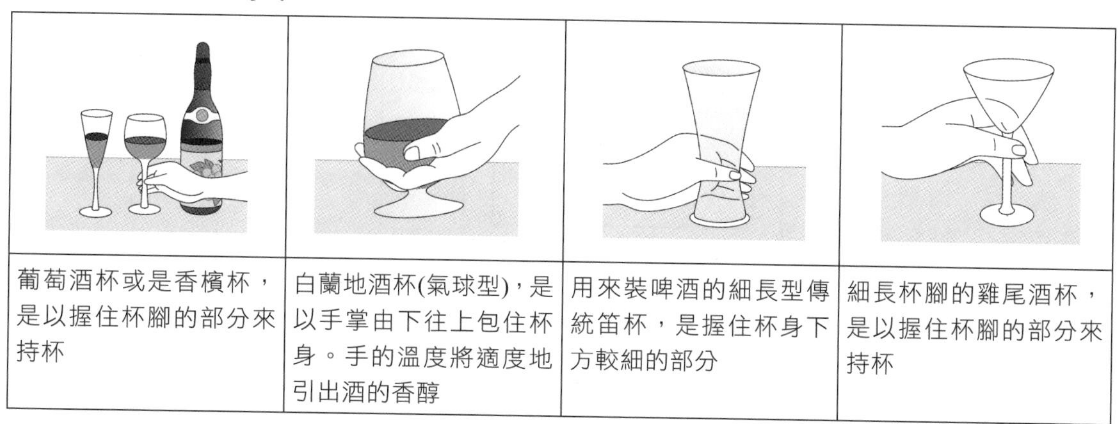

葡萄酒杯或是香檳杯，是以握住杯腳的部分來持杯	白蘭地酒杯(氣球型)，是以手掌由下往上包住杯身。手的溫度將適度地引出酒的香醇	用來裝啤酒的細長型傳統笛杯，是握住杯身下方較細的部分	細長杯腳的雞尾酒杯，是以握住杯腳的部分來持杯

4. **湯碗及湯匙。**湯碗分為有把湯碗及無把湯碗；在使用有把湯碗時，可先把湯內的食物吃完，再藉由碗把將碗拿起來喝湯，湯匙以右手拿取，由裡往外舀湯，湯剩下不多或不好舀時，可將湯碗往外傾斜再舀，食用完畢後將湯匙置於湯碟上，切記湯匙不可置碗內。

5. **麵包取用及抹醬。**麵包盤置於餐盤左邊或左前方，奶油刀僅可用來塗奶油、果醬，不可用來切割麵包或做其他的用途，食用麵包時，以手撕成適當大小後送入口中，不可直接以口咬食。塗抹奶油或果醬時，以奶油刀取用適量後塗抹在麵包上。

席次安排

西式餐宴的餐桌排料也比較多的變化，以下就各種餐桌的排法舉例說明：

表 6-4　西式餐宴長桌及圓桌座位安排範例

座位安排方式	圖示	說明
長桌： 賓主 6 人，賓客成對	女主人 △ 男主賓 1　　2 男賓 女賓 2　　1 女主賓 △ 男主人	▪ 男女主人對坐，分據兩端

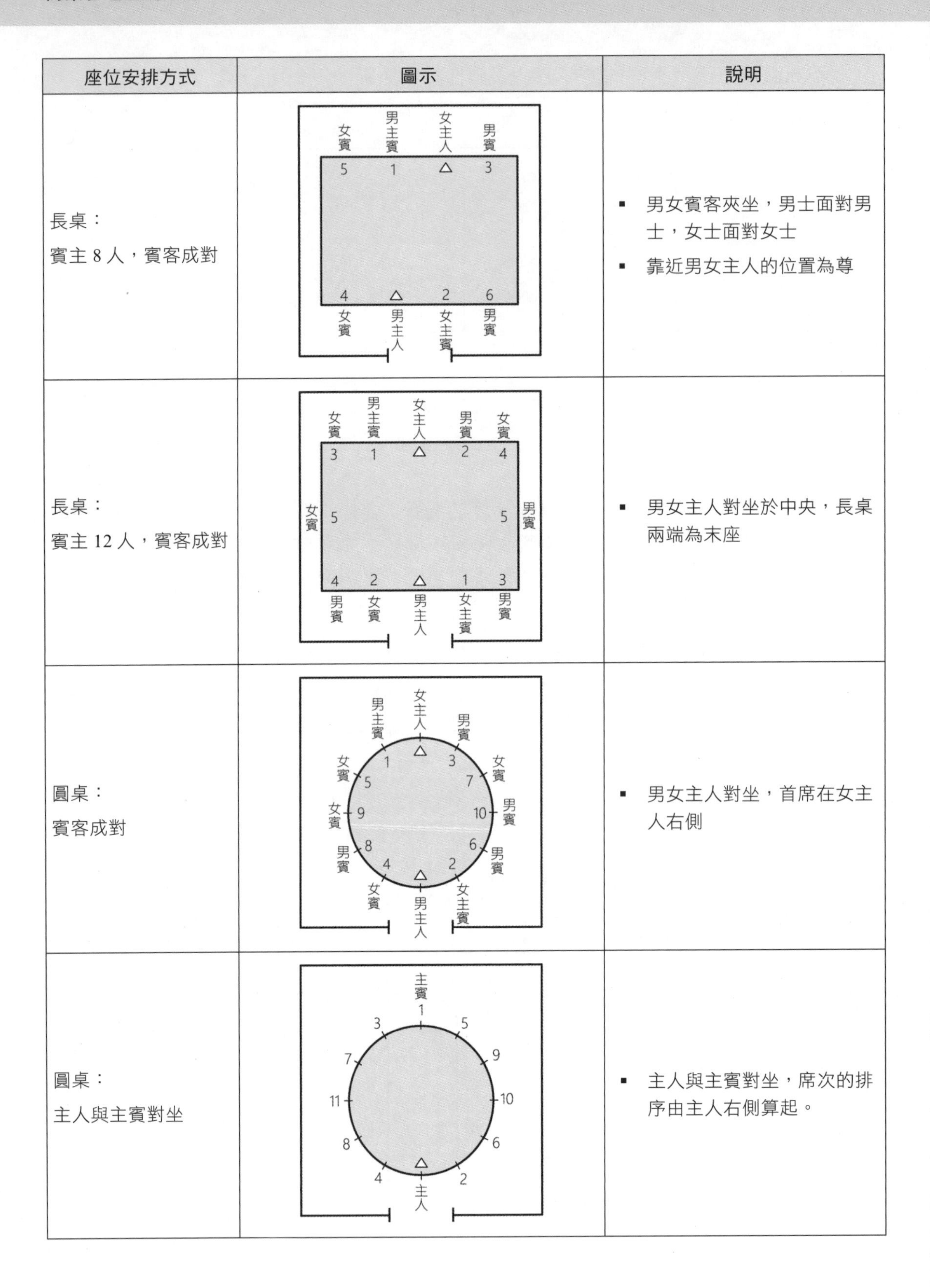

座位安排方式	圖示	說明
長桌： 賓主 8 人，賓客成對		▪ 男女賓客夾坐，男士面對男士，女士面對女士 ▪ 靠近男女主人的位置為尊
長桌： 賓主 12 人，賓客成對		▪ 男女主人對坐於中央，長桌兩端為末座
圓桌： 賓客成對		▪ 男女主人對坐，首席在女主人右側
圓桌： 主人與主賓對坐		▪ 主人與主賓對坐，席次的排序由主人右側算起。

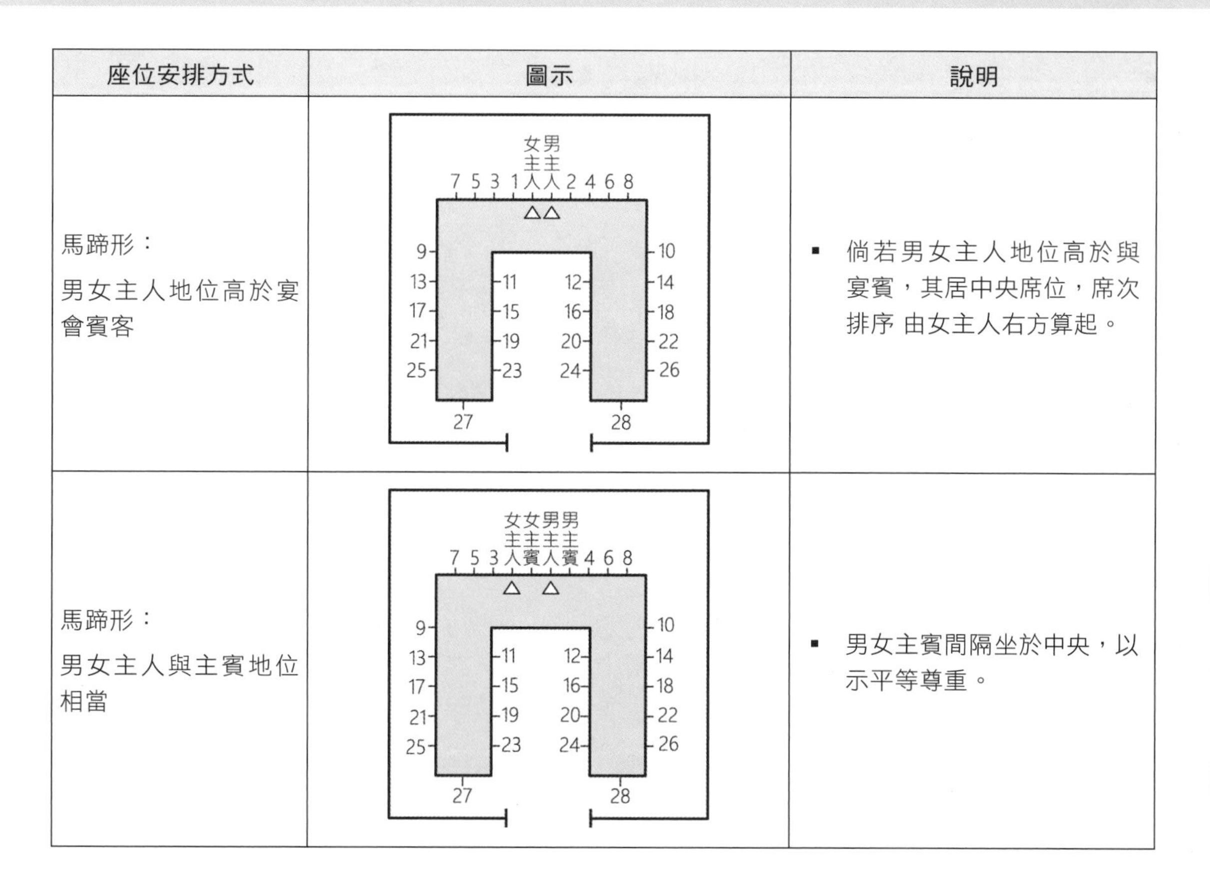

座位安排方式	圖示	說明
馬蹄形： 男女主人地位高於宴會賓客	女主人 男主人 7 5 3 1 女主人 男主人 2 4 6 8 9 10 13 11 12 14 17 15 16 18 21 19 20 22 25 23 24 26 27 28	▪ 倘若男女主人地位高於與宴賓，其居中央席位，席次排序 由女主人右方算起。
馬蹄形： 男女主人與主賓地位相當	女主人 女主賓 男主人 男主賓 7 5 3 女主人 女主賓 男主人 男主賓 4 6 8 9 10 13 11 12 14 17 15 16 18 21 19 20 22 25 23 24 26 27 28	▪ 男女主賓間隔坐於中央，以示平等尊重。

西餐的上菜順序

正式西餐的上菜順序分別為前菜、湯、海鮮、肉類、冷飲、烘烤食物、沙拉、甜點、水果及茶或咖啡。

西餐禮儀的其他注意事項

- 若有飲酒，喝酒前用餐巾按一下嘴唇，以免酒杯上留下印子。
- 西餐刀叉要向著餐盤，從離自己餐盤最遠的刀、叉或匙開始用，按每道菜的順序使用餐具。
- 若需要調味品，不要伸手或起身去拿，可禮貌性的請身旁的人幫你遞過來。
- 使用麵條類食物，應使用麵匙及餐叉，右手持叉，將麵條捲 3～4 圈，約一口的份量，左手持麵匙將麵條送入口中。
- 由於西餐每道菜的間隔時間比較長，不要顧著吃，要記得和身邊的人交流。
- 餐具掉落時不要自己去撿，待服務生替你協助更換。
- 中途若離席，須向同桌的人打聲招呼，離開位置時將餐巾摺好放在左手餐盤旁，沾有食物的那面要向內摺。

- 食用未去皮的水果，須以刀叉去皮後再食用。
- 食用點心時，以點心叉或點心匙取用，若為三角形的蛋糕，應從尖端處開始食用。
- 喝咖啡或茶時，使用茶匙調合糖及鮮奶油，茶匙用畢應置於底盤上，不可置於杯中。

四、正式場合的衣著

參加正式場合，首重「穿衣禮儀」，因為這是他人對自己的第一印象。俗話說：「佛要金裝，人要衣裝」，合宜的穿著，不但能給人深刻的印象，也能展現高度的專業與自信。服飾儀容代表一個人的氣質、教養與性情，也是其社會地位、身分的表徵，更是一國文化、傳統與經濟的反映，穿著得體不僅是禮貌，也是工作專業精神的展現。

穿衣禮儀要點

衣著包含由頭至腳所穿戴的帽子、圍巾、領帶、衣服、手套、皮包、皮鞋、首飾及其他的配件等，以下就穿著的四大要點進行說明：

(1) 務求整潔與美觀

整潔又大方的穿衣原則，旁人看了也會感到舒適，若衣服上有汙漬(如：汗漬、油漬)、異味，掉釦、破洞，都會給人不好的觀感，有些容易產生皺摺的服裝，穿著前應先以熨斗加以熨燙，切勿給人邋塌、隨便的感覺。

(2) 考量身分與角色

衣服不是漂亮或帥氣就適合自己，因為每個人的年齡、特質或體型不盡相同，同一套衣服所展現出來的風情也不盡相同，要衡量自身的內外在條件，選擇適合自己身分與年紀、職業條件的衣服。

舉例來說：年輕人可穿著顏色較為亮麗、活潑的顏色；中年人則可穿著偏向灰色、褐色或黑色系的衣服，以顯現堅毅誠信之感。年紀較長者在穿著上，應給人沉著、理性的感覺。穿著亦需考量自己的工作屬性與職位，例如：一般企業工作者，宜選擇幹練穩重的裝扮。

(3) 重視舒適得體

舒適的穿衣原則，可以讓我們在活動時更加自在，特別要注意的是，在出門前務必檢查衣褲(或裙子)的釦子、拉鍊是否都釦好、拉好、夏天不可僅穿著背心、短褲及拖鞋出門；冬天則應注意保暖。

(4) 注重整體性的統合

穿衣應注重內外與上下的和諧與一致，例如：西裝應搭配西裝褲或卡其褲，較不適合穿牛仔褲、深色衣服應搭配深色襪子與鞋子。

穿衣的 Top 原則

除了上述的穿著禮儀要點，還須考量所謂的 TOP 原則，TOP 是三個英語單詞的縮寫，它們分別代表時間(Time)、場合(Occasion)和地點(Place)。無論上班、下班、白天、晚上、宴會、慶典、休閒及運動等，都要根據場合選擇合適的衣服和配件，否則不僅自己失禮，對主人和賓客也不夠尊敬，以下即就 T.O.P 三原則進行說明：

(1) 時間(Time)

服飾的時間原則有三個涵意，第一是指每天的早、中、晚三個時段；第二則是每年的春、夏、秋、冬四季；第三是時代的差異。例如：在早上穿著晚禮服、在夏天穿著雪衣都是不恰當的穿著表現。此外，衣服經常跟著潮流而有所變化，適當的跟隨潮流著衣，不致讓自己過於突兀。

(2) 場合(Occasion)

穿衣須依據不同的目的進行著裝，透過著裝讓人產生良好的印象，例如：與顧客會談、參加正式會議等，衣著應莊重考究，主管穿著套裝，給人專業、權威的感覺，若是聽音樂、看歌劇，則是依照慣例穿著正式的服裝。

(3) 地點(Place)

地點指的是環境原則，包括：工作、社交及休閒等類型。工作時應穿著較正式，如：西裝、襯衫、套裝及連身裙等，若配戴首飾，則以簡單為原則；社交場合則以展現個人時尚與風格為原則；在休閒的場合，應打扮輕鬆舒適，切記勿過於隨便。

男士正式服裝

男士的服裝不如女士的服裝變化多，主要分為上班穿著的上班服、制服或工作服，白天參加慶典或活動的正式服裝，晚間參加宴會、觀看表演的晚禮服，以及休閒運動服等。本節說明男士正式服裝的穿著要點。

(1) 西裝上衣

一般正式的場合，如拜會或參加會議等，男士的穿著以深色或暗色的西裝為主。西裝的長度是把雙手垂下，衣長到臀部下緣為宜，或到手自然下垂後食指第二關節處，袖長剛好到手掌虎口，或服攞與拇指處齊平，過長或過短都不恰當。西裝的肩寬則應包住肩膀，墊肩勿垂在肩膀兩旁。

西裝有單排釦和雙排釦，若穿著單排釦西裝，坐下時釦子可以打開，但起身時，如上台站立或是照相，則須扣上面一或兩個釦子即可，最下面的釦子為裝飾釦，不需扣上。當穿著雙排釦西裝時，無論是坐著或起身釦子應全扣上；著三件式西裝，背心最下面的釦子亦不扣，當要解開西裝扭釦時，應由下往上依序解開。另，西裝下方的兩個口袋為裝飾用，袋蓋應外翻，勿裝任何東西，以免影響外觀。

(2) 襯衫

穿西裝應搭配長袖襯衫，選擇以合身為宜，以手部能舒適的活動為主。衣袖的長度應比西裝長約三分之一吋或一公分，袖長以手臂下垂時剛好蓋住手腕為原則，釦子應要扣上，遇天氣較熱時，可將西裝外套脫掉，將長袖襯衫捲起，短袖襯衫被視為休閒服，不宜作為正式場合的穿著。襯衫以淺色較主，例如：米白色、白色或淺藍色。至於格子紋、深色系、橫條紋等都應避免。

襯衫領口以兩個指頭可插入剛好，不宜過緊或過鬆。襯衫口袋不要放太多東西，一般都是放支筆就好。正式襯衫不宜掀出，一定要塞進西裝褲裡，

(3) 領帶/領帶結

領帶是最能男士展現品味與風格的配件，領帶的顏色及圖案應求雅緻，寬窄則宜與西裝上襟之比例一致。一般上班族較常配戴條紋領帶，包括：斜條紋、直條紋、橫條紋；卡通圖案或過於鮮豔顏色的領帶應避免。當穿著深色正式西裝，上衣為淺色時，領帶以深色為宜；若是非正式場合，顏色則有較多選擇與變化，如：暖色系給人活潑、年輕感，冷色氣給人沉穩、權威感；如果襯衫已有花紋，則最好選用素面的領帶；黑色領帶多用於上教堂或出席喪禮弔唁。領帶的長度，應到褲腰皮帶扣環的位置，打得太長或太短都不適合。

領結可在正式的場合中使用，例如：著大晚禮服或新郎禮服時可結領結，領結目前被廣泛應用在餐廳侍者或飯店接待人員的制服上，然在國內穿一般西裝時仍以領帶較為適當，若在國際場合中則應配合禮服穿著搭配使用。

(4) 西裝長褲

穿著正式西裝時，長褲須與上裝做整體搭配，褲長要特別注意，太長或過短均不雅觀，在穿之前應加以整燙，看起來較為平整，西裝褲不宜搭配白襪，必須搭配深色長襪。無論是兩側口袋或後袋都不要放太多東西，使其保持平順。

(5) 皮帶

男士的西裝褲應繫皮帶，不繫皮帶的長褲多為休閒穿著。皮帶的選用講求整體搭配，顏色以深色為主，通常比褲子略深，色澤與質地應與皮鞋搭配，樣式簡單大方即可，皮帶扣環應加以擦拭，保持整潔。

(6) 襪子

襪子亦講求整體搭配，正式場合通常穿著深色襪子，尤其應比長褲的顏色深，紅色、白色或黃色皆不宜穿著，其長度應穿至小腿一半，原則是坐下時不可露出小腿。穿著皮鞋時，切勿搭配運動襪；若襪頭鬆緊帶鬆了就別再穿，因為和別人談話時邊拉襪子是相當不禮貌的行為。

(7) 鞋子

穿著正式整套西服應搭配穿著深色皮鞋(如：深咖啡色或黑色)，過去穿正式西裝要穿繫鞋帶的皮鞋，現在已沒有嚴格規範，但是皮鞋式樣要能配合服裝不能過於花俏，鞋子也應擦拭乾淨。

(8) 其他配件

- 眼鏡：眼鏡不只是矯正視力，現在有愈來愈多人將眼鏡做為整體造型的配件之一，眼鏡的選擇應依照自己的臉型、搭配的服裝與場合進行配戴，不宜過於花俏。
- 領帶夾：領帶夾是商務人士出席正式場合用來與領帶搭配最多的配飾，主要用途是用來固定領帶，領帶夾可夾在襯衫第三及第四扣子間，當西裝扣上時，不宜露出領帶夾。
- 手錶與戒指：穿著西裝宜搭配金屬或皮革錶帶之手錶，也可選擇與皮帶及皮鞋同色系的款式以展現其整體感；戒指及首飾不宜過多或太過誇張。
- 帽子：進入室內就應該脫帽，現代人出門經常戴棒球帽，但並不適用於正式場合，應該避免。

(9) 其他注意事項

- 在正式的場合，除了要服裝上下花功夫，本身的儀容也應仔細打理，包括：髮型應梳理乾淨整齊，避免覆蓋住額頭，可以定型液或髮油固定，也應避免頭皮屑出現，鬢角應適度修剪不宜過長、鼻毛不可外露，指甲應修剪。
- 站立及步行時，要抬頭挺胸，下巴微收，縮小腹，肩膀不要拱起，手臂自然下垂，與人交談時，雙手可以插在西裝褲兩側的口袋，但要避免因為手插口袋，而將外衣後面的分岔撐開，露出襯衫。
- 適度塗抹古龍水：西方男士使用古龍水的比例較國內男士普遍，在正式的場合，適度的塗抹古龍水，能讓周圍的人感到清新舒適，若使用過量，味道過於濃烈反而讓人感到不適，要特別注意。

女士正式服裝

女士穿著端莊得體，不但可凸顯優雅的氣質，也是基本的禮儀修養，女士的服裝變化較多，彈性較大，但仍應重視因時、因地及合宜的穿著。一般而言，上班服裝以清潔、合身，大方、高雅、耐看卻不惹人注目為原則。

(1) 套裝或洋裝

西式套裝是上班的最佳選擇，無論是裙裝、褲裝或簡單的洋裝搭配西裝外套皆可，顏色以素雅為主，不可過於艷麗、花俏；若為上下分開的套裝，上裝和裙子

(或長褲)的顏色，以搭配合適美觀為原則，不一定非要相同的顏色，通常體型較豐腴的女士，可選擇具有收縮感的深色調和灰暗色彩，身材較瘦小的女士，則較適合淺色調，原則上，從頭到腳由淺到深，較不會有頭重腳輕的感覺。穿著套裝時，，上身外套的釦子必須全數釦好，襯衫的領釦及第二個釦子可以不釦。

裙子的長度不宜過短，以膝蓋上短或下長兩英吋為原則，若著長裙，以不妨礙工作為原則，過於緊身的衣服不僅穿著不舒服，也不見得美觀。穿著褲裝，會讓人感覺較為中性，可加穿一件合身、女性化的上衣以柔化線條。

此外，服裝的款式及剪裁，應俐落大方，避免過於繁複，會讓人眼花撩亂，也要避免露肩、無袖、短褲等穿著，應以整體、協調、舒適為主。

(2) 鞋襪

穿著套裝應搭配絲襪，襪子的顏色、樣式應與服裝及場合配合，不宜穿有過於突顯及花俏的款式，若有破損不宜再穿，平時應多準備一雙備用絲襪，以備不時之需。

平時上班應穿樸實的皮鞋，不可穿休閒鞋搭配正式上班服裝，在正式場合應該穿前面不鏤空的船形有跟包頭皮鞋，顏色應比裙子深，鞋跟過細或過高的高跟鞋不適合商務場合，鞋跟高度不宜超過兩吋半，以方便工作行動，涼鞋或拖鞋絕不可穿到辦公室或其他正式的場合。

(3) 配件

服飾與配件的美感組合，是穿著藝術的展現，服裝的配件包括：皮包、皮帶、飾品等，適度的使用，可為整體裝扮加分，耳環、項鍊或手鍊等，以樣式相同或相近為佳，不當的配件會使人庸俗不堪，破壞了服裝整體美感。

不論皮包、腰帶、髮飾、耳環、胸花、項鍊、戒指、手環等之配戴，都要配合時間、地點、場合，除了酒會、宴會大型場合外，一般的原則，身上所有的配件最好不超過 7 件，首飾不要超過 3 套，且應避免會發出聲響的飾品。

(4) 其他注意事項

- 清爽自然的淡妝讓人感覺神采奕奕，切忌濃妝艷抹；頭髮疏理整齊、保持清潔，勿披頭散髮，也應避免頭皮屑出現。很多女士喜歡塗抹香水，但要注意不要使用味道太濃的香水，以免影響他人；近年來流行藝術彩繪美甲，要特別注意，除非工作需要，否則應避免塗抹深色的指甲油或造型藝術指甲。
- 坐姿要端正，不可翹腳，此舉不但對健康無益，也有礙觀瞻；行走時勿左顧右盼，穿著高跟鞋，注意鞋跟聲響勿太大，影響他人。

五、儀容與儀態

一個人的整體造型除了穿著打扮之外，還包含儀容與儀態的整體呈現。正確優雅的儀態，可展現一個人的自信與風範，要使自己有一個最好的表現，需瞭解自己的長處、優點、特質，再配合自己的個性、體型，搭配適宜的衣著，便能展現出完美的禮儀修養。

「儀容」指的是儀表容貌，包含：髮型、臉部的整潔、化妝美容，其可透過專業學習和諮詢，找出適合自己臉型裝扮與髮型。「儀態」則包含肢體語言，如：手勢、體態與姿勢、握手的姿勢、與人目光接觸的方式、個人空間和表情神態等。

很多人在衣著大半上費盡心思，但在舉手投足或一個不經意的小動作，破壞了苦心經營的形象，因此除了要讓衣服穿在身上看起來好看，個人平日必須針對肢體語言加以訓練，以展現高度的自信和優雅，包括：站立、走路或坐姿等身體姿勢，都要保持抬頭挺胸，並注意手臂擺動和放置的姿勢，臉部要隨時保持微笑，並注意與人目光接觸時的眼神要保持親切、自然，以打造美好的形象。

儀容保持整潔，注重個人衛生

適度的修飾儀容，可以為自己的形象加分，良好的儀容必須是整齊清潔、自然大方，並讓人有充滿活力的感覺。

(1) 頭髮：選擇適合自己的髮型，無論是男士傳統西裝頭或是流行髮型，女士不論長短、直或捲髮，頭髮需經常清洗，以保持整齊、清潔，不得披散髮或有頭皮屑等情形。

(2) 面容：重清潔衛生、注意眼角、口角及鼻孔附近是否有分泌物。女士化妝示基本禮貌，應以淡妝為主。

(3) 指甲：指甲反應個人的健康與衛生，應經常修剪，保持清潔。

(4) 口腔：應保持個人口腔清潔，飯後潔牙的習慣。

(5) 其他注意事項

- 養成每日洗澡、更換內衣褲的習慣。
- 衣服保持整潔，勿穿著殘留汙垢或破損的衣物。
- 無論是咳嗽、打噴嚏或打哈欠，應使用手或手帕掩住鼻口。
- 不亂丟垃圾、紙屑等廢棄物。
- 養成良好的作息，讓自己看起來精神飽滿。
- 若有使用香水，避免味道過於濃烈，塗抹的部位如：耳後、頸部、胸前、手腕、肘內、腳踝、腰部、關節內側等處。

儀態落落大方，不矯情做作

儀態是每個人行為中的姿勢和風度，姿勢表示身體所表現的體態，風度則包含了內涵及氣質的表露。優雅的舉止與談吐除可散發個人自信，也讓自己成為受歡迎的對象。我們的外表長相是與生俱來的，天生的俊男美女固然讓人羨慕，但若空有外表，卻無內涵，舉手投足缺乏涵養，也會讓人對自己的印象大打折扣；因此，個人的儀態仍須透過日常訓練，時時提醒自己，讓正確及良好動作成為一種習慣，時間久了也就成為個人自然的行為，不需刻意掩飾或調整，便能表現出真正的自我。

(1) 站姿

站立時，應表現出儀態的優雅與氣勢。優雅的站姿要保持頭部自然朝向正前方，抬頭挺胸，肩膀放鬆，小腹內縮，不彎腰駝背或垂頭，背脊挺直，雙目像前平視，面帶笑容，猶如古人常說的「站如松」，讓自己站得像松樹一樣挺拔。

(2) 走姿

行走時，應展現落落大方的風範。行進時抬頭、挺胸、閉口，肩部放鬆、兩眼向前平視，雙臂應自然擺動，幅度不宜過大，以穩健、有節奏的速度行走，展現出動態的美感。女士穿著高跟鞋行走時，可適度調整步伐，切勿發出太大的腳步聲。平時行走不要拖著腳走路，男士兩腳踩平行線行走，女士雙腳踩一直線走，內外八字走路都是很不好看的。

(3) 坐姿

坐姿應把握「西裝不起皺，裙下不走光」的原則，坐姿應呈 L 型上半身挺直，腹部內縮，背部稍靠椅背，不可翹腿，雙腳不要搖擺不定，如只是短暫就座，可不要靠椅背，約坐椅子三分之二位置，姿勢會較挺，起身也較方便。男士在坐下時最好兩腳稍微張開，雙手自然放置腿上。女士則應將膝蓋及小腿併攏斜放，中間不留空間，如有手提包，則放在背部與椅背之間。

(4) 其他注意事項

- 與人握手時應採一般的站姿，注視對方，握時輕微上下搖動，弧度不能太大，另一隻手不宜插在口袋裡，如戴手套，須先脫去，握畢再戴上。
- 出入房間：進入房間，應先輕輕敲門，待對方應答後再入內，開關門時宜輕輕將門帶上，不宜發出過大的聲響。
- 行走時應輕聲慢步，若與人交談切勿大聲說話或大笑，以免影響到他人。

六、行進間的禮節

在公務場合，常有陪同長官出席會議或活動的機會，不論步行、乘車、上、下樓梯或搭乘電梯等，均應注意尊卑次序，以合乎禮節。

行走時的秩序與原則

- 無論是行、坐、站時，其位次以「前尊、後卑」、「右大、左小」，「內大、外小」八字為原則。
- 一般社交禮儀，男士與女士同行時，男士應走在女士的左邊，或靠馬路的一邊，以保護女士。
- 若是與長輩或上司同行，晚輩或部屬應居於左後方；若是擔任引導或接待人員，則引導員應在左前方，賓客則在右後方。
- 三人並行時，以中為尊，右方次之，左方最小。
- 三人前後行時，以前方為尊，中間居次。

行走時的禮儀

- 室外行進時應靠邊行走，並遵守交通規則，如：走斑馬線、遵守行人號誌燈的指示，若趕時間想超前，應說聲「對不起，借過」，並從側面繞行。
- 應尊重或謙讓對方，並禮讓老弱婦孺，男女或與老弱同行，男士應協助女士或老弱殘疾人士過街或代提貴重物品，下雨時也可代撐雨傘。
- 遇到認識的人，應視情況主動打招呼。
- 步行時不宜使用手機講電話或滑手機，以免發生危險。
- 步行中，不應邊走邊吃，更不可隨地丟垃圾或吐痰。
- 行進之間改變方向，應注意後方有無來者，避免碰撞。人多處應注意本身攜帶物品勿碰觸他人。倘無意中碰觸他人應即致歉。
- 擔任引導人員時，遇到需要開門時，應將門往內拉，先開門，讓客人出去，再跟上前去；門若是往外推的，先推開往外站，扶住門讓客人出去，再跟上前去。
- 雨天和別人擦身而過的時候，為避免兩傘相碰，或是被傘上的水滴淋到，應將傘往對方相反的方向傾斜避讓。身高較高或雨傘較大者，應將雨傘拿高，避免和他人碰撞；開傘或收傘，都要注意旁邊或前方是否有人；進入建築物或乘車前，應將傘上的水輕輕甩掉，並收好，或依規定將傘置入傘架中。
- 路邊呼叫計程車，應注意上、下車地點， 避免妨礙後方車輛行進及路人安全。

行走及出入大樓建築物

- 遇到人多時，應排隊等候進出，遵守秩序。
- 若為引導人員，上樓梯前應先說明樓層，讓賓客先行上樓；下樓梯時，應先下樓，賓客在後跟隨。

- 男女同行上樓，要讓女士走在前面，男士走在後面；長輩在前；晚輩在後；下樓梯則相反。
- 上、下樓時，距離賓客為一～二個臺階，注意行走速度不可過快，以免賓客跟不上。
- 無論身處何處都應保持安靜，避免影響他人。

七、電梯禮儀

現今大樓林立，無論是住家或商場或辦公室常設有電梯，我們每天上班、下班、外出、回家基本上都會乘坐電梯，乘坐電梯除了安全問題需要我們注意，禮儀也是必須遵守的，尤其對職場人來說，和同事、前輩、客戶、老闆一起乘坐電梯時，更應小心應對，以免讓人產生不好的印象。

等待電梯時

- 若是伴隨客人或長輩，應主動按電梯按鈕，必要時可提示客人即將前往的樓層。
- 等候電梯時，勿站在電梯門口正前方，以免阻礙電梯裡的人的出路。

電梯到達時

- 電梯開啟後，以「先出後進」為原則，待電梯內所有的人出來後，才可以進入，並禮讓位高者、女士 或老弱者先進入電梯或走出電梯，並代為按住電梯。如有引導人員，原則由引導人員先進電梯按住樓層，由職位高者先進、先出。如無，則由職位較低者代為服務。
- 進入電梯後，應確認外面沒有人，才可以按下關門按鈕，若不方便按樓層鍵時，可請他人幫忙，並記得道謝。若站於電梯按鍵旁，要主動幫助別人，以免進出人多時，因來不及進出，而耽誤大家的時間。
- 不可以勉強擠進太多人的電梯，會造成他人不適與不便，也會耽誤大家的時間。

電梯擁擠時

- 電梯內乘客特別擁擠時，仍應與他人保持少許距離，如果在無意中碰撞到別人，應立即向對方道歉，若攜帶物品盡量貼近身前，以免被偷竊。
- 當停靠樓層，電梯開啟時，站在門邊的的人應該先站出電梯外，讓裡面的人先出來。
- 當電梯到達目的地時，如站在後排而要先走出電梯，應先說聲「對不起」，再請別人讓路。

其他注意事項

- 在電梯內不可吸煙，亦應暫時停止談話或講手機，無論公務私事，均不宜在此談論。
- 電梯為密閉空間，不可在電梯內飲食或大口嘆氣。
- 電梯若發生故障，應保持冷靜，按下電梯上的「呼叫按鈕」，等待人員前來救援，不可冒然將電梯門打開。
- 搭乘手扶梯，應注意自身的衣、褲、鞋襪等，不要太靠近輸送帶，若有孩童隨行，不可任尤其嬉鬧玩耍，以免發生危險。

八、駕車與乘車禮儀

乘坐車輛或交通運輸工具已成為現代人生活的必備交通工具之一，無論是自行開車或搭乘大眾運輸工具，都應遵守行車及乘車禮儀，以下就駕車及乘車之一般禮儀進行說明。

行車與乘車禮儀

- 應遵守交通規則，禮讓行人，不隨意鳴按喇叭，車輛行駛期間，不可使用手機、平板等電子產品，以免影響行車安全。
- 女士在上下車時應注意姿態，上車開啟門後，背對車身彎腰讓臀部先坐入車內，在將雙腳合併，將雙腿收入車內。
- 搭乘大眾運輸工具，遵守「先下後上」的原則，不爭先恐後，並應禮讓老弱婦孺。
- 搭乘大眾運輸工具時，不可與司機聊天，亦不可在車廂內吸菸、嚼食口香糖、飲食或嬉鬧。
- 駕車行路應遵守交通規則，開車絕對不可以喝酒，另如有碰撞情事，亦應態度謙和、平心靜氣合理解決。

座位安排

- 乘坐有司機的小汽車時，若駕駛盤在左邊，則以後座右側靠近車門為首位，左側座位次之，後座中間座位又次之，前座司機旁座位最小。若駕駛盤在右，即車輛靠左行駛，則轎車以後座左側為首位，右側次之。一般不宜讓女賓坐駕駛旁之前座。
- 主人親自駕車時，如駕駛座在左，主人旁之前座為尊，其餘位次，依序為後座右側座位，及左側座位；如主人駕車，其夫人同車，則主人夫婦均坐於前座，賓客坐於後座。除非主人主動表示，不可自據前座。

- 搭乘吉普車，不論是由主人或司機駕駛，前座右側均為最首位，乘車時，位卑者先上車居後座，位高者後上車居前座。
- 廂型車通常有三排座位，以駕駛在左側為例，司機後方第一排右側為首位，中間次之，左側居第三位，司機後方第二排的右側為第四位，中間為第五位，左邊為第六位；若司機與副駕駛中間有位置，則中間的位置最小。
- 為求乘坐者之舒適，並顧及人與人間之安全距離，轎車後排中間盡量不安排座位。尤其在安排正式公務行程，考量長官或男女賓客同乘，必要時應多備一部車。
- 中層巴士或遊覽車等大型客車，是以司機後排第一排右邊為首位，再由右至左、由前往後的順序排列。

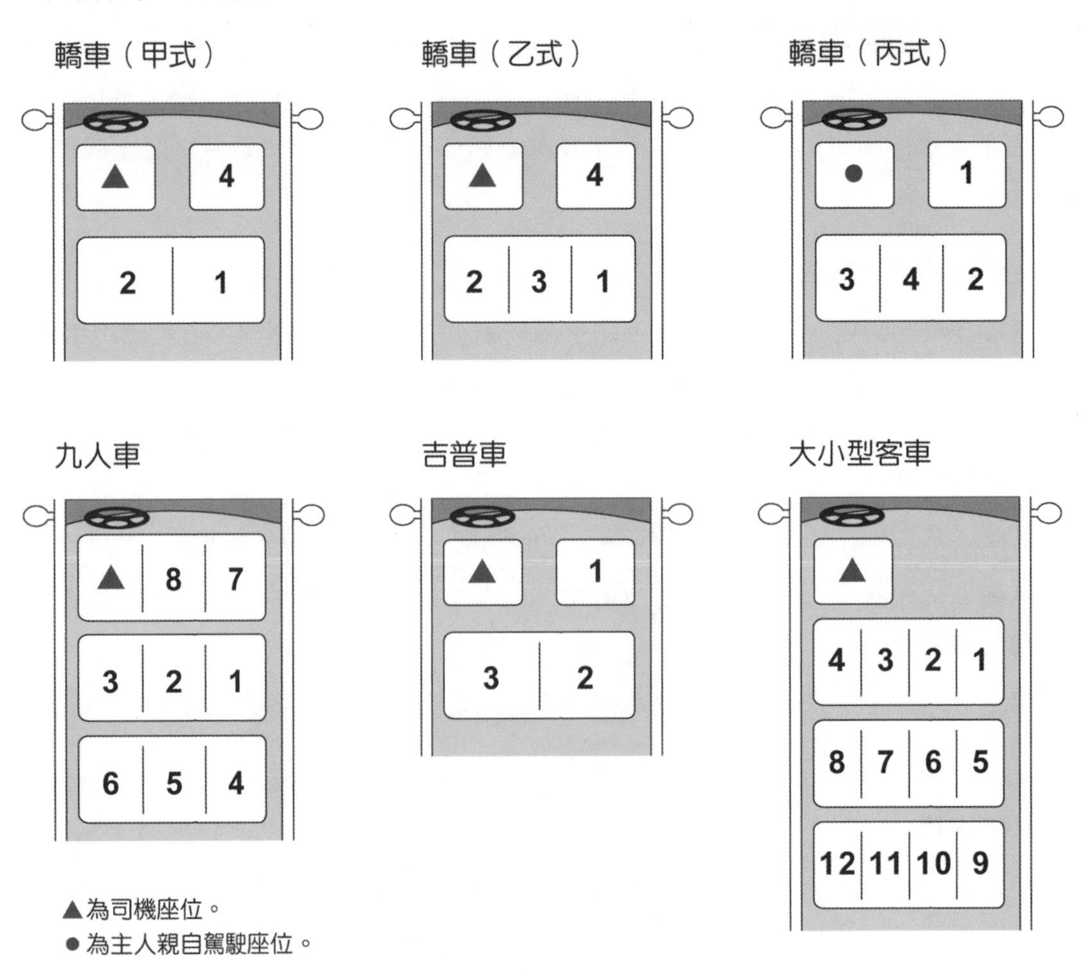

圖 6-4　汽車座位安排規則

6-2 職場及商務禮儀

一、辦公室基本禮儀

職場穿著應合宜

服裝是一個人的內涵、個性及身分地位的表現，在職場，一個人的穿著是展現專業形象很重要的一部分，對於每一家公司對員工的穿著，多少有一些「穿衣規則(dress code)」，現在有愈來愈多的公司隨著員工年輕化，並不要求員工如過去一般需穿著正式的服裝，只要符合整齊、清潔、俐落大方即可，像一般的 T-shirt 加上牛仔褲，在很多公司都是可接受的。

然而，遇到重要的活動或場合(如：接待外賓、出席餐會等)，仍應穿著正式的服裝(乾淨的襯衫搭配領帶或套裝等)，以表現出對主辦人或賓客的尊重。此外，公司主管的穿著平時就應該正式得體，以面對隨時可能來訪的客戶或因應其他突發狀況。

有些公司仍會要求員工「不可」穿著某些服飾或穿戴某些配件，主要是因為自主的穿著文化，造成部分員工無所適從，或失去應有的分寸，像是穿著變形破舊的 T-shirt、垮褲或短褲、迷你裙、布料極少的衣物，涼鞋、甚至是拖鞋，這些都已逾越基本的穿衣認知，變成隨便的態度。

美國知名雜誌的專欄作家即針對職場衣著提出四點建議：

- 過於隨便的穿著，會讓人認為做事也是隨便的人，因此還是在自己的服裝儀容下點功夫較佳。
- 不宜過度崇尚名牌，應挑選適合自己的衣著，以平價品穿出名牌的價值。
- 必要時應量身訂做，顯示個人對對方的重視。
- 利用簡單的配件凸顯個人的特色與品味。

進退有禮，重視出勤表現

常看到上班族拎著買好的早餐進辦公室辦公，開啟一天的生活，想像當我們到他人辦公室洽公，看到該公司的職員一般吃早餐、一邊看電腦，或和旁人聊天，是否會感覺整個組織的紀律甚為鬆散？既然已經進入辦公室，應該專心處理公務，而非悠閒的享用自己的餐點，不但耽誤工作時間，也影響辦公環境，因此，切勿再帶著早餐進辦公室了，提早完成這件事吧！

此外，工作難免都會遇到需要請假的時候，雖然現在網際網路發達，各式通訊軟體已經非常普及，但請假的禮節仍應依照公司規定，除非臨時生病或偶發事件，無法當面向主管請假，否則仍應在事前向主管請假，依照公司規定填寫假單，並在休假前一天在提醒主管一次，詢問是否有需要提前完成的工作，讓主管有心理準備，切勿直接將假單傳給主管或發 email 後就休假去，對主管而言，這是相當草率的行為，應該注意。

謹言慎行，處事恭謙有禮

在辦公室中勿論人長短、說話時用字遣詞明確有理，不探人隱私，不隨便批評人，更不應該開黃腔，說出不尊重人的言論，使用情緒性的字眼批評人，都是說話的基本原則。除了口語上的表達，透過信件、社交軟體等數位軟體所發表的言論，都事應該要特別注意，勿因為都是人可能看不到，便恣意談論，都可能造成他人的困擾。

與人相處應保持微笑，多說敬語「請、謝謝、對不起」，對於他人優異的表現，應發自內心的讚美，切勿用嘲諷的態度表達心裡的不滿。他人在說話時，不可打斷或插話，若需要他人幫忙，應謙虛有禮的探詢他人的意願，若他人無法協助，也不要記在心中，或許對方在當下真的自顧不暇，幫不上忙。

與人打招呼是基本禮貌

跟人打招呼雖然是做人基本的道理，也是一個簡單又輕鬆的動作，在很多職場獨行俠看來，根本是多餘的動作，他們認為只要完成分內的工作，也不去麻煩人，就是個理想的員工。

一個有禮貌的人，會得到比別人更多的機會，對於個性害羞不善與人交際，或不喜歡和人打招呼的人，仍應試試與他人交流，主動的問候，如：「早安，今天天氣不錯」、適度的關懷，如：「你看起來精神不太好，還好嗎？」，都有機會扭轉自己的形象並改善和人冰凍以久的人際關係。

善用公司資源

很多員工認為公司的資源並不是自己花的錢，因此在使用並不會特別節制，甚至會公器私用以節省自己的荷包，例如：用公司電話聯絡私人的事情、影印私人的文件、不隨手關閉冷氣和電燈…等，公司老闆及主管對於這樣的員工，可以說是非常厭惡，因此應以同理心的心態來運用公司的每一分資源，將每一分錢用在刀口上，對公司不但問心無愧，對主管而言，也會認為這樣的員工是非常值得信任的。

愛護公用設備

此點與第四點頗有關連，但仍應特別強調。一般在辦公室有所謂的公共區域與私人區域，公共區有各種設備或資源由大家共同使用與維護，例如：茶水間、影印機或廁所，都是大家會用到的設備，但就是會有員工為了貪圖個人的便利，影印機故障也不報修、紙張用完也不補齊、洗茶杯時將流理台、地板潑的到處是水也不清理，造成下一位使用者的不便。

由於人的一生當中，仍有不少時間是在職場上工作，培養公德心，共同維護美好的環境，可以讓辦公室的工作氣氛更加圓融、美好。

進出他人辦公區的注意事項

在工作時，進入他人的辦公領域是在所難免的情形，例如到主管辦公室討論事情，或到其他部門處理相關業務，究竟有哪些東西可以動，哪些東西不可以碰，應有足夠的判斷力，並適度的展現應有的禮貌，可以讓他人對自己產生良好的觀感，以下即就基本的應對方式進行說明：

- 要先得到本人允許後方可進入，切勿自行闖入。
- 進入他人辦公區(或辦公室)後，應與看到自己的長官及主管致意，以顯見基本的禮節。
- 不可隨便坐他人的座位，也不可亂翻辦公室的東西。
- 離開辦公室，並禮貌的道謝或道別，如：「謝謝」、「再見」。
- 進出辦公室的動作要輕，不可大聲喧嘩，以免影響他人工作。
- 到主管辦公室找主管，應依約定的時間到達，或事先打電話進行確認。

對商務機密維持警戒心

每一家公司都有其營運的商業機密，身為員工，應清楚了解有哪些資訊是可以對外發佈，有哪些機密是一個字也不能透漏的，對於資訊的機密性應有足夠的判斷力。隨著科技的發達，要將資訊傳達出去是輕而易舉的事情。有不肖員工借此賺取不義之財，讓公司陷入營運的危機，是非常缺乏職業道德的行為；另有些員工，在開放的場合談論，或過於信任他人，不經意的將公司的機密說出去，例如：和特定廠商開會的消息，或公司人事異動的八卦等，都可能影響公司運作的運作，不得不提高警戒心，避免在犯下無心的錯誤。

遵守約定，盡力達成

公司須仰賴員工的合作與努力，才可以順利的運作，所謂「牽一髮而動全身」，若承諾他人要完成的工作，無法於期限之內完成，及有可能影響到個人、甚至整個單位的運作，因此，不可為了出鋒頭，或敷衍他人，而到處亂開支票，此舉可能造成公司損失，也讓自己的信用破產，實在得不償失；因此，要承諾他人之前，應謹慎評估異己可坐到的範圍，才能讓人安心的交付工作自己。

二、電話禮儀

無論是在家裡或辦公室，電話都是不可或缺的工具，雖然大家都知道怎麼打電話，卻不一定懂得如何有效的用電話。正確使用電話是一門藝術，利用電話溝通，應視對方為親自到訪，或是對對方做一場簡報，除了態度要溫和友善，對話前做足功課也是必要的，以下就使用電話的禮儀進行說明。

1. **鈴響時間勿太長**。接聽電話方在鈴響後，最好在五秒鐘之內或三次鈴響內接起應答。若是撥打出去，則不宜讓電話響太久，因對方可能不在位上，或正在忙碌中，不方便接聽電話。

2. **表明身分**。接起電話後，應先打招呼，如：「您好」、「早安」，再報上自己的姓名。倘若撥錯電話，應向對方致歉後再掛斷電話，不可一聲不響的直接掛斷；若要找的人不在，可請接聽電話的人代為轉達，並記得道謝。

3. **速度及語調應適中**。使用電話的目的便是為了溝通，若為了求快，讓對方聽不清楚，便失去雙方通話的意義；說話速度太慢，也可能引發對方不耐煩。過高的音調或語調，可能讓對方感到不舒服，過低的語調則讓人有精神不振之感，因此在通話時，無論自己是否處於忙碌或疲倦的時刻，仍應留意自己的速度及語調。

4. **態度溫和友善**。與人通話，無論討論什麼問題，或是有爭議，應避免使用不客氣的詞語表達，或愈講愈激動，應多使用正向的語言溝通，讓對方感覺你的善意，避免使用否定句，例如：「你這樣是不對的！」，「錯，應該是…」，都是不合宜的態度。

5. **使用禮貌用語**。與人交談，仍應多注意禮節，使用「您好」、「請」、「謝謝」及「不必客氣」等，詢問對方資訊時，應多使用尊敬的詞語，例如：「請問您貴姓大名？」，千萬別直接問對方：「那你叫什麼名字？你住哪裡？」等，會讓對方感到不受尊重。

6. **說話有條理**。在撥打電話之前，應確認要與對方討論的問題及範圍為何？順序如何？若是有重要的議題要討論，應將重點註記下來，在通話的同時，逐一劃記或記錄，以確認要討論的事情都有討論到。做好事先規劃，不但節省雙方的時間，更可讓對方留下良好的印象，並避免犯錯或得不斷撥打確認，干擾對方工作。

   若是由對方打電話進來，亦可準備筆記紙，記錄對方提出的問題，同時進行歸納與確認，對於自己無法在當場回答的問題，應向對方說明，並告知何時給予答覆，讓對方感覺受到尊重。

7. **適度回應對方**。在談話過程中，應適度的回應對方，例如：「好的，我了解」、「您說的沒有錯」、「沒問題，這個部分可以在 o 月 o 日知道結果」等，不致讓對方感覺是被敷衍或漫不經心。

8. **接聽電話不吃東西**。與人通話的過程中，千萬不可吃東西，因為透過電話筒，會將口中的訊息完整的傳遞出去，若是手中有食物，說起話來容易口齒不清，也會發出令人感到不悅耳的聲音，是十分失禮的行為。

9. **轉接、訊息代接與回覆**。接到必須轉接的電話，在轉接前應先告知來電者將轉接的分機號碼，以便下次有需要時可直接撥打；轉接後，應等被轉接者接起電話，並簡要轉知來電者姓名或事由後，再掛下自己的電話；如電話轉接後，無人接聽電話，應將電話接回，並告知來電者，請其稍後再撥，如被轉接者為同一單位，可洽詢來電者是否要留言或留下電話再請同事回電；代為詢問的訊息包括：對方的姓名、電話號碼、及目的，另應標註來電時間，讓需回覆電話的人清楚應該如何處理；若收到他人代接的訊息，亦應視自己的做情況予以回電，一般來說，對方來電 24 小時內必須回電必較妥當。

10. **避免干擾他人**。打電話應留意他人的作息時間，避免影響到他人，例如：午休時間、上班之前、下班以後、私人的休假日等，都要特別留意。若是撥打國際電話，要注意時差，選擇對方方便的時間，若事情不是那麼緊急，也可以 Email 取代，讓雙方有較多的緩衝時間。

11. **通話結束輕聲放置話筒**。與人通話即將結束時，應先說「謝謝」、「再見」等結束通話的禮貌用語，通話結束勿將電話立刻掛上，應稍作等候(如一、兩秒後)，再輕輕的掛上電話，以免讓他人聽到掛電話的聲音，尤其是對長輩或上司，應等到對方掛斷後，再掛斷電話。

12. **於適當場所使用行動電話**。現在人人手一機，使用手機與人交談已是家常便飯，有時在訊號較弱的地方(如山上或地下室)，以及人潮眾多之處，有可能因為聽不清楚而不斷重複對話，如：「你聽的到我的聲音嗎？」，若對方聽不清楚，就不知不覺得愈講愈大聲，有些時候則是在密閉的空間(如：電梯、高鐵上)、或特別安靜的地方(例如：圖書館)，一旦有人講手機，其對方內容便聽得格外清晰，就此舉不但干擾到他人，若是談及個人隱私或公司機密，便是非常嚴重的問題，因此若是訊號不清楚、環境不允許，應輕聲、快速的告知對方稍後再回電。

    另在出席特定場合，應將電話調到靜音，或依規定關機，例如：醫院、電影院、演講、餐廳、會議、課堂上，畢竟身處在當時的環境，仍應尊重他人的權利，無論病患、臺上的表演者或演說者，都會希望享有優質的環境。

    幾乎所有的手機都有免持聽筒的功能，然而有越來越多的交通事故顯示，使用免持聽筒仍可能是肇禍的主因，甚至乘坐的顧客也可能為聽到的談話內容感到尷尬，因此有越來越多的國家已經禁止使用免持聽筒，為了自己與乘客的安全，若有重要的電話，應停靠路邊再講，千萬別一邊講電話一邊開車，實在是太危險了。

三、面試禮儀

無論是初入職場或要轉換跑道，通常都需要經過投遞履歷與面試的過程。要在眾多競爭者當中脫穎而出，除需在履歷下功夫，掌握面試的要領，展現自己最佳的實力，可以讓對方印象深刻，錄取的機率也會大為提昇，以下針對面試的要角進行說明。

研究面試公司的資訊

求職者在決定要投遞履歷的當下，通常對於該公司的基本資訊以及徵求的職務條件進行初步的了解，確認自己符合條件並對該職務有興趣，才會花時間撰寫履歷及自傳。

一旦獲得面試通知，便表示已經通過書面的審核。一般而言，要寫出一份專業且出色的履歷表並不困難，現在坊間及網路已有相當多的資源可以參考，許多學校也都有開設求職面試等相關的課程來教導學生相關的技巧，因此，到了面試那一天，才是發揮真正實力的戰場。

所以除了本身所具備的條件符合對方的要求，對於該公司及相關產業應有更深入的了解，包括公司規模、主要產品、創辦人的形式作風、公司近期的新聞或發展規劃等，這會讓對方覺得你很關注產業的動態，對公司的產品也十分有概念，可大大的加分；若時間充足，也可以試擬一些題目，自問自答，做好充分準備，可以降低面試時的緊張感。相信有了上述準備，面試的主考官會認為你已經準備好的人，一旦進入公司，應可以在短時間內就上手，被錄取的機率就更高了。

千萬不要沒做任何準備就去面試，結果針對對方的提問是一問三不知，不但浪費彼此的時間，也讓對方留下不好的印象。

服裝選擇與儀態表現

無論要去面試的公司是一般企業或新一代的新創公司，在參加面試時，服裝及儀容應以整潔、大方為原則，並考慮職務屬性挑選衣服，例如：設計師，在服裝上能表現個人的品味與時尚感，而商務公司則要穿著給人沉穩俐落感的衣著。

除了衣著上的講究，個人的儀表也要注重，包括：頭髮梳理整齊、面容整潔，服裝與配件的整體搭配等，讓人有精神抖擻的感覺。

準時赴約

參加面試千萬不可遲到，就像參加大型考試，一旦遲到就失分了，但太早到也會造成他人的困擾，若真的太早到達，應先在附近等待，到約定前的 10～15 分鐘，再前往報到的辦公室，到達以後，應主動對櫃檯人員或面試的工作人員寒暄，說明來意。若對方直接帶你前往面試官的辦公室，見到面試官時應主動報上自己的姓名，待對方示意可以就座時再坐到指定的位置。

面試時的態度

一般面試時間約 15 分鐘到 30 分鐘，有時更久，面試官通常會請求職者做簡短的自我介紹，自我介紹等同於行銷自己，這個題目應該在事前已經準備好，因此務必簡潔有重點的將自己介紹給對方，包括：主要的學經歷，曾經參與的重要專案或比賽、個人專長等，讓對方在短時間之內就認識自己，並留下深刻的印象，切勿誇大不實或枯燥乏味，會讓對方覺得你誠意不足或沒做好準備。在談話過程中，應面帶微笑、雙眼正視對方，眼神堅定，並適度的回應對方。

若對方針對公司及徵求的職務進行說明時，務必認真聆聽，若對方問到為何離開前一份工作，可簡單陳述事實即可，若是因負面因素而離職，千萬別批評前一份工作，而能談談在上一份工作有哪些值得學習的地方，畢竟任何工作都有讓人感到不如意的時候，與其不斷批評，不如用正面的態度來面對。

面試結束後的注意事項

面試結束後，對方通常會感謝求職者前往面試，並告知一旦做出決定會再做通知等話語，此時應感謝對方給予面試的機會，並表示希望有機會能為該公司服務等感謝語。

離去前應將椅子歸位，確認沒有遺漏東西後，再輕輕關上門離開會談的地點，若遇見之前的工作人員或櫃檯人員，應有禮貌的致謝後再離去。

經過一段時間或已過對方公告錄取名單的時間而未獲通知，可禮貌性的撥打電話過去確認是否有錄取，若知道未錄取也應在電話中致謝，期間千萬不要一直撥電話過去詢問，以免造成對方的困擾。

四、寒暄與交談

寒暄是最簡單也是最常用的禮節，無論是與人初次見面或遇到一起上班的同事，都不免要先寒暄一下，為進一步交談做暖身。「寒暄」指的是見面時彼此互相問候起居，或泛談氣候寒暖之類的應酬話，例如：「早安，今天天氣真不錯」、「您好，久仰大名」、「好久不見」等，問候內容依據場合、對象而有所差異，但不宜觸及宗教、政治、婚姻、年齡、職業薪酬等較私密的議題，待雙方簡單問候之後，再展開後續的交談。

除了「語言形式」的寒暄，還有「動作形式」的寒暄，例如：點頭、微笑、擁抱、親吻、鞠躬等，例如早上遇到同事時互相點頭道早安，在會議場合互相握手致意、和歐美人士以擁抱或親吻互相問候等。

在商務場合，講究的是時間與效率，因此與人交談時，應該簡潔明確的表達所談論的主題，避免滔滔不絕，言之無物，當他人在發表意見時，也應該注意聆聽，以示尊重。以下就交談的注意事項進行說明。

注意音量、音調與速度

每個人說話接有其特性與慣性，有些人說話高亢，中氣十足，有些人則習慣輕聲細語。在與人交談時，應注意所處的環境為何，若是在密閉或比較安靜的地方，宜降低音量，以免干擾他人，若在比較熱鬧的地方，宜提高音量，以免對方聽不清楚。

而透過說話的音調，可表現出對所陳述事件的想法與意見，談到比較具有戲劇性變化或須特別強調時，說話音調往往會上揚，要特別留意的是，若在整個對話中若維持偏高的音調，會讓聆聽者感到緊張不舒服，相對的，若總是平緩的陳述，毫無變化，會讓對方感到枯燥乏味。

此外，講話速度的快慢，會影響聽者的注意力和理解力。過快的速度會讓人感到吃力，吸收不良，過慢則會讓人感到不耐煩、容易分心，因此在與人交談時，應適度的調整音量、音調與速度，配合當時的情境交錯運用，相信可以讓整場對話更加生動有趣。

注意聆聽與肢體語言

任何人都希望對方能完整聽完自己陳述的內容，一個好的聆聽者，說話才有說服力。因此做為聆聽者，應專注的聽他人談話的內容，用心領會對方想要傳達的訊息，並適度的回應或關心對方，懂得聆聽技巧的人，知道可以在何時回應對方，一般而言，要等到對方說話告一個段落再接話，若任意打岔或打斷，會讓對方的人感到不受尊重。

除了談話的內容須要得體外，表達的語氣和肢體動作也會影響他人對自己的觀感，包括：

(1) 與別人交談時，應保持適當的距離，避免靠太近造成壓迫感。

(2) 若是坐在椅子上，應注意姿勢要優雅，並將雙腳收起，不可抖腳或晃動身體。

(3) 說話時應目光應直視對方以表示尊重，不可在對方身上游移或東張西望。

(4) 不要將雙手交叉環抱在胸前。

(5) 不要一邊說話，一邊把玩東西，或是頻頻看錶、露出不耐的表情等。

其他交談時的注意事項

(1) 批評或負面的表達方式應該避免，例如：嘲諷他人，或以尖酸刻薄的形容詞形容他人，更要避免惡言相向。

(2) 慎選話題，避免談論敏感、隱私或他人是非等不適當的話題，像是：政治傾向、種族差異、性向與婚姻、經濟能力與財富、學經歷背景、年齡及健康等。

(3) 避免大聲談笑，亦應避免在公共場所談論公事，如茶水間、洗手間、電梯內或個是交通工具上，以免洩露公司機密。

(4) 在與人談話、寒暄時應注意口腔衛生，注意有否異味，以示尊重，並可避免影響談話氣氛。

五、書信與電郵

書信，又稱為書、啟、箋、牘、簡、札等，是一種傳遞消息及表達情意的應用文書，也是社會交際中不可缺少的工具。書信的種類繁多，依其種類來劃分，有私人書信、商業書信、公開信等。私人的信是兩個人間的私人交通，從人際關係著眼，是建立私人關係的連結；商業信件也可以是私人的，但其目的通常是建立在交易行為上，公開信則帶著傳遞信息的意味，由私人發出，經由他的朋友或熟人的傳閱，將信件傳播出去。

書信與一般文章寫作不同的是，書信有一定的對象，必須注重禮節，以實際的問題作為內容，講求一定的範圍，文字的運用力求簡明、扼要，最重要的是有一定的格式及專門的用語，必須依照一般的習慣使用。然隨著網際網路的發達，過去傳統書信文化以產生轉變，其固定格式與用語已逐漸簡化，取而代之的是重實易懂的內文陳述，書信分兩大部分：信箋與信封。寫在信箋上的文字稱為箋文，信封上的文字稱為封文，後續就信箋與封文進行說明。

信箋結構

一般由三個部分組成的，包括：開頭、正文與結尾。

(1) 開頭包括：包含：稱謂、提稱語、啟事敬詞、開頭應酬語。

(2) 正文：即信件主要內容。

(3) 結尾：結尾應酬語、結尾敬語(申悃語、問候語)、自稱、署名、末啟詞、日期、其他等。

書信文字表達禮儀

<table>
<tr><th>對象</th><th>稱謂</th><th>提稱語</th><th>啟事敬詞</th><th>敬語</th><th>問候語</th><th>末啟詞</th><th>啟封詞</th></tr>
<tr><td rowspan="2">祖父母
父母</td><td>祖父大人
祖母大人</td><td rowspan="2">膝下
膝前</td><td rowspan="2">敬稟者
謹稟者
叩稟者</td><td rowspan="2">耑肅
肅此</td><td rowspan="2">叩請 福安
敬請 金安</td><td rowspan="2">謹稟
叩上</td><td>福啟</td></tr>
<tr><td>父親大人
母親大人</td><td>安啟</td></tr>
<tr><td>(親友)
長輩</td><td>伯父(母)大人
叔父(母)大人</td><td>尊前 尊鑒
賜鑒 鈞鑒
崇鑒 尊右</td><td>敬肅者
謹肅者
敬啟者</td><td>肅此
敬此
謹此</td><td>敬請 崇安
敬請 鈞安
敬頌 崇祺
順頌 福祉</td><td>謹上
拜上
敬上</td><td>安啟</td></tr>
</table>

對象	稱謂	提稱語	啓事敬詞	敬語	問候語	末啓詞	啓封詞
(親友) 平輩	○○兄 ○○姊 ○○學長 ○○學姊	臺鑒 大鑒 惠鑒 左右	啟者 敬啟者 茲啟者 謹啟者	耑此 草此	敬請 台安 順頌 台祺 敬候 近祉	手書 手啟	大啟 台啟
(親友) 晚輩		青鑒 青覽 如晤 知悉 知之		手此 草此	即問 近好 即頌 近佳	手書 手啟 手字	收啟
商界		賜鑒 崇鑒	敬肅者 謹肅者	肅此 敬此	敬請 崇安 敬頌 崇祺	敬上 謹上	鈞啟
師長		函丈 壇席	敬肅者 謹肅者	肅此 敬此	敬請 教安 恭請 誨安	敬上 謹上	安啟 道啟

信封書寫方式

(1) 國內直式信封書寫方式

- 收件人姓名書於信封中央，地址書於右側，郵遞區號以阿拉伯數字端正書於右上角框格內。
- 寄件人地址、姓名書於左下側，郵遞區號以阿拉伯數字書於左下角框格內，郵票貼於左上角。

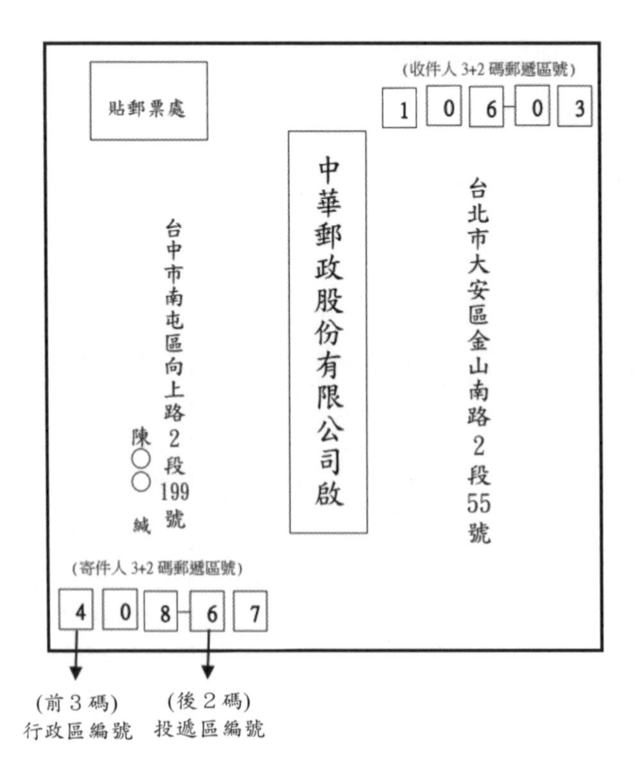

(2) 國內橫式信封書寫方式

- 收件人地址、姓名及郵遞區號書於信封中央偏右。
- 寄件人地址、姓名以較小字體書於左上角或信封背面，郵票貼於右上角
- 書寫順序：

  第 1 行 郵遞區號。

  第 2 行 地址(地址如過長可分 2 行書寫)。

  第 3 行 姓名或商號名稱。

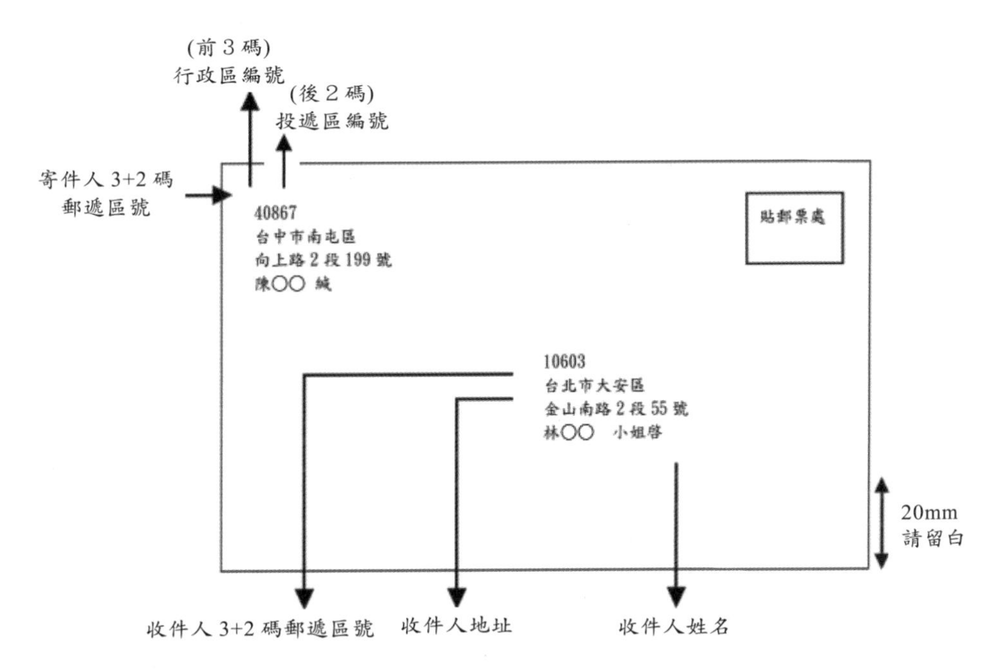

國際郵件橫式信封書寫方式

- 收件人姓名、地址及郵遞區號書寫於中央偏右。
- 寄件人姓名、地址 及郵遞區號以較小字體書於左上角或信封背面
- 書寫順序：

  第 1 行 姓名或商號名稱。

  第 2 行 門牌號碼、弄、巷、段、路街名稱。

  第 3 行 鄉鎮、縣市、郵遞區號。

  第 4 行 國名。

電子郵件書寫注意事項

現代人使用於電子郵件(email)傳遞訊息已經十分普及，過去寄一封國際郵件，動輒要兩、三週對方才可以收到，現在只要按下寄送鍵，無論在何時、何地，只要對方有網路，就可以立刻收到，其方便、快速的優點，讓我們更有效率的溝通聯繫，因此使用電子郵件寫信時，仍有諸多應注意的事項。

(1) 寄件人姓名，應設定清楚，並注意對收件人的稱呼。

(2) 轉寫主旨時應簡明扼要，切合信件主題，讓收信者掌握信件重點，並在日後能從諸多信件中快速找到。

(3) 信件內容應以正式的語氣及形式呈現，包括：信件開頭對收件者的尊稱及問候，與信件結束時之署名及敬語。

(4) 信件在傳送之前，應檢查是否有錯字或陳述不妥、不清之處，以示慎重。

(5) 若是回覆他人信件，則儘量用「回覆」功能回信，讓前封來信一目了然，較能掌握討論的主題。

(6) 寄出前，檢查是否須將信件以「副本」及「密件副本」的方式將信寄給其他人員。

(7) 無論是實體的書信或是使用電子郵件，應避免在情緒激動時撰寫信件，以免使用情緒性字眼，影響工作與對方的關係。

(8) 簽名檔應包括個人聯絡資料，如公司名稱、頭銜、姓名、電話、郵件地址、網頁等，簽名檔不宜過長，約 4～6 行即可。

六、商務介紹

一般在商務場合，只要是初次接觸，需自我介紹，一個體貼的介紹及合乎禮儀的態度，可拉近彼此的距離，並為後續交流與往來開啟契機，介紹彼此不認識的雙方，因其年齡、性別、身分地位的不同，介紹的順序也有所不同。以下就不同狀況進行介紹時該注意的原則：

介紹的順序

- 將位低者介紹給位高者、晚輩介紹給長輩。
- 將同事介紹給客戶。
- 將非官方人士介紹給官方人士
- 將資淺者介紹給資深者。
- 將未婚者介紹給已婚者。
- 將賓客介紹給主人。
- 將個人介紹給團體。

介紹家人

- 介紹另一半或家中晚輩予人認識時，必須將自己的家人先做介紹。比如說要介紹自己的另一半時可說：「〇〇先生/小姐，這是我內人/外子。」後頭加上姓名。
- 介紹自己的小孩時可說：「這是小女或小犬」，後面加上名字即可。
- 如果被介紹的晚輩是已婚女士，介紹時，可加上其先生的姓氏，例如：「〇〇先生/小姐，這是小女，陳太太。」同樣的原則適用在介紹自己的兄弟姐妹，而稱呼為家兄、家姐、舍弟、舍妹，一樣在之後加上其名字。
- 如果是介紹自己的父親、母親或其他的長輩，則須將朋友介紹給自己的父母或自己的長輩。應說：「爸爸或媽媽，這是我的朋友〇〇〇先生/小姐。」

介紹的時機與動作

- 主人應先考慮被介紹者之間有無任何顧慮或不便，必要時可先徵詢當事人意見。
- 不宜為正在談話者或將離去者作介紹。
- 若介紹的場合在你的辦公室裡，應從辦公室裡或辦公桌後面走出來和對方握手。
- 做在戶外，記得要取下太陽眼鏡及手套。

介紹時的原則

- 在介紹時，客人應站在主人的右手邊，被介紹者應主動握手；在為他人做介紹時，內容應簡短，並使用敬語。
- 雙方資訊應清楚了解：介紹人在介紹雙方時，必須充分了解被介紹雙方的姓名、背景及其他相關資料，以避免發生張冠李戴等尷尬的情境。
- 注意肢體語言之表達：介紹人以手勢介紹他人時，必須將所伸出的手掌向上約 45 度傾斜，五指併攏自然指向被介紹之一方。
- 不可厚此薄彼：若很詳細介紹一方，卻僅粗略的介紹另一方，是很失禮的行為。
- 口齒應清晰：介紹人在介紹時口齒必須清晰讓聽者清楚，聽者也必須仔細聆聽，若沒聽清楚可再做詢問。
- 若想要認識對方，應該先介紹自己：如果想要認識某一位你不熟悉的人，必須先詢問主人或對其熟識者，大概了解對方的資料後，再到對方的面前自我介紹，或是請主人或認識對方的人代為介紹，就不會顯得過於突兀或直接。
- 在被他人介紹時，應面帶微笑、起立，重複自己的名字；被介紹以後，應感謝介紹人，並回應另一位被介紹人，如：「久仰大名」、「很高興認識您」。
- 女士及長者在被介紹時，原則上不必起立。

七、交換名片的禮儀

名片(Business card)是於商務場合用於自我介紹，名片不只是一張印有個人聯絡資訊的小卡片而已，它視同個人的履歷，也代表企業(公司)的形象，他人可透過名片上所提供的資訊認識你，如：公司名稱、任職部門、姓名、職稱、公司地址、電話、網站及 Email 等資訊，有些公司還會將公司產品或公司的宣傳語印在上頭。有些名片僅提供簡單的資訊，稱為 Name Card，上面標註個人姓名、地址、電話等資訊，多用於私人社交的場合。名片除可用於我介紹，也可作為簡單書信往來的媒介，包括感謝、祝賀、辭行、慰問、弔唁等功能。

無論是自己的名片或他人的名片都應該妥善保存，可收納於名片夾或名名片盒中。男士將名片夾置於胸口的口袋中，或置於公事包內；女士則置於手提包內，倘若將名片放置於其他口袋，或是放在褲子後面的口袋裡都是不禮貌的行為。

此外，自己的名片須與他人的名片分開放置，避免在他人面前翻找自己的名片。在遞送與接收他人名片時，應注意以下禮儀：

遞交名片

遞交名片的順序，原則上是先客後主，先低後高，亦即地位低的人先向地位高的人遞名片，男士先向女士遞名片。當對方不止一人時，應先將名片遞給職務較高或年齡較大者；或者由近至遠處遞，依次進行，切勿跳躍式地進行。

向對方遞送名片時，應面帶微笑，將名片正對著對方，用雙手的拇指和食指分別持握名片上端的兩角送給對方，上身傾斜約 15 度，在遞送的同時要報上自己的職稱和姓名，如果是坐著的，應立即起身，以表示對對方的尊重。若與外國人交換名片，可以單手遞交。

接收名片

當對方非常有禮貌地用雙手遞名片給你時，你亦應用雙手很有禮貌地接名片，接到以後要仔細瀏覽一遍內容，並複誦對方的姓名、職稱等，再抬頭注視對方，以表達對這張名片的重視及對對方的尊重，切勿在拿到名片就收入口袋。如果想將對方的手機號碼，寫在名片上，應先禮貌性的詢問對方：「我可以將您的手機號碼寫在名片嗎？」

在接到對方的名片後，如果自己沒有名片或用完了，應向對方表達歉意，並表示會再補寄給對方，若是沒有名片，亦應如實說明。此外，收到他人名片後，切勿在手中擺弄，也不可隨意放置，應妥善收好。

八、送禮的禮儀

在商務往來中，送禮既然是一門藝術，也是一門學問，其自有約定俗成的規矩，對於要送給誰、送什麼、怎麼送都很有其考量的重點，俗話說：「禮輕情義重」，禮物送得巧，可以拉近雙方的關係，讓人印象深刻；相反地，送錯禮會讓收禮人感到尷尬與困惑。

在挑選與決定禮品的過程中，也應掌握以下送禮的原則：

1. **輕重得當**。若太廉價、隨意，會讓人覺得是瞧不起他；若過於貴重，在某些時候，會讓對方產生誤解，認為是在巴結或討好，例如：送給上級或同事。
2. **時機與次數適宜**。過於頻繁或無故送禮，會增加他人的負擔，建議在重要節日(如：中秋節)、壽誕或喜宴贈送，送禮者名正言順，收禮者也心安理得。
3. **投其所好**。不是挑選貴重的禮物就會打動對方，應觀察對方的喜好，或適度的打聽，再行挑選，不可一味的選擇自己喜好的禮物，此舉可能造成收禮者的困惑與困擾。
4. **了解風俗禁忌**。送禮前應了解受禮人的身份、愛好、民族習慣或宗教等，免得節外生枝。會讓人聯想到「分離」的物品，如：傘和扇、刀類、鞋子；讓人聯想到「死亡」的物品，例如：鐘、手巾、手帕。送日本人帶有「荷花」的圖畫，代表喪事，各國有不同的禁忌，在決定之前應多加了解。
5. **包禮金前停看聽**。以數字來看，喜事包雙數，喪事包單數，參加婚宴以二、六等吉利數字，不包四(同「死」)或八(同「別」)之意。禮金通常要先送，若錯過婚宴應改成禮物。若是回禮，須多於當初對方致贈的禮金。
6. **其他注意事項**。禮品在包裝前應撕去價格標籤。
   - 贈送食品應注意保存期限，不可將快到期貨過期的食物送給他人。
   - 以西洋禮俗而言，在接受禮品後須當面拆封，並讚賞致謝。
   - 除非本人親送，否則應在禮品上書寫贈送人的姓名。
   - 若無法親自前往送禮，須以郵寄或委託他人的方式寄送，應附禮卡或名片，並簡單說明送禮的緣由，讓收禮人知道送禮的對象為何。

九、差旅的禮儀

工作中，有時需要到外地與客戶見面、洽談、參訪或出席會議，從出發前的準備工作、出發時與他人相互照應，到返回工作崗位，皆有許多細節必須留意，後續針對差旅裡禮儀進行說明。

出差前的準備

- 應依規定請假，事先交待職務代理人需代為處理的工作事項。
- 做好行前規劃，包括出差目的、出差地點，安排交通、住宿等。
- 如赴國外出差，應先確認自己所持護照之效期是否超過六個月以上，並於出國前一個月辦妥相關簽證。
- 事先蒐集瞭解將前往國家的國情、特殊習俗及文化禁忌、當地氣候及交通、住宿等資訊。
- 將出差注意事項做成簡易的手冊，供同行人員隨時查看，包括：住宿旅館資訊、搭乘航班資訊、出差行程、注意事項等。
- 務必與欲拜訪的公司或對象做好事前聯絡工作。
- 出國前備妥小額外幣，用以支付小費，並辦理平安保險。

出差時應注意事項

- 陪同主管出差，應打點行程上的細節，包括：辦理旅館住宿手續、給小費等。
- 赴國外時應入境隨俗，避免因準備不足造成誤會。
- 與人會面應注重服裝儀容整潔，以示尊重，出發前應與欲拜訪的對象確認時間與地點等資訊。

搭乘飛機之禮儀

- 登機後依座位就座，如欲換位子，應等大家就定位後再換。
- 隨身登機之行李，以輕便為原則，勿將行李任意放置，影響他人。
- 尊重鄰座旅客，如閱讀報紙時，摺成小頁；不佔用座椅兩側扶手，以免影響鄰座旅客之使用空間。
- 旅客相互間可閒聊，但應注意如對方想要看書報或休息時，要適可而止。
- 機上飲酒要適量，餐具不可任意帶走。
- 盥洗室勿佔用太久，離去前應順手清理，保持清潔。

住宿旅館之禮儀

- 在旅館大廳、走廊等公共場所，要保持安靜，避免喧嘩。在走廊或電梯內所遇到的所有人，都應保持禮貌，微笑以對。
- 接受飯店裡各項服務時，應即時道謝。
- 應注意服裝整齊，避免穿著睡衣、脫鞋，在走廊上行走。

- 回到房間後，應隨手關門，並注意房內音量不宜過大；如與同事比鄰，應避免隔空交談。
- 國外住宿旅館，應按當地習慣給予小費。
- 房內仍應保持應有的整潔，旅館浴室內若無排水孔，沐浴時應將浴簾置於浴缸內，以免水流出浴缸外，造成地板濕滑髒亂。
- 旅館內大毛巾，如無需每日替換，可依指示置放，儘量自備牙刷、牙膏等盥洗用具。
- 房間內物品除了提供給個人之盥洗用品外，不可任意帶走，如不確定是否可拿，應詢問服務人員。

出差後應辦事項

- 返回工作崗位後，向於差旅中提供協助之人致意。
- 依規定報支差旅費，撰寫出國報告。

十、稱呼的禮儀

稱呼是一種稱謂，是對親屬、朋友、同事或其他人的稱呼，是人際交往時所採用的彼此之間的稱呼。在職場中，人們彼此之間的稱呼是有其特殊性，也是一種潛規則，運用得恰如其分，可以拉近上下級、同事之間的關係，運用得不恰當，會讓人留下不好的印象，並可能帶來不必要的煩惱，因此對於稱呼的禮節，應加以了解。

一般在職場及社交場合的稱呼可分為下列三大類，說明如下：

1. **對認識者的稱呼**。對男士一般通稱先生(Mr.)，已婚女士通稱夫人或太太(Mrs.)，未婚女士通稱小姐(Miss)，而不論結婚與否，女士均可稱 Ms.，稱呼時，再加上對方的姓氏，例如：Mr. Lin，或林先生。如果對方喜歡特定稱謂，應該尊重其喜好，如：某某夫人。
2. **對位高權重者的稱呼**。一般我們稱呼自己叫做自稱，若稱呼它人則用尊稱，如果對方享有某種應該享有尊稱的學位或身分，應使用其頭銜，以顯示對對方的尊重，如：董事長、總經理、醫生、律師、校長、教授等，稱呼的方式如：張董事長、林校長等。某些國家的政治人物或貴族，如：族長、王子、公爵、首相、大使、總統、參議員等都有其尊稱，且不同國家有不同稱謂，應先行確認。
3. **對不認識者的稱呼**。可以 Mr./Madam 稱呼對方，若面對正在執行公務的官員或警員，可以 Sir 稱呼以表示尊敬，但在一般商務場合，除非不知曉對方的姓名語職稱，但看似是十分重要的人士，否則不可貿然使用 Sir 稱呼。對一般年輕人可稱 Young man/woman，對小孩則可稱為 kid(s)。

常見錯誤的稱呼或應答方式

上述的稱呼方式，皆為對他人稱呼的禮節，若是自稱，應避免為自己冠上頭銜職稱或頭銜，例如有時在電話中對他人說：「我就是某公司的陳經理」，正確的方式是說出自己的全名，如：「我是某公司的陳 OO」；另一種情形是重複他人對自己的敬語，例如：對方詢問顧客的姓名時會說：「請問您貴姓大名？」，有時會聽到對方回覆：「我貴姓陳，大名是 OO」，應回答「敝姓陳，名字是 OO…」等，因此，應避免犯了上述錯誤，以免貽笑大方。

6-3 各國禮儀

有鑑於交通愈趨發達，國與國之間的往來更加便捷，所謂：「入境而問禁，入國而問俗，入門而問諱」，為了避免引起無謂的誤會與招致不必要的困擾，都應通曉國際禮儀，以展現我方應有的風範。

禮儀並沒有一定的標準，隨著不同情境與脈絡，而有不同的表現方式。知名的國際禮儀師曾提到：「禮儀的內涵，包含各國的文化與風俗民情，學習禮儀，就等於學學習一個國家的地區的歷史文化，深入當地生活文化的節奏。」本章節即由近而遠，陸續針對各國禮儀進行說明。

以下就各國禮儀進行說明。

日本

- 初次見面不直接稱呼對方名字，須稱呼姓氏或職稱以示尊重。
- 是非常注重禮儀的國家，鞠躬是日本人傳統的迎接儀式，以表現其對方尊重的表現，一般而言，位低及年輕者先向位高及長者鞠躬，後者再予回敬鞠躬。
- 與日本人會面，要注意衣著打扮，不可隨便；參加婚宴不穿白色的衣服，因為白色是新娘的顏色；可以穿黑色衣服，但不可全身黑，需要搭配顏色鮮豔的披肩或包包等。
- 在公共場合大笑、打哈欠或大聲擤鼻涕是十分不禮貌的行為。
- 習慣送禮，所以不可推辭其贈送之禮品，此外，其對禮品包裝十分講究，代表對對方的尊重與重視，收禮時，不會當眾拆開禮物。
- 拜訪他人，過去多為送酒和魚乾之類的禮物，現今的一些土特產和工藝品亦受歡迎，另外，拜訪他人時一般要避開清晨、深夜及用餐時間。拜訪前要預先約定，突然訪問是失禮的行為。
- 到日本家庭做客時，主人會取水給你洗手，進入室內須將鞋子脫下來，鞋尖朝門口方向往放好。等主人招呼之後才可坐到客座或坐墊上，若未見主人應先退於坐墊後等待。離開時不可將坐墊倒翻過去或用腳踏他人的坐墊。若主人有拿拖鞋給你穿，離開時記得將拖鞋擺放整齊。

- 喝酒是日本人不可或缺的一部分，飲酒時，同桌吃飯會互相替對方斟酒，斟酒時要右手拿著酒壺，左手從下面托著壺底，但千萬不可碰著酒杯；當對方為你斟酒時，要右手拿著酒杯，左手托著杯底接受對方斟酒。
- 日本人說「是」並非代表我同意，而是表示「是，我知道了」，日本人會避免說「不是」。
- 與其交談，應避免談論二次大戰等相關議題。
- 日本人忌諱「4」和「9」，因和「死」及「苦」的發音相同，另亦不送山茶花、百合花、蓮花(喪事聯想)，梳子等相關物品，應特別注意。

韓國

- 見面打招呼時，男士會互相鞠躬及握手，女士與人見面通常不與他人握手，只行鞠躬禮。
- 用餐禮儀十分講究，以長者為尊，長輩先動筷，晚輩才能用。要特別注意的是，韓國人以湯匙舀飯，筷子只能用來夾菜，用餐期間甚少會把飯碗端起，用筷子以口就食，在韓國被視為是非常失禮的用餐行為。
- 喝酒時，若跟長輩喝酒，要用雙手拿起酒杯，並側過身喝，不可正對著長輩喝。當長輩替晚輩斟酒時，要用雙手拿起酒杯接，當長輩倒完放下酒瓶時，換晚輩以雙手拿起酒杯幫長輩到酒。韓國人用餐喝酒，看到對方酒杯空了，必須主動為對方斟酒，切忌自斟自酌。
- 名族意識高，不可批評他們的國家或水準。韓國人不喜歡旁人稱他們的國家為朝鮮，會勾起他們被日本人統治的記憶。
- 在韓國旅遊對於導遊所叮囑的警語要重視，以免觸犯法規，很多地方禁止拍照攝影，如總統府青瓦台、天馬家等地，若被便衣警察發現，會讓你銷毀底片並扣導遊證件。
- 在韓國不得亂丟垃圾、吐痰、任意穿越馬路，違規者會被罰款。

泰國

- 見面時不握手打招呼，而是以雙手合十與點頭為招呼禮，把雙手提到胸前，雙掌合併但不貼合，說聲「沙娃滴卡」，雙手高度愈高代表愈有禮貌；較少行握手禮。
- 其以名字做為稱謂，名字後加上「先生」或「小姐」，泰國通常稱呼人名時，無論男女均會在名字前加一個「坤」(KHUN)字，表示「先生」、「夫人」、「小姐」之意。職場中，員工間也多會以親切的以兄姊或弟妹相稱。

- 認為頭是身體最重要的部分，因此要避免觸碰別人的頭部，若要傳遞物品亦不可從別人的頭上越過。而腳底板被認為是不潔的，所以走路時不可踩到他人，或用腳底對著別人、用腳踢東西給別人。
- 泰國的寺廟為公認的神聖場合，凡進入寺廟的人，衣著必須端莊整潔，不可穿迷你裙、短褲、袒胸背裝或其他不適宜的衣服。在佛寺範圍內，可以穿鞋，但進入佛殿、回教寺甚或私人住宅時，必須先脫下鞋子，並注意不可腳踏門檻。
- 泰國僧侶葷素不忌，但規定僧侶不得和女士接觸，女性訪客若有物品供俸，須交由男士轉呈，另不要爬到佛像上照相，或是做出任何不敬的動作。每尊佛像不論大或小、毀損與否，都被視為是神聖的物體。
- 泰國人認為右手高貴，因此，將東西遞給別人時都要以右手，以示敬意，在比較正式的場合還要雙手奉上，若單用左手則會被認為故意鄙視他人；切記不要用左手拿錢或拿任何東西，因為泰國人覺得左手是清潔私處用的。

新加坡

- 新加坡是一個多元的國際化都市，在社交場事與客人相見時，一般行握手禮，若東方人相見時，也有行鞠躬禮。
- 新加坡人時間觀念強，約會要事先預約，並準時赴約。
- 與人交談，要迴避與個人性格、政治、種族摩擦和宗教信仰有關的話題，也不談配偶的情況。
- 習慣利用午餐或晚餐時間接待客人，登門拜訪可攜帶鮮花及巧克力做為禮物。
- 新加坡非常注重公共衛生與秩序，採取重罰政策，如：公共場合不得亂丟垃圾、不可吸菸、不可嚼食口香糖、不可隨地吐痰、不可破壞公物等。
- 在商業上反對使用如來佛的型態和側面像。在標誌上，禁止使用宗教詞句和象徵性標誌。喜歡紅雙喜、大象、蝙蝠的圖案。

馬來西亞

- 不同民族的人採用不同的見面禮節。比較常向對方輕輕點頭，以示尊重。除男人之間的交往以外，馬來人很少相互握手。傳統的馬來西亞見面禮，會用雙手握住對方的雙手互相摩擦，然後將右手往心窩輕碰一下，表示發自內心的問候。
- 馬來西亞人還保存用右手抓飯吃的習慣，左手則是清潔私處用，所以不能用左手觸摸她人或傳遞物品。
- 馬來西亞的穆斯林是不飲酒、不吃豬肉、不吃自死之物和動物血液，及未按教規宰殺之物。

- 到馬來西亞人家做客，應準時赴約。須待主人示意後再開始進食。在馬來餐廳吃飯時，若餐桌上旁有擺一個大水壺，裡面的水是洗手用的，不要拿來飲用。
- 公廁都牆面下的水龍頭，是如廁後要用於清洗潔身用的。
- 進入回廟、印度廟要脫鞋，應將脫下來的鞋子排列整齊，不可穿無袖或暴露的衣服入內。進入前要洗手以示淨身；星期五女生不得進入回廟。
- 在馬來西亞，於公開場合所切忌與異性過於親密接觸，是不受歡迎的行為。在和馬來人交談時，不要把雙手貼臀部上，因為這種姿勢表示發怒。
- 不可觸摸其頭部與背部，不可在其面前蹺腿、露出腳底，或用腳去挪動物品，因為他們認為腳的地位最為低下。

菲律賓

- 一般都行握手禮，男性之間有時會拍肩膀，菲律賓人在打招呼時，會習慣抬起眉頭，以示問候對方，有時表示「我明白你的意思」。
- 尊重長輩，當晚輩見到長輩時，除了恭敬的向長輩鞠躬外，有的還會上前親吻對方的手背，以示敬意。
- 對專業人士十分敬重，遇教授、博士、律師、醫生、法官之類學銜或專業職稱的人時，可直接以其職稱稱呼，會令對方感到愉悅。
- 不送手帕，代表會讓收到禮物的人哭泣，不送酒、玩具豬或玩具狗等禮物。

印度

- 印度人在打招呼時，會將雙手合十，置於胸前；現今多是行握手禮，男人不和婦女握手，多雙手合十，輕輕鞠躬。
- 做客時，可準備糖果、水果做為禮物，一般印度婦女不與賓客聊天及一同吃飯。
- 視牛如神，因不吃牛肉，不送牛製品，進入印度教的寺廟時，身上不可穿戴牛皮類製品，如皮鞋、皮帶、皮包、皮錶帶等，都會被視為犯戒。
- 僅使用右手傳遞食物。
- 在印度不可隨意觸碰小孩的頭，勿談與貧窮、龐大軍費及外援話題。
- 用搖頭或將頭向左偏一點表示同意或贊同。

伊斯蘭教國家

- 中東諸多國家信奉伊斯蘭教，其生活規範都需尊崇伊斯蘭教義，其不相互鞠躬，而行握手禮，雙手握手表示親切或尊敬，對異性不可握手，口頭致意即可。

- 因為信仰文化的關係，不吃豬肉，亦不可將豬肉及其製品送給回教友人，大部份禁酒，不可拿酒當禮物。
- 穆斯林在服飾方面講究自然、潔淨及美觀，男士禁止穿戴高貴的服飾，也不能配帶黃金飾物；女士需戴頭蓋，不可顯露美姿和妝飾。
- 伊斯蘭教十分注重衛生，認為清潔是信仰的一部分，因此禁止在公共場所便溺。認為左手是污穢的，所以傳遞東西時只能用右手。
- 穆斯林平時上班時間為星期日到星期四，星期五、六為周休日。
- 穆斯林每天須朝向麥加的卡巴聖堂膜拜五次，當他人在禱告時，禁止經過禱告者面前或拍照，會令禱告無效。為表尊重，進了回教清真寺一定要赤腳，非教徒入寺要先得到寺方的許可。
- 在齋戒月，從日出到日落禁止飲食。
- 因政治態度跟立場較複雜，應避免談論；亦不可以對其宗教有不敬的辯論或懷疑。

法國

- 在法國一般行握手禮及親吻禮。親吻禮一般在女士之間和男女之間，互相親吻對方左右臉頰兩下；男性友人之間有時也會用互相擁抱並拍背的方式問好。
- 初次見面一般不互送禮物，若收到禮物也不當面打開，另應避免送刀、劍、刀叉、餐具等。
- 登門做客，可先請花店送花至主人家中，法國人重視儀表，外出時特別注重儀容整潔及服裝穿搭。
- 法國人個性浪漫優雅，喜好品酒與美食，通常午餐較隨意，晚餐較正式。
- 約會必須事先約定，並且準時赴約。
- 法國付小費的項目很多，一般均付賬面費用的 15%。
- 推崇「女士優先」，無論是敬酒、進屋、入座、走路等，都要禮讓女士。
- 交談時要回避個人問題、政治和金錢之類的話題。
- 忌數字 13 及星期五，菊花、牡丹、玫瑰、杜鵑、水仙、金盞花和紙花，一般不宜隨意送給法國人。

英國

- 第一初次見面，一般行握手禮；除了親友和熟人外，遇見他人均在對方姓名前冠以職稱、頭銜或先生、夫人、小姐等稱呼。

- 講求正式禮儀，重視頭銜地位，守時，重視隱私，尊重女士，若要請英國人吃飯，應提前邀約。
- 到英國人家中做客，可贈送鮮花和巧克力。若被邀請到別人家做客，避免早到，以免還沒準備好客人就先來，會令主人非常尷尬，可準時或遲到 10 分鐘；應於用餐完 1 小時左右離開以免待太晚顯得失禮。
- 重視社會秩序與公共衛生，只要有兩個人以上，就要排隊，並以同樣的標準看待及要求他人。
- 英國男士於冬天常戴帽子，與女士共處一室會自動摘下帽子或拿起帽子點頭示意再戴上。
- 奉行「女士優先」，當男女一起進門時，男士要為女士開門；過馬路時，男士要走在靠近來車方向的一側。
- 寒暄時可談職業與英國人最喜愛的足球，避免談論宗教、種族、薪資或政治等敏感話題。
- 對數字 3 及 13 感到忌諱，避免使用大象、孔雀作服飾圖案和商品包裝、認為黑貓是不吉祥的動物、不可贈送百合花，其象徵「死亡」。

德國

- 一般行握手禮，與親友相見時，則行擁抱禮，一般對女士的寒暄方式為吻手背，一般使用「先生」及「女士」稱呼他人。
- 登門做客，可帶單數的鮮花、巧克力或具有特殊意義的物品，作為伴手禮，勿使用黑色、白色的包裝紙和彩帶來包裝禮物。
- 喜好啤酒、葡萄酒，但很節制；多數人不愛吃魚，僅北部沿海的少數人會吃魚；吃魚用的餐具要與其他餐具分開。
- 十分重視時間觀念，習慣提前出門赴約，但也不會早到。
- 對工作一絲不苟，在社交場合舉止莊重，講究風度，生活上嚴格遵守交通規則，不隨便停車，闖紅燈。
- 與對方交談時不可將手插在口袋內，會被視為極不禮貌的行為。
- 避免談論二次世界大戰及希特勒的相關話題，此話題會令德國人尷尬及不舒服。
- 忌數字 13 及星期五，不可隨意送香水和化妝品給女士，亦不可送刀、劍、刀叉、餐具之類的物品。

義大利

- 見面會邊握手邊鞠躬，與好友相見時，會擁抱及輕拍對方背部以表示開心熱忱。
- 會以貌取人，穿著得光鮮亮麗，會得到較好的服務。
- 到訪時可攜帶鮮花、葡萄酒或巧克力作為伴手禮。
- 生活步調悠然自得，活潑熱情，所以在義大利不要太急躁，否則會顯得失禮。
- 義大利人熱情、開朗、健談，談話富於表情和手勢，喜歡綠、藍、黃三種顏色。
- 盛產葡萄酒，是餐桌上常見的飲料，但鮮少酗酒。
- 義大利人時間觀念不強，認為遲到是種風度的表現。
- 可與對方談論運動、旅遊和歷史，避免黑手黨、政治、宗教是不受歡迎的話題。
- 忌數字 13 及星期五、不可送菊花、紅玫瑰，用餐時忌催促上菜。

美國

- 初次見面以點頭微笑打招呼，較少行握手禮；不可向女士、長輩、上級或宴會主人主動伸手握手。
- 通常直接稱呼名字，正式頭銜多用於專業人士，如：醫生、法官、教授、宗教界領袖等。
- 不隨便送禮，除非是特殊節日或事件；美國人收到禮物時，會當面打開予以讚美及品嘗，並立即道謝。
- 向來重視計畫安排，若欲拜訪須預先預約。赴約要守時，不可早到。
- 登門做客，最好準備小禮物。在美國人家中做客時，應不忘讚美女主人的廚藝。上菜之後，客人要待女主人動手吃後才開始吃。飯後，也應由女主人離席，才可離席。當女主人為你夾菜時，不可客氣推讓。
- 在美國人家中做客時，不宜打擾太長時間，以免耽誤主人安排其他活動。告辭時，不能立即離開，應稍留片刻，並表達感謝招待後再離去。
- 忌數字 3、13 及星期五、不可送有公司商標的禮物，忌諱蝙蝠圖案。

加拿大

- 在社交場合一般行握手禮，和熟人、親友和情人之間會親吻和擁抱；可直呼其名，甚至可以省去「先生」、「太太」之類的稱呼。
- 重視時間觀念，見面須事前預約，重視秩序，習慣排隊。
- 登門做客可準備鮮花、巧克力或一瓶餐酒。

- 不喜歡和美國人比較、相提並論。
- 忌數字 13 及星期五和白色的百合花。

澳大利亞

- 見面時會熱情地握手，直呼其名，除非是初次見面且對方有社會地位頭銜，例如：博士，才會加上其頭銜一同稱呼；親友之間或女友之間相會親吻或貼面禮。
- 登門做客時，可送鮮花給女主人，送酒給男主人，甜點、糖果、畫冊、小工藝品等均可作為禮品。
- 交談時可談體育、旅遊、文化等話題，避免談及年齡、收入、婚姻、職業、宗教等個人問題。
- 很講究禮貌和守秩序，在公共場合不會大聲喧嘩，在銀行、郵局、車站等公共場所都耐心排隊。
- 不可對女士眨眼示意或豎起大拇指，會被認為是粗魯和不得體的。

紐西蘭

- 紐西蘭人性格比較拘謹，在社交場合，一般以握手禮為問候方式，與女士見面時，應等其先伸出手才能握手問好。鞠躬和昂首也是他們的通用禮節。
- 初次見面，身份相同的人互相稱呼姓氏，並加上「先生」、「夫人」、「小姐」等，熟識之後，互相直呼其名。
- 傳統的毛利人致意的方式是相互摩探鼻子，雙方用鼻尖觸碰兩三次，然後再分手離去，碰鼻的時間愈長，表示愈受到禮遇。若要拍照，一定要事先徵求毛利人的同意，以免造成反感。
- 紐西蘭人時間觀念強，約會前需先商定，赴約時務必準時到達，不可遲到。
- 在交談的過程中，以氣候、體育運動、國內外政治、旅遊等為話題，避免談及個人私事、宗教、種族等問題。
- 紐西蘭人追求平等，不喜歡將人劃分階級。
- 登門做客可送給男主人一盒巧克力或一瓶威士忌，送給女主人一束鮮花。禮物不可過多，不可昂貴。
- 當眾嚼口香糖或用牙籤被認為是不文明的行為。

南非共和國

- 南非共和國簡稱南非；社交禮儀受到種族、宗教的制約，黑人與白人之間的社交禮儀有所不同，早期白人掌權，故多以英國式為社交禮儀。

- 在社交場合中，南非人一般以握手為招呼方式。
- 南非人給小費十分普及，通常都是事後給付，生活禮儀的一部分。
- 交談時不宜涉及四中話題：不為白人評功擺好、不評論各黑人部族或派別間的關係及矛盾、不議論黑人的古老習慣、不為對方生了男孩表示祝賀。
- 南非都市居民的穿著打扮已經西化，正式場合穿著色彩偏深、較保守樣式的服裝。南非的黑人通常保留穿著本民族服裝的習慣，不同部族有不同風格。
- 南非黑人會以鴕鳥毛或孔雀毛贈與貴賓，客人應將羽毛插在頭髮或帽子上，以表謝意。
- 信仰基督教的南非人，忌諱數字 13 和星期五。

重點回顧

1. 禮儀，包含禮節、儀式、程序及禮貌，是在人際交往時透過特定及約定俗成的方式來表現的律己與敬人的過程。禮儀的形成與當地的習俗文化、典章制度息息相關，不同國家、地區對於禮儀的表現方式或有不同，但禮儀的基本精神卻是相同的，其重點在於從內心深處尊重對方的需要與感受的關懷。
2. 餐桌禮儀。在客人尚未到達餐廳前，應在接待區等候客人，待客人抵達即可前往用餐席。入座時椅子應輕聲拖拉，切勿發出不悅耳的聲音，女士所攜帶的皮包可放於背部與椅背之間。若需暫時離席，放置在自己的椅子上。
3. 中餐禮儀每道菜上桌，應由主賓先行取菜，餐桌若為有旋轉的宴會桌，轉盤需以順時鐘方向轉動，與人夾同一道菜時，若菜餚離對方較近，應先禮讓對方夾菜，不可站起來伸長手臂夾菜。
4. 西餐刀叉要向著餐盤，從離自己餐盤最遠的刀、叉或匙開始用，按每道菜的順序使用餐具。
5. 穿著禮儀 TOP 原則，分別代表時間(Time)、場合(Occasion)和地點(Place)。男士於正式場合的衣著：西裝褲不宜搭配白襪，必須搭配深色長襪。皮帶顏色以深色為主，通常比褲子略深為佳。皮鞋式樣要能配合服裝不能過於花俏，鞋子也應擦拭乾淨。
6. 女性於正式場合穿戴配件，身上所有的配件最好不超過 7 件，首飾不要超過 3 套，且應避免會發出聲響的飾品。

7. 「儀容」指的是儀表容貌，包含：髮型、臉部的整潔、化妝美容。「儀態」則包含肢體語言，如：手勢、體態與姿勢、握手的姿勢、與人目光接觸的方式、個人空間和表情神態等。儀容保持整潔，注重個人衛生，儀態落落大方，不矯情做作。

8. 搭乘電梯時，以禮讓位高者、女士或老弱者先進入電梯或走出電梯，並代為按住電梯。如有引導人員，原則由引導人員先進電梯按住樓層，由職位高者先進、先出。如無，則由職位較低者代為服務。

9. 乘吉普車，不論是由主人或司機駕駛，前座右側均為最首位。

10. 主人親自駕車時，副駕駛的位置為尊位。

11. 辦公室基本禮儀：職場穿著應合宜、進退有禮，重視出勤表現、謹言慎行，處事恭謙有禮、與人打招呼是基本禮貌、善用公司資源、愛護公用設備、進出他人辦公區要注意。

12. 電話禮儀：鈴響時間勿太長、表明身分、速度及語調應適中、態度溫和友善、使用禮貌用語、說話有條理、適度回應對方、接聽電話不吃東西、訊息代接(轉接)與回覆、避免干擾他人、通話結束輕聲放置話筒、於適當場所使用行動電話。

13. 使用電子郵件時，若是回覆他人信件，則儘量用「回覆」功能回信，讓前封來信一目了然，較能掌握討論的主題。

14. 寫給平輩使用「臺啟」，平輩的問候語「大安」。

15. 交換名片時，自己的名片須與他人的名片分開放置，避免在他人面前翻找自己的名片。

16. 韓國禮儀，與長輩一同吃飯，必須等到男性長輩或父母動筷後才可開動。

    泰國人共處時，應以右手收取物品。

    日本人忌諱數字「4」和「9」。

    義大利人時間觀念不強，認為遲到是種風度的表現。

    到英國人家做客，應準時或提早 10 分鐘為佳，切勿太早到達。

    進入泰國的寺廟，不可穿迷你裙或短褲，進入佛殿必須脫鞋。

    在法國，一般是進行握手禮及親吻禮。

模擬測驗

(　) 1. 用西餐時，若要暫時離席，餐刀、餐叉應如何放置？
A.分別斜靠於盤緣的左右兩側，呈八字形
B.擺放於麵包盤上
C.以平行或交叉方式橫擺於盤中
D.放在盤子右側，垂直放好

(　) 2. 有轉盤的中餐餐桌，應如何取用較遠的菜餚？
A.順時針轉動轉盤
B.逆時針轉動轉盤
C.依個人習慣旋轉轉盤
D.站起來取用菜餚

(　) 3. 有關中餐餐具的描述，何者錯誤？
A.其餐具配置較西餐簡單
B.筷子通常放在餐巾上，不直接接觸桌面
C.味碟用來放置調味醬
D.有時同時備有餐巾及毛巾

(　) 4. 西餐主菜用畢時，刀叉應如何擺放？
A.將刀叉橫放於盤子上，與桌緣約成 30 度角，握把向右，叉齒向上，刀口向自己
B.刀叉擺放在盤上，略呈中文的八字形
C.分別置於餐盤外側的左右兩邊
D.應橫於餐盤最上方

(　) 5. 依西餐禮儀，用餐完畢準備離席時，餐巾應放置於何處？
A.可略做整理，放在桌上
B.應放在椅背上
C.應摺好掛在手把上
D.大家集中收好，交給服務人員

(　　) 6.　正式西餐座位安排原則，下列敘述何者錯誤？
A.一般長桌或圓桌，男女主人會分開而坐
B.原則上男主人之右為首席，女主人之左為次席
C.原則上男女次賓坐在男女主賓的左手邊
D.越靠近主人的賓客其地位越尊貴

(　　) 7.　下列何者非穿衣的 TOP 原則？
A.時間　B.場合　C.地點　D.個人喜好

(　　) 8.　關於儀容與儀態的敘述，何者錯誤？
A.「儀容」指的是我們的肢體語言，例如：手勢、體態與姿勢等
B.女士頭髮過肩可紮起或盤起，比較有精神
C.指甲反應個人的健康與衛生，應經常修剪
D.耳後、頸部、胸前都是適合塗抹香水的部位

(　　) 9.　下列何者為行走樓梯的注意事項？
A.上樓梯時，長輩在前、晚輩在後　B.上樓梯時，男士在前、女士在後
C.距離賓客約四～五個臺階為宜　D.下樓梯時，男士在前、女士在後

(　　) 10.　關於乘車禮儀，下列敘述何者正確？
A.由主人駕駛之小汽車，以前座右側為尊
B.由司機駕駛之小汽車，男女同乘時，男士先上車，女士坐右座
C.不論由主人或司機開車，依國際慣例，女賓應坐前座
D.由一主人駕車迎送一賓客，賓客應坐其正後座

(　　) 11.　主人親自駕車時，哪個座位為尊位？
A.副駕駛的位置　B.駕駛右後方
C.後排中間的位置　D.駕駛正後方

(　　) 12.　有關上班出勤表現，怎麼做比較恰當？
A.帶著買好的早餐進辦公室享用，可以增進和同事的感情
B.依照公司規定填寫假單，並在休假前一天在向主管報備
C.直接將假單放在主管桌上
D.盡量使用通訊軟體向主管請假

(　) 13. 以下哪種行為，是浪費公司資源的行為？

A.不必隨手關閉冷氣和電燈，方便下一個人使用

B.不可用公司電話聯絡私人的事情

C.拿過期的報紙墊東西，以免弄髒桌子

D.不將公司的文具私自帶離辦公室

(　) 14. 幫人代轉或代接電話，應注意：

A.在轉接前應先告知來電者將轉接的分機號碼，以便下次有需要時可直接撥打

B.轉接成功後，直接將自己的電話掛斷，節省對方的時間

C.如電話轉接後，若無人接聽電話，應直接將電話掛斷

D.對方應該會再撥過來，不必詢問對方是否要留言

(　) 15. 下列各項電話禮儀，何者錯誤？

A.鈴響時間勿太長，最好在三次鈴響內接起來

B.接起電話後，應先打招呼，再報上自己的姓名

C.應多注意禮節，使用「您好」、「請」、「謝謝」及「不必客氣」等禮貌用語

D.對方說錯時，應及時予以糾正，如：「你錯了，應該是…」

(　) 16. 使用電子郵件時，應避免何種錯誤？

A.主旨應簡明扼要，切合信件主題

B.信件內容應以正式的語氣及形式呈

C.為尊重對方，避免「回覆」功能回信

D.電子郵件在傳送前應檢查有無錯字或不妥之處，以示慎重

(　) 17. 在商務的場合，關於介紹的順序，何者正確？

A.先將官方人士介紹給非官方人士　B.先將資深者介紹給資淺者

C.先將賓客介紹給主人　D.先將長輩介紹給晚輩

(　) 18. 有關介紹的時機，何者正確？

A.對方正在談話時，應把握機會進行介紹

B.介紹朋友不是壞事，不須事先徵詢當事人

C.對方若將離去，不宜再進行介紹的動作

D.看到客人落單，應趕快想辦法幫他介紹給別人

(　) 19. 以下何者不符合介紹的原則？

A.被介紹者應主動握手

B.客人盡量站在主人的左手邊

C.不應很詳細介紹一方，卻粗略的介紹另一方

D.在被他人介紹時，應面帶微笑、起立，重複自己的名字

(　) 20. 有關住宿旅館的禮儀，何者錯誤？

A.只要服裝整潔，穿著睡衣或脫鞋在走廊上行走並無傷大雅

B.儘量自備牙刷、牙膏等盥洗用具

C.在房內談笑應注意音量，以免影響到他人

D.若有小費文化，應入境隨俗

(　) 21. 出差前有許多準備工作，那一項不宜花費太多時間準備？

A.依規定請公假

B.於出發前確認交通及食宿是否安排妥當

C.若要出國，應事先檢查護照與簽證是否在效期之內

D.與當地友人聯繫，趁空檔一起聚餐，聯絡感情

(　) 22. 下列有關稱呼的禮儀，何者錯誤？

A.對人介紹自己時，應冠上自己的頭銜職稱或頭銜

B.對不認識的年輕人可稱呼 Young man 或 Young woman

C.對男士一般通稱先生

D.對方喜歡特定稱謂，應該尊重其喜好

(　) 23. 使用行動電話時何種行為應該避免？

A.出席特定場合，應將電話調到靜音，或依規定關機

B.在訊號較弱的地方應大聲交談，以免對方聽不清楚

C.開車時不使用行動電話

D.若是訊號不清楚，應輕聲、快速的告知對方稍後再回電

(　) 24. 每個國家對於時間的看法不太一樣，下列哪個國家認為遲到是風度的展現？

A.英國　　B.德國　　C.義大利　　D.日本

( ) 25. 下列何者並非日本人的禮儀？

A.對禮品包裝十分講究，代表隊對方的尊重與敬意

B.若沒有事先預約，應避免清晨、深夜及用餐時間去拜訪

C.數字 13 表示不吉利，應該避免

D.吃麵時，應發出「嘛嘛」的聲音，表示非常好吃

( ) 26. 中餐桌次安排原則何者正確？【複選題】

A.裡大外小

B.裡小外大

C.若同一牌桌次的數量為偶數，則右邊為主桌

D.若同一牌桌次的數量為奇數，則右邊為主桌

( ) 27. 撥打電話給對方時，可做哪些準備或應對的工作？【複選題】

A.若是有重要的議題要討論，應將重點註記下來。

B.記錄對方提出的問題，同時進行歸納與確認

C.對於自己無法在當場回答的問題，應向對方說明，並告知何時給予答覆

D.對於不確定的事情，不必急著問，多打幾次電話詢問對方即可

( ) 28. 下列哪些是面試的注意事項？【複選題】

A.不需事先研究面試公司的資訊，去了以後對方自然會介紹

B.應準時赴約

C.為讓對方更了解自己，應多花一點時間介紹自己的家人

D.應將個人的儀表打理整齊、清潔

( ) 29. 下列各國禮儀，何者錯誤？【複選題】

A.與澳洲人打招呼，應互相敬禮

B.美國人通常直接稱呼對方名字，正式頭銜一般用於專業人士，如醫生、教授等

C.與英國人第一次見面，應行親吻禮

D.送法國女性化妝品，是對該女性的尊重

(　) 30. 與他人交換名片時，應避免哪些舉動？【複選題】

A.名片用完了，應向對方表達歉意

B.收到他人名片後，在手中擺弄

C.自己的名片須與他人的名片分開放置，避免在他人面前翻找自己的名片

D.當對方不止一人時，應先將名片遞給職務較低者

(　) 31. 有關用餐時的禮儀，何者正確？【複選題】

A.女士用餐前以餐巾將口紅抹去才有禮貌

B.欲取用遠處的調味品時可鄰座客人幫忙傳遞

C.不宜餐桌上化妝、補妝

D.食物份量再多都應該吃完，表示對主人的尊重

(　) 32. 關於名片遞送，下列敘述何者合乎禮儀？【複選題】

A.女士先遞給男士

B.職位較低及來訪者先遞給職務較高者

C.接收者應即時細看名片內容，不應立刻收起來

D.正面文字朝向對方

題目	1	2	3	4	5	6	7	8	9	10
答案	A	A	B	A	A	B	D	A	D	A
題目	11	12	13	14	15	16	17	18	19	20
答案	A	B	A	A	D	C	C	C	C	A
題目	21	22	23	24	25	26	27	28	29	30
答案	D	A	B	C	C	AC	ABC	BD	ACD	BD
題目	31	32								
答案	BC	BCD								

CHAPTER

商業文書 7

隨著科技日益發達，現代人的生活幾乎脫離不了電腦，每天利用電腦處理公務，包括寫信與人溝通聯繫、運用各種文書處理軟體撰寫報告、分析統計報表、做商業簡報等。有調查顯示，國內企業主普遍認為 office 電腦軟體為求職者應具備的基本技能，此結果說明文書能力已成為企業主徵才的指標參考。

此外，無論是在公務部門任職或在私人企業上班，書信往來幾乎成為每天必做的工作之一，一旦與公務機關往來，最常收的就是以公文形式撰寫的書函，公文是公務機關處理公務的工具，不像一般書信或文章，其一定要注意程序與格式，本章即就公文類別及其寫作注意事項與 office 軟體進行介紹與說明。

7-1 公文類別

「公文」指的是「處理公務的文書」，以就是因公務而往來或溝通所使用之意思表示或記錄事實之一切資料皆包括在內，無論其為「公務員或非公務員身分」，只要是處理公務事務所為之文書皆可稱之。

「公文」是隨著政府機構及社會團體乃至人民各種活動而存在，也是政府機關相互之間、政府機關與社會團體之間、政府機關與人民之間，甚至是整個社會團體與個體之間，因推行公務、相互溝通意見的重要工具。

公文是處理公務的文書，有其一定的製作，收發程序，固定的格式，並且發文者與受文者當中，起碼有一方是機關。

公文的類別可依其功能或性能而分，以下陸續介紹。

一、依法律規定而分

1. 依「公文程式條例」分為令、呈、咨、函、公告及其他公文。

   相關內容於「公文六大範疇」中說明。

2. 依特種法律(令)而分：

(1) 行政救濟文書：請願文書(請願法)、訴願文書(訴願法) 行政機關之訴願決定書。

(2) 司法文書：民事訴訟法、刑事訴訟法、行政訴訟法檢察機關之起訴書。

(3) 爭議處理文書：仲裁書(仲裁法)、調解書(調解條例) 爭訟處理文書如仲裁書。

(4) 外交文書、法制文書(法制作業)、會議文書(議事規範)：外交機關之對外文書、僑務機關與海外僑胞、僑團間往來之文書、軍事機關部隊有關作戰及情報所需之特定文書或其他適用特定業務性質之文書等。

二、依行文系統而分

有上級機關、同級機關、下級機關及不相隸屬機關等四種，故有上行文、平行文、下行文之分。但有學者認為如屬不相隸屬的不同級機關間行文，亦可稱為「斜行文」。

1. 上行文

指有隸屬關係之下級機關對其上級機關所使用之公文書，如對直屬上級機關使用「函」；行政院、司法院、考試院及其所屬機關對總統使用「呈」。

2. 下行文

指有隸屬關係之上級機關對其下級機關所使用之公文書，如公布法律、發布命令、人事任免、獎懲之「令」；上級機關對下級機關使用之「函」屬之。

3. 平行文

(1) 指無隸屬關係之同級機關及不相隸屬機關相互往來之公文書，如總統和立法院相互使用「咨」。

(2) 同級機關相互往來使用「函」及「書函」。

(3) 機關給人民、社團、民間機構、團體之「函」、「書函」；及人民、社團、民間、機構團體對政府之「申請函」。

(4) 無隸屬關係之不同級機關往來之公文書，不問其層級如何，其相互行文所使用之「函」、「書函」均屬之。例如臺北市政府與立法院相互往來之公文。

三、依發文動機而分

1. 主動公文

指機關或團體基於本身權責，主動對他機關或團體發出之公文，又稱為「創文(稿)」。

2. 被動公文

指機關或團體接到其他機關或團體來文後，採取對策而被動回應之公文，又稱為「復文」或「轉文」。

四、依公文處理時限而分

1. 最速件公文。指特別緊急，限 1 日內辦畢之公文。指特別緊急，限 1 日(或半日)內辦畢之公文，使用紅色卷宗傳遞。
2. 速件公文。指須從速處理，限 3 日內辦畢之公文，使用藍色卷宗傳遞。
3. 普通件公文。指須從速處理，限 6 日內辦畢之公文，使用白色卷宗傳遞。
4. 限期公文。指來文主旨段內或依其他規定，而訂有期限之公文。
5. 案管制公文。指涉及政策、法令或需多方會辦、分辦，且需 30 日以上，6 個月以下方可辦結之複雜案件，經申請為專案予以管制之公文。

五、依意思表示之內外性而分

1. 對外之意思表示之公文。以發文機關名義行文至其他機關或團體之公文，可分為：令、呈、咨、函、公告；其他公文如書函、開會通知單、會勘通知單、公務電話紀錄、或其他定型化之文書。
2. 對內之意思表示之公文。即機關內部使用之文書，有簽、報告、便 簽、手令、手諭等。

六、依公文屬性及適用範圍而分

1. 稿本。即草本、草稿或草底。
2. 正本。指收受文件之主體機關、團體或個人。
3. 副本。公文之同一內容，照抄並送給與本案有間接性相關，或者必須瞭解本案情況之機關或人民。
4. 抄本。公文正本發給受文者，其他相關機關或承辦單位如擬作為參考或留作查考時，可加發抄本，由於抄本不需用印處理，較為便捷，文書處理手冊特別規定，機關內部最好加發抄本，可節省用印手續。
5. 影本。如需留作查考時，可將正、副本影印，以資便捷。
6. 譯本。外文之文件或報告、古代文件(如文言文)，內容不易為一般人瞭解，得以本國現代通用文字予以翻譯，供作參閱之文件謂之，譯本不加蓋印信或章戳。

七、依公文電子交換機制而分

1. 電子公文。經由電子交換予以傳遞之公文。
2. 紙本公文。使用 A4 紙張予以列印方式處理之公文。

八、依電子交換公文而分

1. 第一類電子公文。屬經由第三者(公文電子交換服務中心)集中處理，具有電子認證、收方自動回復、加密(電子數位信封)等功能，並提供交換紀錄儲存、正副本分送及怠慢處理等加值服務者。
2. 第二類電子公文。屬點對點直接電子交換，並具有電子認證、收方自動回復、加密(電子數位信封)等功能者。
3. 第三類電子公文。屬發文方登載於電子公布欄，並得輔以電子郵遞告之，不另行文者。各機關得視安全控管之需要自行選用。

九、依文書機密等級而分

有「機密文書」與「非機密文書」之分，而「機密文書」共有 4 種密等，使用黃色卷宗或機密卷袋傳遞，前 3 種為國家機密保護法所規定、第 4 種為各機關一般公務機密。

1. 國家機密

   (1) 絕對機密：凡具保密價值之文書於其洩漏後，足以使國家安全或利益遭受非常重大損害者。

   (2) 極機密：凡具保密價值之文書於其洩漏後，足以使國家安全或利益遭受重大損害者。

   (3) 機密：凡具保密價值之文書於其洩漏後，足以使國家安全或利益遭受損害者。

2. 一般公務機密

   密：指本機關持有或保管之資訊，除國家機密外，依法令或契約有保密義務者。一般公務機密文書列為「密」等級。

十、依保存期限而分

1. 屬永久保存：

   (1) 涉及國家或本機關重要制度、決策及計畫者。

   (2) 涉及國家或本機關重要法規之制(訂)定、修正及解釋者。

(3) 涉及本機關組織沿革及主要業務運作者。

(4) 對國家建設或機關施政具有重要利用價值者。

(5) 具有國家或機關重要行政稽憑價值者。

(6) 具有國家、機關、團體或個人重要財產稽憑價值者。

(7) 對國家、機關、社會大眾或個人權益之維護具有重大影響者。

(8) 具有重要科技價值者。

(9) 具有重要歷史或社會文化保存價值者。

(10)屬重大輿情之特殊個案者。

(11)法令規定應永久保存者。

(12)其他有關重要事項而具有永久保存價值者。

2. 定期保存

分 30 年、25 年、20 年、15 年、10 年、5 年、3 年、1 年；各機關應就主管業務，依檔案保存年限及銷毀辦法、機關共通性檔案保存年限基準及其他相關法令規定，編訂檔案保存年限區分表。

十一、依簽與稿之關係而分

1. 只簽不稿。來文屬於簡單性、例行性、告知性、或副知性或存查性之案件，因只寫簽沒有寫稿，故不必以機關名義對外發文。
2. 先簽後稿。有關政策或重大興革案件、重要人事案件、其他須先行簽請核示之案件，應先簽報首長或授權人員核准後，再行辦理公文稿後，依發文程序以機關名義對外發文。
3. 簽稿併陳。簽與稿同時往上陳，其文稿內容屬於須另作說明或對以往處理情形必須酌加析述之案件。此時將「簽與文稿」同時陳閱，方便長官瞭解案情。
4. 以稿代簽。案情簡單，文稿內容毋須另作說明，直接就辦「公文稿」經陳核判發後繕發，不必另行上簽。

7-2 公文六大範疇

公文的六大範疇包括：「令」、「呈」、「咨」、「函」、「公告」及「其他公文」六種，以下為相關說明。

一、令

1. 意義與屬性

   「令」的本義是上級對下級指示、告誡，所以有強制性和拘束性，令的受文者應遵照辦理，屬下行文。

2. 適用範圍

   (1) 總統：公布法律、宣布解(戒)嚴令、大赦令、特赦令、減刑令、復權令、任(免)文武官員令、授予榮典令、緊急命令、褒揚令、追晉令、授勳令、治喪令等。

   (2) 一般機關：發布法規命令、解釋性規定與裁量基準之行政規則。

   (3) 地方自治機關(直轄市政府、縣市政府、鄉鎮縣轄市公所)「公布 自治條例」或「發布自治規則」

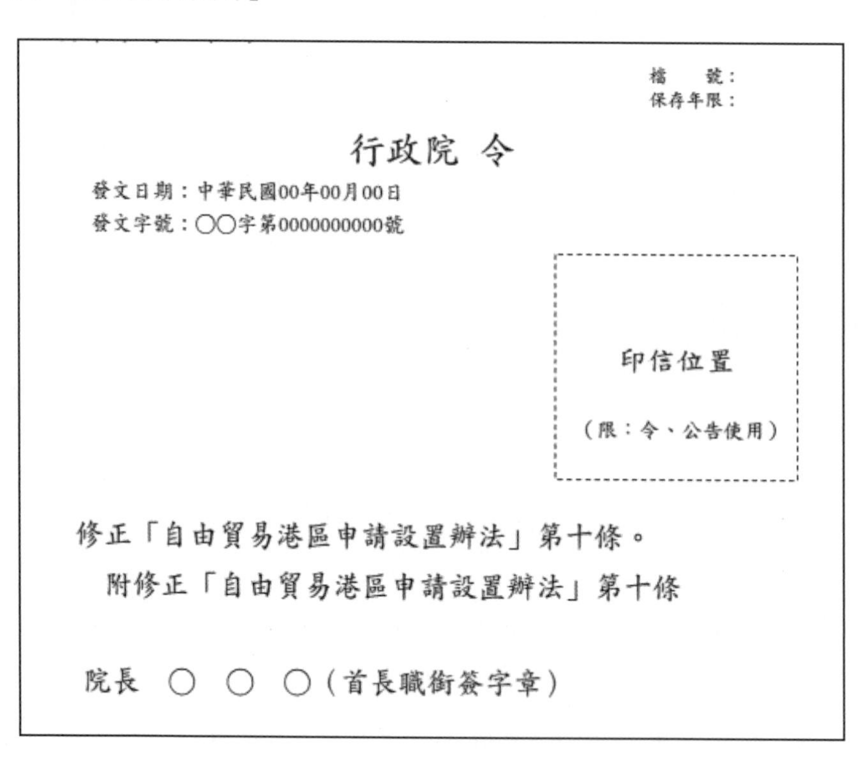

檔　號：
保存年限：

行政院 令

發文日期：中華民國00年00月00日
發文字號：○○字第0000000000號

印信位置

（限：令、公告使用）

修正「自由貿易港區申請設置辦法」第十條。
附修正「自由貿易港區申請設置辦法」第十條

院長 ○ ○ ○（首長職銜簽字章）

二、呈

1. 意義與屬性。呈的本義是呈現、顯露、奉上，公文之「呈」是表示下級機關對上級機關或屬官對長官「奉而上獻」之文書，屬上行文。

2. 適用範圍。僅對總統有所呈請或報告時用之(以行政院、司法院、考試院或所屬部會或各地方政府對總統有所呈請或報告時)。

檔　　號：
保存年限：

行政院　呈

地址：00000 臺北市○○路 000 號
聯絡方式：(承辦人、電話、傳真、e-mail)

受文者：總統
發文日期：中華民國○年○月○日
發文字號：○○字第 000000000 號
速別：最速件
密等及解密條件或保密期限：
附件：
主旨：呈請特任○○○為內政部部長並為政務委員。
說明：
一、依中華民國憲法第 56 條規定處理。
二、原政務委員兼內政部長○○○，以社會治安日壞，未能力挽沉痾，主動請辭，應予照准。
正本：總統
副本：內政部、本院秘書處
行政院院長　○○○（蓋職章）

三、咨

1. 意義與屬性

咨的本義是諮詢、諮議、商量、商請之意，屬平行文。

2. 適用範圍

總統與立法院、監察院公文往復時用。(由於監察院設監察委員，由總統提名，經立法院同意任命之。故嚴格來說，「咨」之用途應僅限於總統與立法院間公文往復時使用)。

3. 結構與製作時之分段要領

(1) 「咨」多採用「主旨、說明、辦法」三段式活用，多採用條列式或敘述式，在文字運用上應彼此相互尊重。

(2) 總統所發咨文於文末署名與用印時，僅蓋用總統簽字章即可；立法院之咨文，其文末由機關首長署名。

檔　　號：
保存年限：

立法院　咨

地址：00000 臺北市○○路 000 號
聯絡方式:(承辦人、電話、傳真、e-mail)

受文者：總統
發文日期：中華民國○年○月○日
發文字號：○○字第 0000000000 號
速別：最速件
密等及解密條件或保密期限：
附件：志願服務法 1 份
主旨：制定「志願服務法」，咨請公布。
說明：
一、行政院○年○月○日○○字第 0000000000 號函請本院審議。
二、經提本院○年○月○日第○○次會議審議通過。
三、附「志願服務法」1 份。
正本：總統
副本：行政院
院長　○○○（簽字章）

四、函

1. 意義與屬性

各機關間公文往復，或人民與機關間之申請答復時用之，其性質可分為下行函、平行函、上行函及申請函與答復函。

2. 適用範圍

為目前應用最廣、最多之公文。有隸屬關係之上下級機關之間、 無隸屬關係之同級機關之間、不相隸屬機關之間及人民與機關之間申請與答復均用之。

3. 種類及其用途

(1) 上行函：有隸屬關係之下級機關對上級機關有所請示、報告、請求時用之。

(2) 平行函：無隸屬關係之同級機關或不相隸屬的機關互相洽辦、諮商、通報、答復時用之。

(3) 下行函：有隸屬關係之上級機關對下級機關有所交辦、指示、批復時用之。

(4) 申請函與答復函：申請函為人民對機關或團體有所建議、請求、洽詢或申辦時用之；答復函為機關或團體對人民有所答復時用之。

4. 結構與製作時之分段要領

(1) 函的結構分為一段式、二段式及三段式。

(2) 一段式：以主旨 1 段來完成 1 件公文。具體扼要，所用之文字以 50 至 60 個字完成為原則。

(3) 二段式：以主旨(何事？)再加說明(為何？)來完成。

「說明」是較詳細之敘述，無法於「主旨」說明時使用。

(4) 三段式：即以主旨(何事？)、說明(為何？)、辦法、建議、請求、核示(復)事項、公告事項(如何？)等 3 段，來完成 1 件公文。

5. 範例(二段式函—下行文)

檔　號：
保存年限：

臺北市政府　函

地址：00000臺北市○○路000號
聯絡方式：（承辦人、電話、傳真、e-mail）

00000
臺北市○○區○○○路○段000號
受文者：臺北市政府工務局
發文日期：中華民國00年00月00日
發文字號：○○字第0000000000號
速別：最速件
密等及解密條件或保密期限：
附件：

主旨：「臺北市環境美化會報設置要點」自 00 年 00 月 00 日廢止，請查照。

說明：依據本府人事處案陳貴局 00 年 00 月 00 日○○字第 0000000000 號函辦理。

正本：臺北市政府工務局
副本：臺北市政府工務局公園路燈管理處

市長　○　○　○

五、公告

1. 意義與屬性

公告乃公開告示之意，「公告」是公部門將訊息公開告示或公諸於眾的意思，屬平行文。

2. 適用範圍

凡機關、團體對人民宣示之文書均為「公告」，包括：公眾宣布事項、招標工程或採購物品或對公眾宣布事項並有所勸誡等。

3. 宣達方式

(1) 張貼機關公布欄(此種公告應署機關首長職銜簽字章及蓋用機關印信)。

(2) 登在報章或政府公報(可免署機關首長職銜簽字章，免蓋機關印信)。

(3) 載於機關電子公布欄(可免署機關首長職銜簽字章，免蓋機關印信)。

檔　號：
保存年限：

內政部　公告

發文日期：中華民國00年00月00日
發文字號：○○字第0000000000號

主旨：公告民國00年出生的役男應辦理身家調查。

依據：徵兵規則

公告事項：

一、民國00年出生的男子，本（00）年已屆徵兵年齡，依法應接受徵兵處理。

二、請該徵兵及齡男子或戶長依照戶籍所在地（鄉、鎮、市、區）公所公告的時間、地點及手續，前往辦理申報登記。

本例說明：

一、張貼於機關公布欄之公告，須蓋用機關印信及署機關首長職銜、姓名。
二、刊（登）載於政府公報、其他出版品或電子公布欄之公告，免蓋用印信、免署機關首長職銜、姓名。

六、其他公文

其他公文包括：書函、開會通知單或會勘通知單、公務電話紀錄、手令或手諭、簽、報告、箋函或便箋、聘書、證明書、證書或執照、契約書、提案、紀錄、節略、說帖、定型化表單等，相關說明如下所示。

1. 書函：於公務未決階段需要磋商、徵詢意見或通報時使用。

2. 開會通知單或會勘通知單：召集會議或辦理會勘時使用。

3. 公務電話紀錄。

4. 手令或手諭：機關長官對所屬有所指示或交辦時使用。

5. 簽：承辦人員就職掌事項，或下級機關首長對上級機關首長有所陳述、請示、請求、建議時使用。
6. 報告：公務用報告如調查報告、研究報告、評估報告等；或機關所屬人員就個人事務有所陳請時使用。
7. 箋函或便箋：以個人或單位名義於洽商或回復公務時使用。
8. 聘書：聘用人員時使用。
9. 證明書：對人、事、物之證明時使用。
10. 證書或執照：對個人或團體依法令規定取得特定資格時使用。
11. 契約書：當事人雙方意思表示一致，成立契約關係時使用。
12. 提案：對會議提出報告或討論事項時使用。
13. 紀錄：記錄會議經過、決議或結論時使用。
14. 節略：對上級人員略述事情之大要，亦稱綱要。起首用「敬陳者」，末署「職稱、姓名」。
15. 說帖：詳述機關掌理業務辦理情形，請相關機關或部門予以支持時使用。
16. 定型化表單。

前述之各類公文屬發文通報周知性質者，以登載機關電子公布欄為原則；另公務上不須正式行文之會商、聯繫、洽詢、通知、傳閱、表報、資料蒐集等，得以發送電子郵遞方式處理。

7-3 Office 概論

1980 年代，自動化技術、電腦技術和通信技術突飛猛進，辦公自動化軟硬體條件成熟，辦公人員利用現代科技的最新成果，實現辦公業務的自動化，提高辦公效率與品質，減少或避免各種錯誤，縮短辦公處理周期，並用科學的管理方法，藉助各種先進技術，提高管理和決策的水準。

辦公室資訊化的系統包含事務型辦公系統、管理型辦公系統與決策型辦公系統，以下將針對事務型辦公系統加以介紹。

事務工作是整個辦公的基本活動，包括文字處理、行事曆管理、行文管理、郵件處理、人事管理、資源管理，以及其他有關機關行政事務處理等等。事務型辦公系統可以使用如 Office 的辦公套裝軟體。

一般辦公的基本功能：

文件新增、書寫計劃、報告與討論、報表與資料整理、記錄與拍照、文件列印等。

文件閱讀、批示、處理與存檔收發、複製、檢索、傳遞。

一、Word

Microsoft Word 是文書處理軟體，一直以來都被認為是 Office 的主要程式。Word 存檔的 DOC 格式被尊為一個行業的標準。Microsoft Word 2007 版本轉用 DOCX 格式。

1. 建立文件。

   在 Word 中建立文件的第一步便是選擇從空白文件開始，或是由範本開始。通常使用範本建立新文件會比從空白頁開始來得容易。Word 範本提供您可立即使用的佈景主題與樣式。您只需要新增內容即可。

   啟動 Word 時便能從圖庫選擇範本，如果您並不想使用範本，可以按「空白文件」從空白頁開始。

2. 開啟文件

   每次啟動 Word 時，您會在左欄看到最近使用文件的清單。如果您要尋找的文件不在那裡，請按一下 [開啟其他文件]。

3. 儲存文件

若是第一次儲存文件，請按一下上方 [檔案] 索引標籤。

再按一下 [另存新檔]。儲存文件到需要的位置。 再按一下 [儲存]按鈕。

Word 會自動將檔案儲存為 .docx 檔案格式。若要以 .docx 以外的格式儲存文件，請按一下 [存檔類型] 清單，然後選取您要的檔案格式。

4. 檢視文件

Word 常用的檢視有 3 種

(1) 閱讀模式：如果您只需要閱讀文件，不寫入或編輯，請按 [檢視] 的 [閱讀模式]。[閱讀模式]會自動調整頁面，方便讓您閱讀。

您可以按一下 [檢視] > [編輯文件]，回到編輯文件模式。

(2) 整頁模式：Word 預設的檢視模式。您可以在整頁模式進行文件編輯處理。

常用的功能會出現在 [常用] 標籤下方。最常用的功能是：「複製」與「貼上」。

→ 先使用游標選取一段文字，

→ 您可以按「複製」按鈕，或是按鍵盤快速組合鍵 Ctrl 與 c 鍵。

→ 再使用游標選取另外一個地方，

→ 您可以按「貼上」按鈕，或是按鍵盤快速組合鍵 Ctrl 與 v 鍵。

「複製格式」也是常用的功能。請…

→ 若要複製文字格式，選取段落的某部分。若要複製文字與段落格式設定，請選取整個段落，包括段落標記在內。

→ 按一下 [常用]，然後按一下[複製格式]。

→ 當游標變成筆刷圖示之後，拖曳以選取您要設定格式的文字或圖形，然後放開滑鼠按鍵。

注意：如果您想要「複製格式」到多個項目，請按兩下 [複製格式]，而不是按一下。您複製的格式設定會套用到您點選的所有項目。您可以按一下 Esc 結束「複製格式」。

(3) Web 版面配置：使用 「Web 版面配置」檢視可以觀看您的文件放上網頁的大致結果。「Web 版面配置」只能提供概略的顯示方式，而非完全相符的結果。

二、Excel

Microsoft Excel 是電子試算表程式。Excel 可以進行簡單的計算、追蹤資料，或是從大量資料中取得有意義結果。

Excel 的基本單位是儲存格。儲存格中可以包含數字、文字或公式。您可以將資料放入儲存格，然後進行加總、排序和篩選資料、將資料放置到表格，或建立外觀精美的圖表。

1. 建立活頁簿。

   與 Word 建立文件相當類似。Excel 的第一步可以選擇從空白文件開始，或是由範本開始。

   當然您也可以由左欄開啟最近使用的文件的清單。如果您要尋找的文件不在那裡，您可以按一下 [開啟其他文件]，並尋找您需要的檔案開啟。

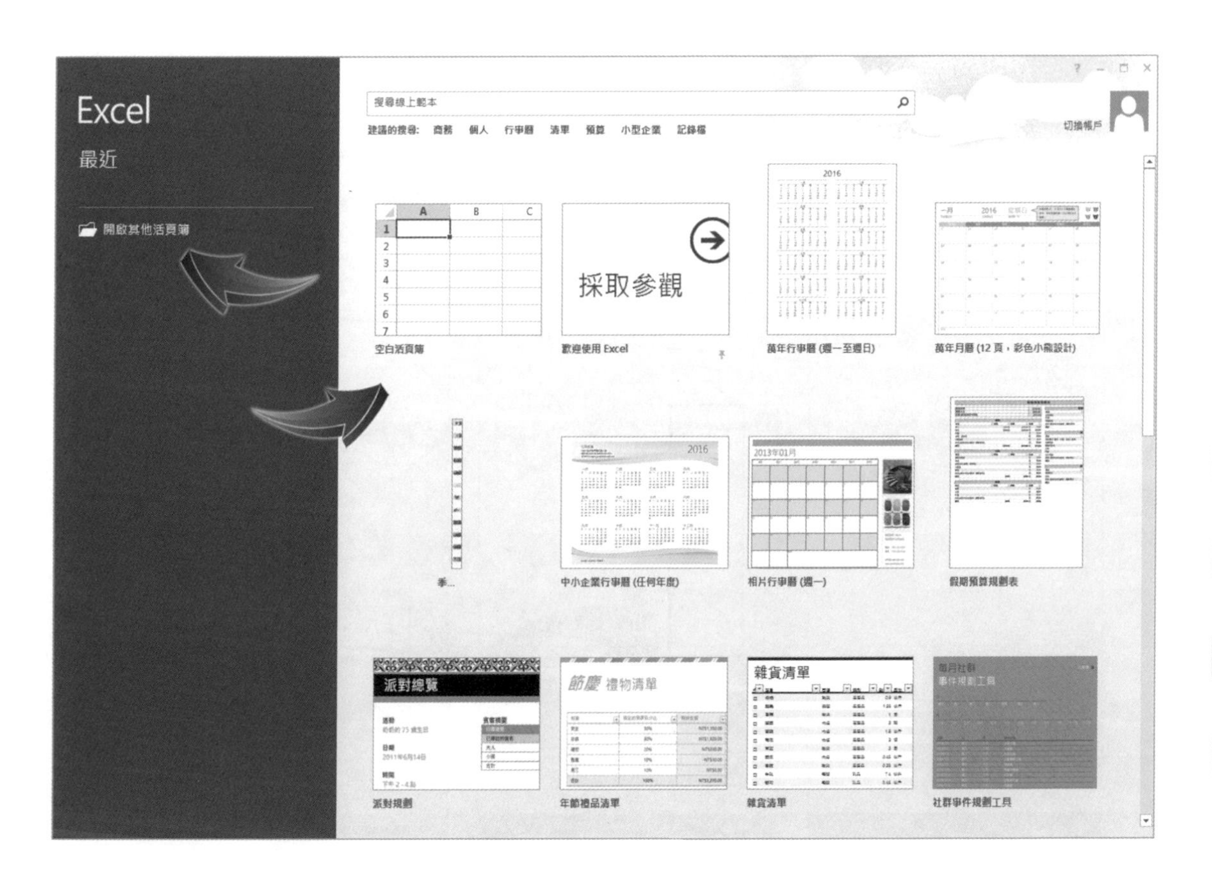

2. Excel 介面

Excel 文件稱為「活頁簿」。

「活頁簿」包含一個或數個「工作表」，或是稱為「試算表」。

當您開啟空白活頁簿時，會自動產生一個「工作表 1」。

「工作表」由許多「儲存格」組成。

「儲存格」會以在工作表上的欄和列的位置來描述，所以「儲存格 A1」表示欄 A 第 1 列。

「欄」(column)是直的「儲存格」排列，以英文 ABC 順序表示。

「列」(row)是橫的「儲存格」排列，以數字 123 順序表示。

3. Excel 基本操作

您可以按一下任何空白儲存格。例如：「工作表 1」的儲存格 A1。

→ 您可以在儲存格中輸入文字或數字。例如：儲存格 A1 輸入「1 月」。

→ 按下 Enter 或 Tab 可移至下一個儲存格。再次輸入。例如：儲存格 A2 輸入「2 月」。

→ 您可以按住儲存格 A2 右下方的角落，都游標變成十字時，往下拉出需要的月份。

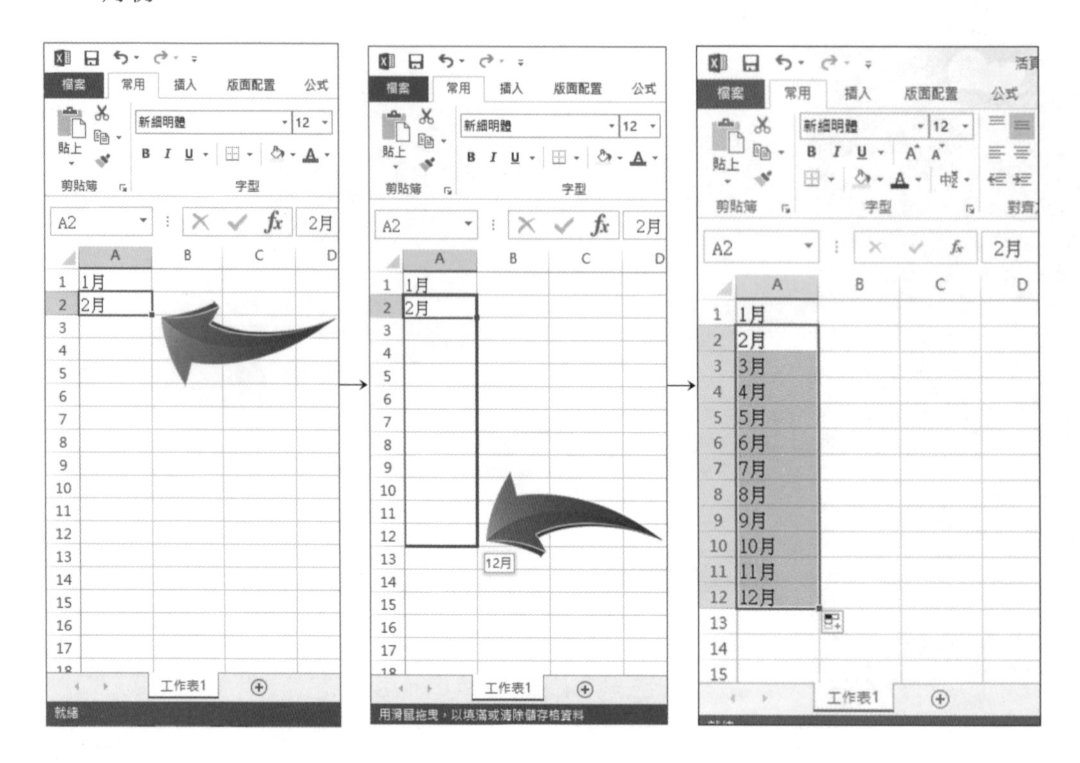

4. 使用「自動加總」新增資料

在工作表上輸入數字後，您可能會想要加總它們。使用「自動加總」是快速完成這項工作的方式。

→ 選取要加總的數字右側或下方的儲存格。

→ 您可以按[常用] 標籤下方的 Σ「自動加總」的按鈕，或是按鍵盤快速組合鍵 Alt 與 = 鍵。

「自動加總」會加總這些數字，並在您選取的儲存格中顯示結果。

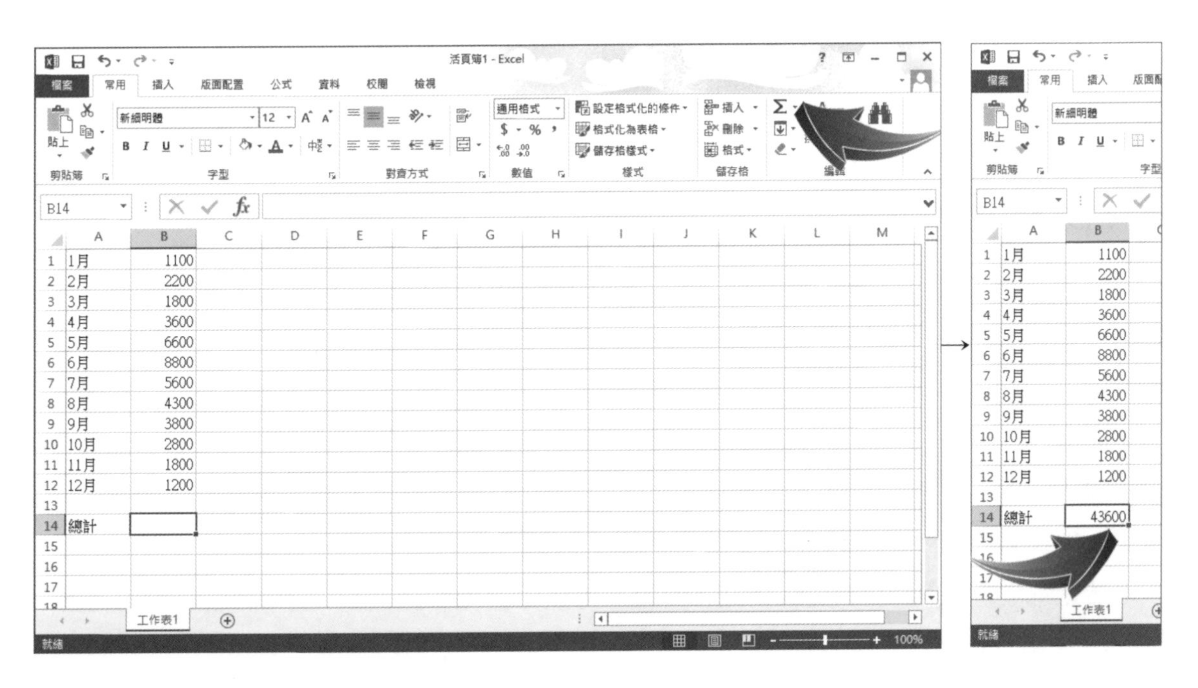

5.　建立圖表

→ 選取需要的數字儲存格。

→ 按[插入] 標籤的「建議圖表」按鈕，或是自己選擇圖表。

「圖表」會顯示在畫面中。

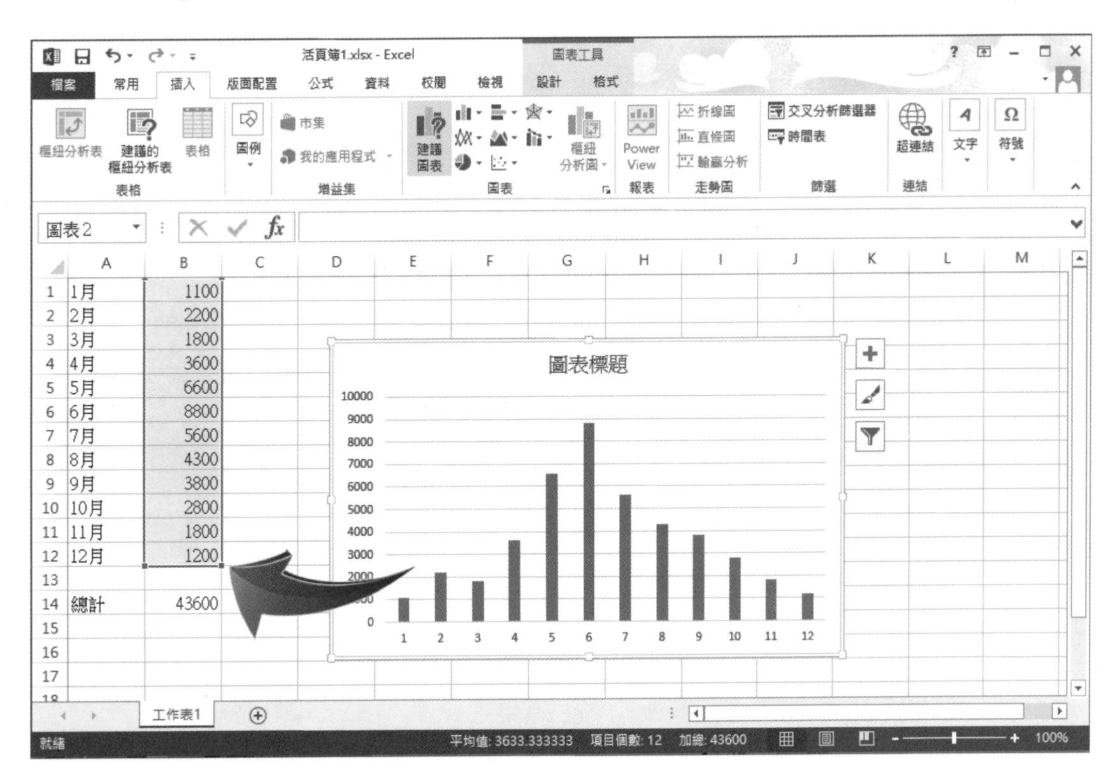

6. 存檔。Excel 存檔的預設格式為 XLS。Microsoft Excel 2007 版本轉用 XLSX 格式。

   除了上述功能，Excel 還可以建立簡單公式，將現有資料快速分析，將龐大的資料進行排序，這些都只是 Excel 的基本功能而已。

三、PowerPoint

PowerPoint 簡報軟體的運作方式與投影片放映類似。您可以用 PowerPoint 一張一張的投影片來訴說一個故事或傳達訊息。編輯 PowerPoint 投影片非常容易，您可以自由地放上圖片、文字及圖案，完成您的故事。

開啟 PowerPoint 時，即會看到一些內建「佈景主題」和「範本」。一套「佈景主題」代表一套投影片設計，包含成套的色彩、字型及陰影或反射等特殊效果。使用現成的「佈景主題」可以節省自製簡報風格的大量時間。

若是您要開啟現成的 PowerPoint 簡報，可以由左欄開啟最近使用的簡報清單。如果您要尋找的簡報不在那裡，您可以按一下 [開啟其他簡報]，並尋找您需要的檔案開啟。

1.選擇佈景主題。

→按一下「建立」按鈕，或挑選一種色彩變化後按一下 「建立」按鈕。

2. 照著 PowerPoint 的指示，輸入標題或文字。您也可以在 [常用]標籤上，按一下「新增投影片」按鈕，然後挑選一種投影片版面配置。

3. 有圖有真相！在簡報中要增加圖片時，除了依照 PowerPoint 的指示，也可以由上方[插入]標籤，按一下「圖片」按鈕，然後挑選一張圖片放入您的簡報。您當然可以插入其他物件，例如：表格、圖案、或是文字方塊。

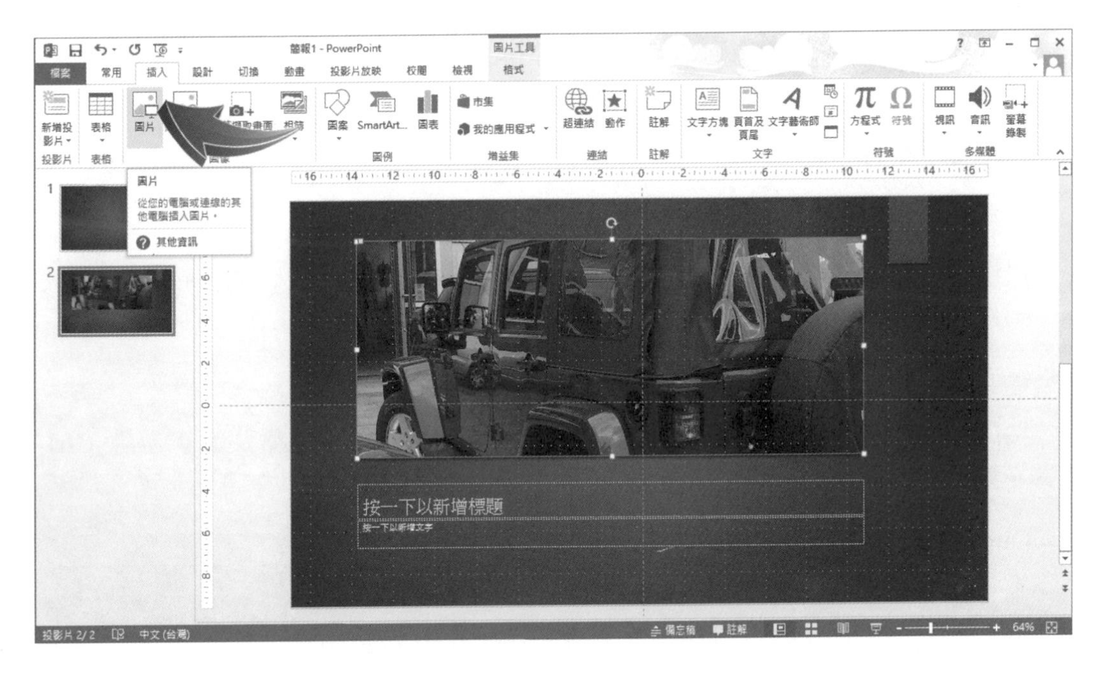

4. 完成的 PowerPoint 簡報，可以在 [投影片放映]標籤上，按一下「從首張投影片」按鈕，然後就可以開始簡報。您也可以按鍵盤上方的「F5」按鈕開始簡報。若隨時要離開投影片放映，只要按下鍵盤上的 「Esc」 鍵即可。

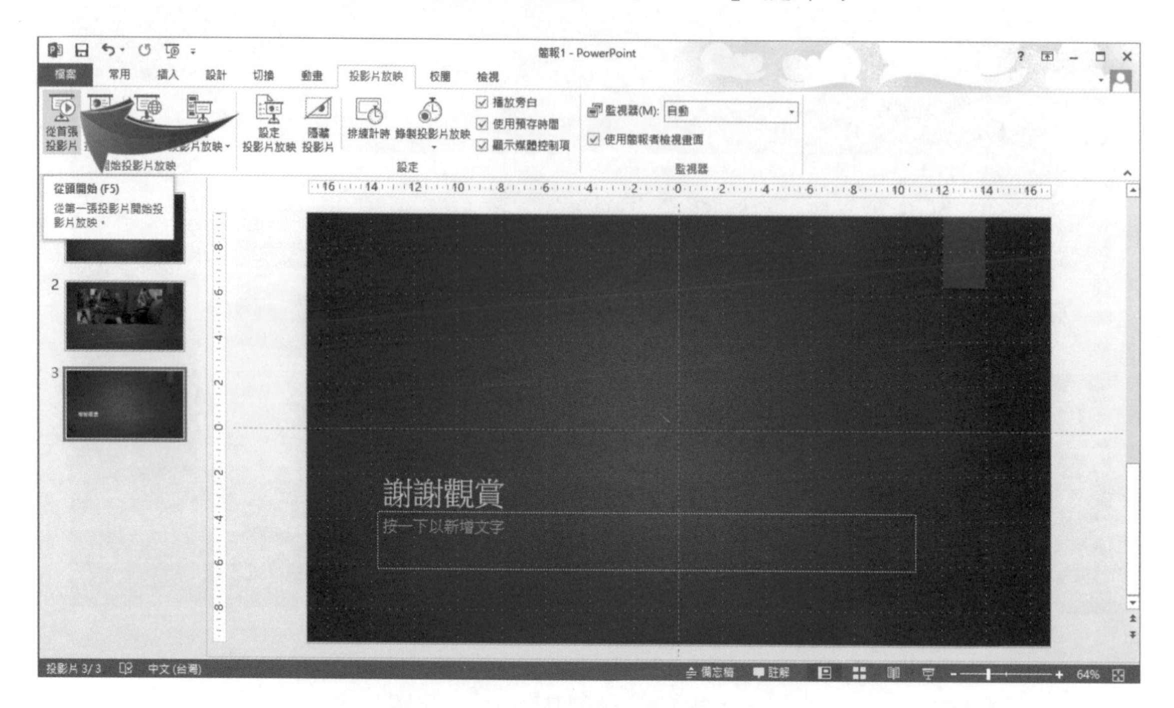

5. PowerPoint 的存檔。PowerPoint 存檔的預設格式為 PPT。Microsoft PowerPoint 2007 版本轉用 PPTX 格式。

四、Outlook

Microsoft Outlook 是由微軟公司所出品 Microsoft Office 內的個人資訊管理系統軟體，功能包括收發電子郵件、行事曆、聯絡人與工作等。

1. 設定電子郵件

   第一次開啟 Outlook，需要設定電子郵件帳戶。

   目前電子郵件大部分由電子郵件伺服器管理，Outlook 可以連接到大部分的電子郵件伺服器。

2. 建立電子郵件

   按[常用] 標籤下方的「新增電子郵件」的按鈕，或是按鍵盤快速組合鍵 Ctrl 與 n 鍵。

   Outlook 就會出現一封空白的信件。

→ 您可以在[主旨] 方塊中輸入郵件的主旨。或是按一下「附加檔案」按鈕加上附件。 或按一下「附加項目」，附加 Outlook 項目，例如電子郵件、工作、連絡人或行事曆項目。

→ 完畢之後，請按一下「傳送」按鈕，將信寄出。

3.　安排會議

先在左下方選擇「行事曆」，會進入到行事曆狀態。請選擇會議日期。

按[常用] 標籤下方的「新增會議」的按鈕，或是按鍵盤快速組合鍵 Ctrl 與 n 鍵。

Outlook 就會出現一份空白的會議。

→ 您可以在[新增與會者]區域，新增「出席者」、「列席者」。

→ 在 [主旨] 方塊中，把會議目的告知收件者。

→ 在 [地點] 方塊中，把會議舉辦地點告知收件者。

→ 在 [開始時間] 與 [結束時間] 清單中，可以再次調整會議時間。

→ 完畢之後，請按一下「傳送」按鈕，將會議安排寄出。

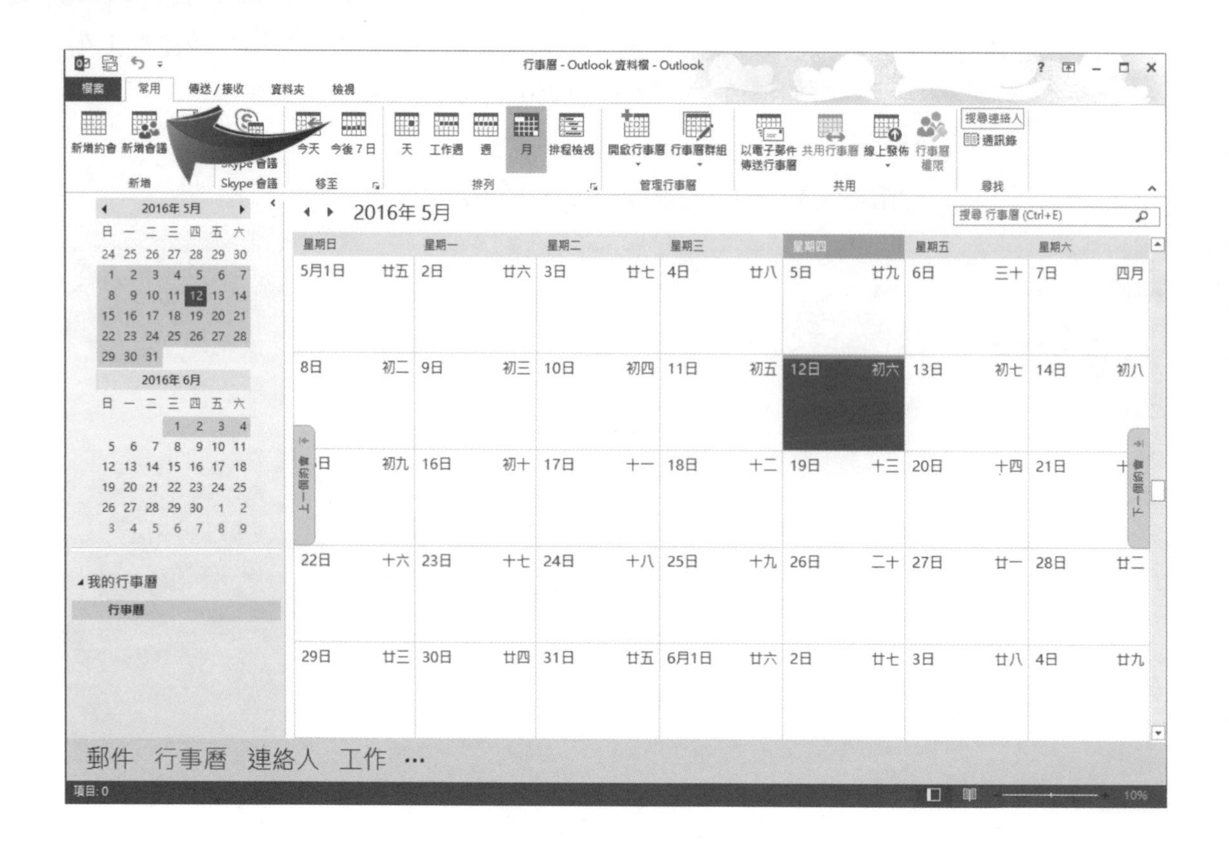
行事曆 - Outlook 資料檔 - Outlook
檔案
常用
傳送/接收
資料夾
檢視
新增約會
新增會議
Skype 會議
今天
今後 7 日
天
工作週
週
月
排程檢視
開啟行事曆
行事曆群組
以電子郵件傳送行事曆
共用行事曆
線上發佈
行事曆權限
搜尋連絡人
通訊錄
新增
移至
排列
管理行事曆
共用
尋找
2016年 5月
2016年 6月
我的行事曆
行事曆
搜尋 行事曆 (Ctrl+E)
星期日
星期一
星期二
星期三
星期四
星期五
星期六
郵件
行事曆
連絡人
工作
項目: 0

重點回顧

1. 「公文」指的是「處理公務的文書」，無論其為「公務員或非公務員身分」，只要是處理公務事務所為之文書皆可稱之。
2. 「公文」依「公文程式條例」分為令、呈、咨、函、公告及其他公文。
3. 「公文」依行文系統分為上行文、平行文、下行文。
4. 「公文」依處理時限分為 1.最速件公文，限 1 日內辦畢，使用紅色卷宗。2.速件公文，限 3 日內辦畢，使用藍色卷宗。3.普通件公文，限 6 日內辦畢，使用白色卷宗。
5. 「令」是上級對下級指示、告誡，所以有強制性和拘束性，令的受文者應遵照辦理，屬下行文。
6. 「呈」是呈現、顯露、奉上，表示下級機關對上級機關或屬官對長官「奉而上獻」之文書，屬上行文。
7. 「函」是各機關間公文往復，或人民與機關間之申請答復時用之，其性質可分為下行函、平行函、上行函及申請函與答復函。
8. 「公告」乃公開告示之意，「公告」是公部門將訊息公開告示或公諸於眾的意思，屬平行文。
9. Microsoft Word 是文書處理軟體。Word 存檔的 DOC 格式被尊為一個行業的標準。Microsoft Word 2007 版本轉用 DOCX 格式。
10. Microsoft Excel 是電子試算表程式，可以簡單的計算、追蹤資料。Excel「欄」(column)是直的「儲存格」排列，以英文 ABC 順序表示。「列」(row)是橫的「儲存格」排列，以數字 123 順序表示。
11. PowerPoint 簡報軟體與投影片放映類似。用 PowerPoint 一張一張的投影片來訴說一個故事或傳達訊息。
12. Microsoft Outlook 是個人資訊管理系統軟體，功能包括收發電子郵件、行事曆、聯絡人與工作等。

模擬測驗

(　) 1. 指有隸屬關係之下級機關對其上級機關所使用之公文書為
A.上行文　B.下行文　C.平行文　D.左行文

(　) 2. 下列何者屬於對外之意思表示之公文
A.簽　B.便簽　C.手令　D.會勘通知單

(　) 3. 公文正本發給受文者，其他相關機關或承辦單位如擬作為參考或留作查考時，加發何種文件可節省用印手續？
A.副本　B.譯本　C.抄本　D.稿本

(　) 4. 凡具保密價值之文書於其洩漏後，足以使國家安全或利益遭受非常重大損害者，應將其歸為何種機密等級？
A.超級機密　B.絕對機密　C.極機密　D.機密

(　) 5. 指須從速處理，限 3 日內辦畢之公文為
A.最速件公文　B.速件公文　C.案管制公文　D.普通件公文

(　) 6. 以下何者為「非」內部使用之文書？
A.函　B.簽　C.便簽　D.手令

(　) 7. 有隸屬關係之上級機關對下級機關有所交辦、指示、批復時是為
A.上行函　B.下行函　C.平行函　D.申請函

(　) 8. 私人企業與地方政府機關進行公務交涉，如：租借屬於地方政府之特定場地，應使用何種公文？
A.簽　B.函　C.報告　D.提案

(　) 9. 案情簡單，文稿內容不須另作說明，直接就辦「公文稿」經陳核判發後繕發，不必另行上簽之公文屬於
A.以稿代簽　B.以簽代稿　C.簽稿併陳　D.只簽不稿

(　) 10. 以個人或單位名義於洽商或回復公務時使用
A.箋函或便簽　B.節略　C.書函　D.紀錄

(　) 11. 下列哪一種不是 Word 的檢視模式？
A.閱讀模式　B.整頁模式　C.Web 版面配置　D.複製格式

( ) 12. 如果要進行文字的複製，應依序按以下哪 2 組鍵盤快速組合鍵？

A.Ctrl 與 c 然後 Ctrl 與 v　B.Ctrl 與 x 然後 Ctrl 與 v

C.Ctrl 與 v 然後 Ctrl 與 x　D.Ctrl 與 v 然後 Ctrl 與 b

( ) 13. PowerPoint 的投影片，也可以由上方[插入]標籤，插入何種物件？

A.圖片　B.表格　C.文字方塊　D.以上皆是

( ) 14. 下列何種屬於「永久保存」之公文？【複選題】

A.涉及國家或本機關重要制度、決策及計畫者

B.對國家建設或機關施政具有重要利用價值者

C.具有重要科技價值者

D.屬重大輿情之特殊個案者

( ) 15. 公文的行文系統區分為以下哪幾種？【複選題】

A.上行文　B.下行文　C.垂直文　D.平行文

( ) 16. 有關「令」的敘述，何者錯誤？

A.是上級對下級指示、告誡的公文，屬於上行文

B.有強制性和拘束性，令的受文者應遵照辦理

C.縣市政府所發布的「自治條例」屬之

D.原則上不標示「主旨」及「說明」等段名

( ) 17. Outlook 的「新增會議」可以新增那些資訊？

A.「出席者」與「列席者」　B.會議目的與會議舉辦地點

C.再次調整會議時間　D.以上皆是

( ) 18. 有關「公告」的敘述，何種正確？【複選題】

A.可登在報章或政府公報

B.公部門將訊息公開告示或公諸於眾的公文稱之

C.屬於上行文

D.於會議提出報告時使用

題目	1	2	3	4	5	6	7	8	9	10
答案	A	D	C	B	B	A	B	B	A	A
題目	11	12	13	14	15	16	17	18		
答案	D	A	D	ABCD	ABD	A	D	AB		

APPENDIX

參考書目

職場倫理

- 丁志達（2014）。職場倫理。新北市：揚智文化。
- 朱立安（2013）。職場倫理。新北市：揚智文化。
- 劉德仁（譯）（2009）。PQ 學：學校沒教的辦公室政治學（原作者：K. K Reardon）。臺北市：方言文化。
- 性騷擾防治法（民 98 年 1 月 23 日）。
- 臺南市政府警察局全球資訊網。認識性騷擾。http://www.tnpd.gov.tw/wanda/home.jsp?serno=201102250022&mserno=201102240009&contlink=content/sh01.jsp
- 魏妙凌（譯）（2014）。信任（原作者：K.Blanchard,C. Olmstead,M. Lawrence）。臺中市：晨星出版。

禮儀

- 外交部禮賓處（2009）。有禮走天下：國際禮儀手冊。臺北市：外交部。
- 朱立安（2013）。職場倫理。新北市：揚智文化。
- 行政院（2015）。文書處理手冊。臺北市：行政院。
- 行政院（2015）。文書處理手冊-附件。臺北市：行政院。
- 國家文官學院（2013）。公務及國際禮儀。國家文官學院。
- 國家文官學院（2015）。公文製作及習作。臺北市：國家文官學院。
- 連娟瓏（2010）。國際禮儀。新北市：新文京開發。
- 黃心儀（1994）。有禮走遍天下—生活禮儀實用手冊。時報文化。
- 黃淑敏，林秋卿（2014）。圖解國際禮儀。臺北市：五南圖書。
- 臧聲遠（2012）。職場禮儀—高尚優雅競爭力。就業情報。
- 霍元娟，孫詩琇（2014）。國際禮儀。臺北市：宥宸文化。

商業文書

- 文書處理手冊（行政院）104 年 7 月：http://www.ey.gov.tw/Upload/RelFile/38/66178/f6fd6899-307f-4378-9ee0-cc319757ef3c.pdf
- 公文製作即習作（修訂七版）（國家文官學院）http://www.nacs.gov.tw/NcsiWebFileDocuments/45488d09d580e1923a70cdd668a0aed3.pdf

商業管理概論暨認證--BMCB 商業管理基礎知能認證指定教材

作　　者：中華民國全國商業總會　總策劃
企劃編輯：江佳慧
文字編輯：王雅雯
設計裝幀：張寶莉
發 行 人：廖文良

發 行 所：碁峰資訊股份有限公司
地　　址：台北市南港區三重路 66 號 7 樓之 6
電　　話：(02)2788-2408
傳　　真：(02)8192-4433
網　　站：www.gotop.com.tw
書　　號：AER042100
版　　次：2016 年 07 月初版
建議售價：NT$280

國家圖書館出版品預行編目資料

商業管理概論暨認證：BMCB 商業管理基礎知能認證指定教材 / 中華民國全國商業總會作. -- 初版. -- 臺北市：碁峰資訊, 2016.07
面；　公分
ISBN 978-986-476-093-0(平裝)
1.商業管理
494.1　　105010822

讀者服務

- 感謝您購買碁峰圖書，如果您對本書的內容或表達上有不清楚的地方或其他建議，請至碁峰網站：「聯絡我們」\「圖書問題」留下您所購買之書籍及問題。（請註明購買書籍之書號及書名，以及問題頁數，以便能儘快為您處理）
http://www.gotop.com.tw
- 售後服務僅限書籍本身內容，若是軟、硬體問題，請您直接與軟、硬體廠商聯絡。
- 若於購買書籍後發現有破損、缺頁、裝訂錯誤之問題，請直接將書寄回更換，並註明您的姓名、連絡電話及地址，將有專人與您連絡補寄商品。
- 歡迎至碁峰購物網
http://shopping.gotop.com.tw 選購所需產品。